设计规范　动效设计　元素应用　案例教程

项目沟通　实例分析

风格设计　迭代维护

游戏UI

UI
设计原则与实例指导手册

李世钦　编著

U0341368

人民邮电出版社
北　京

图书在版编目（CIP）数据

游戏UI设计原则与实例指导手册 / 李世钦编著. --
北京 ： 人民邮电出版社，2021.2（2023.2重印）
ISBN 978-7-115-54191-8

Ⅰ．①游… Ⅱ．①李… Ⅲ．①游戏程序－程序设计－
教材 Ⅳ．①TP317.6

中国版本图书馆CIP数据核字(2020)第140108号

内 容 提 要

这是一本注重思维引导与方法实践的游戏界面设计教程。

本书全面介绍了游戏界面设计，涵盖游戏界面的基础知识和设计流程、游戏图标设计的基础知识、游戏界面的设计要求和动效制作，以及作者的经验等内容。本书对游戏界面设计的流程，游戏界面设计的视觉规范，游戏界面设计师在项目进展中如何与各个流程环节相配合，游戏界面设计师在游戏项目开发过程中应注意的事项等问题都进行了深入浅出的讨论和研究。作者将多年在游戏行业中积累的界面设计经验与方法毫无保留地分享给读者，并带领读者厘清游戏界面设计的本质，使读者全面掌握游戏界面的设计技巧。

本书附带学习资源，内容包括所有操作案例的源文件和案例的同步讲解与分析视频，读者可通过在线方式获取这些资源，具体方法请参看本书前言。

本书适合对游戏界面设计有兴趣的初学者和有一定工作经验的游戏界面设计从业者阅读。对初学者来说，本书不仅分析了游戏界面设计师应具备的基本素质，还提供了初学者在学习与工作过程中经常遇到的问题的解决方案。而对有一定工作经验的游戏界面设计师来讲，这本书可以提供更多的思考方向，并可用于解决游戏界面设计中的一些实际问题。

◆ 编　　著　李世钦
　　责任编辑　张丹丹
　　责任印制　马振武

◆ 人民邮电出版社出版发行　　北京市丰台区成寿寺路 11 号
　　邮编　100164　　电子邮件　315@ptpress.com.cn
　　网址　https://www.ptpress.com.cn
　　固安县铭成印刷有限公司印刷

◆ 开本：787×1092　1/16
　　印张：24.75　　　　　　　2021 年 2 月第 1 版
　　字数：846 千字　　　　　2023 年 2 月河北第 6 次印刷

定价：168.00 元

读者服务热线：(010)81055410　印装质量热线：(010)81055316
反盗版热线：(010)81055315
广告经营许可证：京东市监广登字 20170147 号

序

　　游戏界面设计是一门复杂且具备综合性特征的"学科"。从事这项工作的人首先需要具备基本的设计素养，其次要拥有理解游戏、拆分和完善游戏功能并完成由此产生的一些细分化需求的能力。一个完整的游戏项目正是由无数的需求构成的，不仅包括界面设计的需求，还有和设计需求相关的一些其他需求。在处理这些需求的过程中，游戏界面设计师除了需要具备过硬的设计能力外，还要有强有力的事务推动能力和善解人意的沟通能力。在这个过程中，他们会历尽艰辛，逐步成长。

　　在游戏行业蓬勃发展的当下，每天都有无数的人想要通过学习投入这个行业。每个行业都有它自身的特点，从入门到进阶，方法有千万种，但无论如何，最关键的一点就是要脚踏实地。只有积累丰富的实践经验，才能从中提炼出切实有效的专业方法与经验。本书让我看到了这样的一个提炼过程，它基本涵盖了国内游戏界面设计师工作的方方面面，其内容的完整性和实战性都是目前市面上同类图书少有的。因此，可以说它是一本真正意义上的实战型游戏界面设计教程。

　　作为一个游戏从业者，我亲历了国内游戏各个研发模块逐步细分的过程。游戏界面设计历经十几年，目前已逐步发展成为游戏行业中重要的模块之一。在这个过程中沉淀出了一批又一批对游戏行业充满激情和热情的人。愿此书可以成为你打开游戏界面设计之门的"钥匙"。

腾讯 IEG- 光子工作室群 - 美术中心 & 设计中心负责人 / 专家游戏美术师 徐仁涵

前言

游戏界面设计是一个较复杂的工程。说它"复杂"不单是因为一个项目的界面设计是复杂的，还因为游戏界面设计工作涉及风格定位、美术元素使用、图标绘制、需求流程管理及各个环节的沟通与协作等多项内容。在日常工作中，很多初学者并不知道如何着手去做一名合格的游戏界面设计师；或者在从业一段时间之后，不知道如何提高自身的专业水平；又或者不知道如何能做到快速定位，设计出令人满意的游戏界面。

在多年的游戏界面设计从业经历中，我身处过各种各样的工作环境：有不限制任务时间，只需做完就交，每天可以准点下班的；有严格规定加班时间，为数个项目提供设计支持的；有压力大、任务重，每天都有海量的需求工作需要处理的。在不同的工作环境中，我也遇到过很多游戏界面设计中会遇到的一些实际的工作问题。这些问题有关于技术方面的，也有关于工作方法方面的。我自认为是一个善于分析问题和解决问题的人。在与不同的项目、不同环节的人员接触的过程中，我总结了不少经验和教训。在过去的一段时间内，我把这些经验分享给身边的人，大家认为很受益。与此同时我在想，我的这些血与泪的经验和教训应该分享给更多的人，让更多的人理解并少走弯路，于是便有了这本书。

本书是按照游戏界面设计的逻辑来安排结构的。首先带领读者了解游戏界面设计的概念与现状，厘清以往和现在存在的所有形式的游戏界面，以及它们之间的关系；然后从游戏界面中较显眼的图形、图标出发去探索游戏界面设计的魅力。具体表现在：第一，深入地介绍了图标所起的作用、所囊括的设计形式及每种形式对应的设计方法与具体的应用方式；第二，讲述了有关游戏界面整体的一些知识，包括如何创立一个独特而统一的游戏界面风格，如何通过界面设计规范去持久有效地控制界面风格，并使其得到延续和完善，如何在界面设计中的美术设计和功能设计之间取得平衡，等等；第三，介绍了游戏界面中一些动效设计的想法（作为游戏界面设计师工作配合中较重要的一环，动效设计师的工作内容是需要界面设计师去充分理解的。从逻辑上来说，动效是界面设计的一种延伸；从工作流程上来说，动效是界面设计的下一个重要环节，很值得界面设计师去关注并掌握）；第四，清楚完整地罗列了一些我在多年工作中遇到的痛点问题的解决方案，以及遇到新问题时的思考方式。

在这里，感谢参与本书制作的人民邮电出版社数字艺术分社的所有工作人员，如果没有你们，这一切都不会发生；感谢身边的同事，如果没有你们提供的意见与相关理论和实操，我的一些见解未必能完整呈现，书中引用的包括需求文档和交互文档在内的很多内容都是因为有你们才有更精彩的呈现。特别感谢能容忍我持续熬夜并拖着很多事情不做而专心撰稿的棉棉，没有你的支持，也就没有本书的诞生。

本书附带学习资源，内容包括所有操作案例的源文件和案例的同步讲解与分析视频（内容讲解中有些图文不便展示或展示效果不够精彩的部分，都可以通过教学视频看到或感受到）。这些学习资源文件可在线获取，扫描"资源获取"二维码，关注"数艺设"的微信公众号，即可得到资源文件获取方法。如需资源获取技术支持，请致函 szys@ptpress.com.cn。

资源获取

在编撰本书的过程中，虽然我用了很多时间去搜集材料，在撰写的同时也注意不断检查，但是由于能力有限，书中难免会有不足之处，敬请广大读者包涵并指正！

李世钦
2020 年 6 月

UI is surprisingly a lesser known fact that makes a successful game. A good UI makes a game hit, offering good visual experience, usability, performance and new technology adaptability and responsiveness. This book will be a good guideline for both industry professionals and future UI artists to find the clear path of successful UI which makes games shine.

相较游戏美术的其他部分，UI 在成就一款成功的游戏中起到的作用一直没有受到足够的关注。然而，好的 UI 设计能够提供给玩家更优质的视觉体验、更便捷的易用性，以及对于新技术更好的适应性和更敏捷的响应速度。无论是职业设计者还是未来的 UI 艺术家，若想知道如何设计一套成功的 UI 来帮助自己制作一款引人入胜的游戏，本书都能提供良好的指引。

腾讯 IEG- 光子工作室群 专家游戏美术师 / 前暴雪高级 3D 美术师　Jeff Kang

世钦具有 10 多年的游戏界面设计经验，在视觉设计、UI 动效等多个设计层面都有丰富的经验。本书从游戏界面设计的构思、设计细节的权衡到动效的制作、UI 实现等方面都做了详细的介绍，是一本讲解非常全面的游戏界面设计教程，相信能帮助初级游戏界面设计师快速、全面地了解游戏 UI 设计和制作方面的知识。

腾讯 IEG- 光子工作室群 – 设计中心负责人　喻中华

世钦属于站酷 UI 设计领域中较早的一批推荐设计师，也称得上是游戏界面设计方面的行家。这本书花费了他将近 3 年的时间编写而成，书中切实地包含了一线设计师在一流团队中制作优质游戏的一些实用的经验与方法。从基础概念阐释到工作流程的讲解，从实际案例解析到自学路径的建议，本书基本涵盖了游戏界面设计师工作过程中会遇到的所有工作问题。希望广大读者通过学习本书，可以轻松入门，并快速提升自己，成为一名真正的游戏界面设计师。

站酷网主编　纪晓亮

就当前来说，国内的游戏界面设计行业已经进入一个相对成熟的阶段。对游戏界面设计师来说，经验的积累和传播对整个行业来讲是非常重要的。这本书可以说是游戏界面设计行业中蔚为壮观的经验结晶，对初入行的设计师来说具有很强的指导意义，对有经验的设计师来说也是值得参考学习的重要资料。

UI 中国联合创始人 / 小米 IoT 用户体验中心总监 / 小米设计委员会秘书长　朱君

推荐 （排序不分先后）

我与世钦是多年的老朋友了，他是一位非常好的设计师。在看过本书后，我更加肯定他谨慎、细致的做事风格了。当前的互联网可以说是已经进入了"下半场"的状态，这要求设计师具有更强的综合设计能力。这本书非常详尽地阐述了游戏界面设计中的每一个工作环节，既可以作为初学者系统学习的资料，又可以作为有一定经验的游戏界面设计师的工具书，很值得推荐。

竹笋集视觉创办人 余振华

本书从一个经验丰富的从业者的角度系统地剖析了游戏界面设计的"骨骼"与"脉络"，由点及面，深入浅出，非常适合对游戏界面设计感兴趣的人或是刚入行不久的游戏界面设计师学习。特别是本书后半部分结合商业实战的很多设计与论述，都能让人获得启发。

小鹏汽车HMI视觉创新负责人/前《九阴真经》界面美术负责人 步果断（kidaubis）

游戏界面设计是一门非常复杂的综合学科。游戏界面设计工作是一个从边缘到核心的过程，承载着绝大部分的视觉体验，在游戏实现的过程中起到了非常重要的作用。同时，游戏界面设计师这个岗位天生具备复合属性，要求设计师有广博的知识、扎实的设计能力、良好的沟通能力及敏锐的洞察力。在本书中，作者从多领域、多视角、多维度讲解了游戏界面设计的方法与技巧，对游戏界面设计的岗位职能与所需具备的能力、思考方式进行了抽丝剥茧式的引导与分析，既适合游戏界面设计初学者入门学习，又适合有一定设计经验的游戏界面设计师参考。

GAMEUI- 游戏设计圈聚集地创办人 林森

界面设计是游戏开发中较为关键的工作环节，也是决定游戏成败的重要环节。因此，在游戏行业中，无论是对于游戏界面设计师的素质培养，还是对于游戏界面设计师的能力培养，本书都是有重大意义的。本书从游戏行业的这个大方向出发，全面系统地阐述与讲解了界面设计师从基础到进阶所需要了解并掌握的一些知识，对游戏行业从业人员来说是一本不可多得的工具书。

Directive Games 制作人 张竹云

我和世钦认识快 10 年了，曾经我们也在同一家公司共事过。当时，世钦给我的印象是很擅长界面图标的创意表达，同时擅长利用动效技能给设计增色。此后，他去了腾讯游戏公司，也做过很多游戏项目，且至今对游戏界面设计依然保持着较高的热情。为了写好这本书，他把近 3 年的业余时间都用在了这里，这点很让我佩服。 国内游戏行业经过十几年的发展，正慢慢步入成熟期，现在玩家对于游戏界面的品质要求也越来越高。游戏界面设计作为游戏的重要环节，也越来越被大家重视。目前市面上不乏游戏界面设计类的图书，但大多以简单的技法教学为主，并且很少有用户体验设计、设计思维养成及项目实战剖析等内容，这也导致很多人对游戏 UI 的印象仅停留在画图标、画界面上。本书内容涵盖面广，既有基础内容的讲解，也有对设计技法的深入剖析和对创意思维的相关思考，无论是对初学者来说，还是对有进阶需求的游戏界面设计师来说，相信都能从中获益。强烈推荐本书！

网易游戏设计专家 谢蛟

从初识世钦至今已有八九年了。年轻时候的我们在一起交流时经常是脑洞大开，一聊就是半天。后来，越来越成熟的我们开始潜心于工作与修学，练就了一身好技能。如今的世钦，提笔定是经典。对读者而言，相信这本书带来的不仅是"大厂"经验和专业层面的硬功提升，还是思维能力、思考方式的内功修炼与拓展。

4A 美术指导 / 站酷推荐设计师 / 高高手讲师 周大杰

资源与支持

本书由"数艺设"出品，"数艺设"社区平台（www.shuyishe.com）为您提供后续服务。

配套资源

所有操作案例的源文件 + 案例的同步讲解与分析视频

资源获取请扫码

> **"数艺设"社区平台，** 为艺术设计从业者提供专业的教育产品。

与我们联系

我们的联系邮箱是 szys@ptpress.com.cn。如果您对本书有任何疑问或建议，请您发邮件给我们，并请在邮件标题中注明本书书名及 ISBN，以便我们更高效地做出反馈。

如果您有兴趣出版图书、录制教学课程，或者参与技术审校等工作，可以发邮件给我们；有意出版图书的作者也可以到"数艺设"社区平台在线投稿（直接访问 www.shuyishe.com 即可）。如果学校、培训机构或企业想批量购买本书或"数艺设"出版的其他图书，也可以发邮件联系我们。

如果您在网上发现针对"数艺设"出品图书的各种形式的盗版行为，包括对图书全部或部分内容的非授权传播，请您将怀疑有侵权行为的链接通过邮件发给我们。您的这一举动是对作者权益的保护，也是我们持续为您提供有价值的内容的动力之源。

关于"数艺设"

人民邮电出版社有限公司旗下品牌"数艺设"，专注于专业艺术设计类图书出版，为艺术设计从业者提供专业的图书、U 书、课程等教育产品。出版领域涉及平面、三维、影视、摄影与后期等数字艺术门类，字体设计、品牌设计、色彩设计等设计理论与应用门类，UI 设计、电商设计、新媒体设计、游戏设计、交互设计、原型设计等互联网设计门类，环艺设计手绘、插画设计手绘、工业设计手绘等设计手绘门类。更多服务请访问"数艺设"社区平台 www.shuyishe.com。我们将提供及时、准确、专业的学习服务。

目录

— 界 面 篇 —

06 第 6 章
游戏界面设计基础 **113**

07 第 7 章
界面节奏感的把控 **171**

行 业 经 验 篇

14 第 14 章
日常工作中的一些经验 .... .349

15 第 15 章
项目设计中的一些经验 371

01

第 1 章

初识游戏界面设计

本章概述

游戏界面是游戏产品的重要组成部分，也被称为游戏图形用户界面。游戏界面是人和游戏软件之间交换信息的媒介，是一种图形化的信息表现形式。人通过这种直观易理解的图形来操作游戏软件，游戏软件则以同样的方式将自己的反馈传达给人。在不同硬件平台上的游戏界面被划分为不同的设计类型。例如，移动设备、家用游戏机和个人计算机由于各自硬件的操作方式不同，其游戏界面的设计也各不相同。在同一平台上的不同软件环境下，游戏界面的设计也不尽相同（如个人计算机平台的网页游戏和客户端游戏的界面设计）。本书要讲解的游戏界面设计知识大部分都是针对手机游戏的，同时涉及少量的个人计算机游戏和家用游戏机游戏。本章主要讲解游戏界面的一些基本知识。

本章要点

» 游戏界面的分类与特点

» 游戏界面设计师需要了解的常识

» 关于做好游戏界面设计的一些建议

基础篇 ▸

1.1 游戏界面的分类与特点

众多的硬件平台和各个平台用户不同的游戏背景建构、游戏玩法，使游戏界面的设计方式和设计风格多种多样。设计一款游戏的界面时，需要明确其用户和风格定位，以迎合市场需求。

1.1.1 按游戏背景划分

游戏背景指的是一款游戏所构建的游戏世界。游戏所讲述的故事、所呈现的画面，以及所体现的人物和玩法都因为游戏背景建构的存在才具备合理性。

市面上的游戏风格有很多，大致可以划分为5种，分别为魔幻风格、科技风格、东方风格、休闲风格和二次元风格。

提示

本书中关于游戏的类型划分相对比较简单。而实际上，每款游戏都并非只涉及一种题材。在游戏背景建构越来越复杂的当下，单纯依靠某个题材并不能完整地表现游戏的风格与特点，需要用多个题材综合表现。

⊙ 魔幻风格

魔幻风格的游戏界面设计结合了中世纪欧洲和幻想的一些元素，如盔甲、城堡、骑士、羊皮纸、哥特字体、魔法、吸血鬼等，整体给人以奇幻的感受，细分下来有厚重、扁平等不同类型。

盔甲

城堡

厚重风格

扁平风格

⊙ 科技风格

　　科技风格的游戏界面设计常应用在带有高科技、未来感等元素的游戏中，细分下来有科幻、赛博朋克等不同类型。该类风格的游戏界面设计以现实为基础，并在具体设计中融入了很多超现实的元素，如细密的线条、数据流、代码、荧光等，给人新奇、有趣的感受。

《风暴英雄》的战斗界面

《王牌猎手》的主界面

《圣歌》的战斗界面

　　而加入的这些超现实元素的灵感则来源于我们日常所见到的一些事物，如老式显像管电视的纹理、舞台上的激光灯照射效果、建筑蓝图、蜂巢、昆虫复眼、集成电路板及服务器设备等。

老式显像管电视的纹理

舞台上的激光灯照射效果

建筑蓝图

蜂巢

昆虫复眼

集成电路板

服务器设备

⊙ 东方风格

东方风格的游戏界面细分下来有中国风、和风及中国式和风这3种类型。同时，这些类型的界面有着一些共用的视觉元素，并且伴随着不同地域行业的不同有着完全不同的发展路径。

早期的中国风游戏界面出现在一些武侠单机游戏中，如《侠客英雄传xp》《轩辕剑叁外传：天之痕》等。这些游戏的界面设计特点是像素化，并且常用一些边角花纹、面板底纹及卷轴等元素来强调中国风的特点。

《侠客英雄传 xp》人物详情界面

《轩辕剑叁外传：天之痕》装备界面

随着时间的推移，中国风游戏界面在细节设计上的效果变得更加丰富了，并且运用的材质也更为复杂，如木材、生铁等材质。

《仙剑奇侠传》（DOS版）战斗界面

在网游时代开启之后，也出现了一批国产网络游戏，色彩以淡雅为主，颜色与质感的对比较强，且题材多样。常见的国产网络游戏题材有金庸题材、三国题材、西游题材、创新 IP 题材、网络文学 IP 衍生的玄幻题材，以及部分经典文学衍生的魔幻题材等。

《大话西游 Online》剧情对话界面

《梦幻西游》主场景界面

手游时代的到来给武侠游戏市场造成了非常大的冲击，也彻底释放了武侠游戏的品类与市场规模。同时，从界面设计风格上来说，手游的特殊操作环境也对手机游戏界面设计提出了新的要求。与传统游戏时代不同的是，手游时代的武侠类游戏的界面设计都比较追求轻量化。

《大话西游手游版》聊天界面　　　　　　　　　　　　　《大话西游手游版》地图弹窗界面

和风游戏界面被赋予了日本文化独有的魅力，其特征极其明显，通常是一些悲观、激愤及热血的题材。在具体设计中，常见的元素有炫光、水墨、3D 及书法字体等，以表现其质感和一些特有的情感化效果。

《街霸 5》战斗界面　　　　　　　　　　　　　　　　《仁王》任务完成界面

中国式和风游戏的界面设计是在传统武侠风格的基础上做的进一步进化，并且持续吸收外来文化元素，进行着一轮又一轮的创新。常见的元素有平直线条、动漫人物、折纸、樱花、日式建筑、木头、折扇、纸伞、卷轴及云纹等，并且这些元素在运用过程中大多都呈现为干净利落的效果。

《天下又天下》主场景界面　　　　　《仙剑奇侠传幻璃镜》图鉴界面　　　　《飞刀又见飞刀》图鉴界面

💬 提示

综上所述，我们可以感受到，如果将这些典型的中国元素和日式元素放在一起，并不能很轻松地对两者做出区分。但假设我们能明确日式元素的特征，就很好区分了。日式元素的特征包括 3 个方面。第一，擅长使用苍劲、有张力的毛笔字体。这些字体或笔画刚劲有力，或线条粗大，或辅以鲜亮的配色，给人一种"大声喧哗"的感受。第二，对水墨的理解更刻板。这一点是相对于中式水墨中体现出的"飘逸""灵动"的气质而言的。日式的水墨很少会给人空灵、通透的感受，更多给人以细致的感受。第三，特殊的日式纹理和元素的使用，如和服、樱花及浮世绘等。

⊙ 休闲风格

休闲风格的游戏主要面向低龄及女性人群。这种风格的界面设计大部分都偏轻松和可爱。在平日里，我们也习惯将这类风格所表现出的设计风格称为可爱风格、卡通风格（具体划分包括日韩卡通风格和美式卡通风格）或 Q 萌风格。

休闲风格的游戏界面整体呈现出色调明快、细节概括、造型圆润及块面区分明显的设计特点，给玩家轻松、愉悦和有趣的感受。

《开心消消乐》网页版界面

《LINE POP2》游戏界面

《汤姆猫跑酷》游戏界面

人在视觉上对某一类美术元素是有刻板印象的，这也是特定的美术元素可以代表特定的情感化元素的根本原因。可爱或卡通的情感化美术元素的产生，正是与人们对"可爱"这个情感因素产生强联系的美术元素所留下的刻板印象有关。

🎲 提示

人对"可爱"的认知大部分来自幼年的人和其他哺乳动物。而与这些因素相关的图形或美术元素会固化地影响人们对"可爱"的认知。利用类似于关联了这些因素或具有这些因素表现特征的美术元素，就可以准确地表现出可爱风格。

各个年龄段的人的头身对比图

幼年的猫

⊙ 二次元风格

二次元风格的游戏是近几年来比较火的一种游戏类型。从界面风格上讲，它并没有严格意义上且单一维度上的定义。无论是什么风格的游戏界面，其本质都是为游戏所要表现的内容服务的。在国内二次元包含的内容已经不仅限于其原生国日本所指代的那些文化现象。综合目前市面上大部分二次元游戏的界面风格，我们可以从两个层面来对这个风格进行深入的了解与认识。

从广义上讲，二次元是二维世界的虚拟存在。从这个意义上讲，所有使用了二维作画方式或用三维方式去实现二维视觉风格的美术化表现都可以被称为二次元风格。从狭义上讲，二次元风格仅指日式二次元的中国化风格，即由日式二次元游戏的国内代理和模仿日式二次元风格的国内游戏所构成的一个集合。

在实际的游戏界面设计工作中，我们所提到的二次元概念大多指的是狭义概念的二次元，即中国化的 ACG。ACG 这个名称取自动画（Animation）、漫画（Comic）与游戏（Game）的英文首字母。

二次元风格的游戏界面设计受日式动画和漫画的影响很大。日式二次元游戏的界面是所有游戏里较为特殊的一种。日式漫画的复原、偏好使用纯度高的颜色、不是很讲究颜色的搭配、大面积使用细碎的花纹装饰、冲击力十足的界面打击动效（包含街机游戏界面设计特征）、聒噪的游戏配音及虚拟少女偶像都是二次元风格游戏的特点。

《龙珠战士 Z》战前队伍调整界面　　　　《龙珠战士 Z》战斗界面　　　　《Lovelive！学园偶像祭》主界面

同时，在 ACG 风格上目前还衍生出中国二次元风格的游戏界面设计。其具体风格的表现与日式二次元有相似之处，但也有所不同，主要区别在于中国风元素的融入。

《阴阳师》主场景界面　　　　《阴阳师》战前加载界面　　　　《Fate/Grand Order》卡牌强化界面

1.1.2 按美术风格划分

当前市场中出现的主流风格大部分是迭代后出现的新美术风格，包括了前面提到的饱含年代风格的其他美术风格。如果将这些游戏界面按照美术风格来进行划分，可分为像素风格、水晶风格、写实风格和扁平风格。

⊙ 像素风格

像素风格来源于早期的街机的操作系统界面风格。在硬件性能提升之后，人们普遍放弃使用这种风格，取而代之的是更能增强技术能力和美术表现的风格。但到如今，像素风格依然被保留并运用到部分游戏界面的设计中。之所以会出现这样的情况，原因有：（1）像素风格具有特定的年代感；（2）清晰的像素点使得像素风格对细节有一种神奇的表现效果；（3）像素风格的运用在硬件损耗方面可以说是一种低成本但表现力较强的设计方式，会被很多独立游戏团队选择。

《Eastward》游戏界面

⊙ 水晶风格

与像素风格一样，水晶风格是一种有年代感的游戏界面设计风格。在硬件性能刚刚开始突飞猛进的时代，广大设计师在设计游戏界面时都注重质感的表现，又或许是人们对水晶质感有着天生的好感，也就导致了在一段时间内水晶质感极为盛行。在早期的 iOS 操作系统中，对于界面和图标的设计也是极尽所能，可以说做到了当时界面设计在质感表现上的极限。微软的操作系统也在 Windows 7 时代对毛玻璃效果的刻画做到了惊人的视觉表现。但是在后续的产品中，设计师们意识到界面质感的提升并不是产品体验提升最关键的部分，最关键的部分在于信息传达的表现和轻快的操作体验，这也就催生了扁平化的设计风潮，且这一风潮延续至今。但是这并不意味着水晶质感的设计退出了历史舞台。与像素风格一样，水晶风格凭借着一定的特殊性，目前不仅被保留了下来，还发展成为一种较流行的设计风格。之所以会出现这样的情况，原因有：（1）大多数人对于亮晶晶的物体似乎有着天生的偏好；（2）很多游戏的界面为了满足特定的质感需求而选定了水晶质感，以此来体现高贵的调性；（3）水晶质感对人的吸引这一特性会被用来作为界面中特殊位置的元素，以此来达到引起用户关注的目的。

《大航海时代》交易界面

⊙ 写实风格

写实风格是游戏界面中最为常见的一种美术风格。它的特点主要表现为较重的质感、立体化的形体展示和多样的材质表现。这些特点对于表现游戏特有的情感化氛围有着非常重要的作用。因此，在一些质感厚重、游戏背景建构复杂的游戏（如魔幻题材类游戏和早期的中国风题材类游戏等）中使用这种风格进行界面设计再合适不过了。

魔幻题材游戏《炉石传说》写实化界面　　　　中国风题材游戏《大唐无双》写实化界面

⊙ 扁平风格

所谓扁平风格，是指舍弃一切 3D 元素（如阴影、纹理及透视等）的设计风格。扁平风格是继水晶质感之后的一种流行设计风格。它和其他流行的设计元素一样，几乎均来自印刷品和传统艺术。其设计特点是简洁高效且富有现代感，一般采用网格作为设计基础，无论是字体、插图、照片还是标志，都被规范地安排在这个网格框架中，同时大量采用非衬线字体，满足了人们屏幕阅读的需求，成为目前较流行的游戏界面设计风格之一。

扁平风格的游戏界面设计整体呈现出简洁的特点，在科技感题材、中国风题材及二次元题材的游戏中使用较多，在欧美游戏中使用更甚。之所以会出现这样的情况，原因有：（1）无论是科技感题材、中国风题材的游戏，还是二次元题材的游戏，其所要表现的游戏背景建构都存在一致性；（2）扁平化的游戏界面设计面向的游戏玩家已经进入了对游戏内核体验的阶段，而非初级玩家对游戏玩法内核之外的内容体验的阶段。

 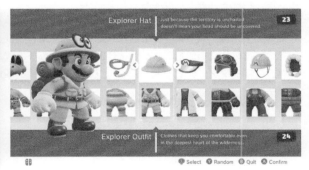

《混乱特工》任务界面　　　　　　　　《超级马里奥奥德赛》换装界面

🐛 提示

扁平化的设计思想源流中有比较重要的一个流派，那就是包豪斯设计。包豪斯为德国的一所艺术设计类大学，由建筑师瓦尔特·格罗皮乌斯（Walter Gropius）在 1919 年创立于德国魏玛。它对建筑设计的影响比较深远。"除去所有繁复的形式，设计只需要满足基本功能"，这种设计思维是将设计完全归于功能化的一种思维方式，与现代的扁平化、简约化设计思想有着极其多的相似之处。

1.2 游戏界面设计师需要了解的常识

作为游戏界面设计师，需要明确自己的职能是什么、游戏界面设计师工作的本质是什么，以及如何追求产品的本质等方面的内容。

1.2.1 游戏界面设计师的职能

一个完整的游戏产品项目组分为策划、程序与美术这三大职位。其中，策划人员主要负责构建整个游戏系统、设计玩法和整个游戏背景建构的工作，细分下来包括数值策划（负责配置数值）、剧本策划（负责写游戏剧本）等。程序人员主要负责实现整个产品的功能和逻辑，细分下来包括前台程序员、后台程序员及服务器程序员等。美术设计人员主要负责整个产品的外观设计，细分下来包括界面设计师、原画设计师、3D 设计师、动效设计师及特效设计师等。当然，有时候这些职位的划分可能并不明确。在一些小团队中，也可能会有兼界面设计与代码编写于一身的设计师。

在设计工作中，界面设计师起着衔接策划工作和程序工作的作用，负责整个产品开发线的一个环节，与谁对接只意味着设计师工作的"信息流"（"信息流"指的是一个完整工作流中，在相邻环节之间进行的工作信息流动，后文会有详细描述）。

在一般情况下，一个项目组内部的工作信息流动会呈现为以下形式：需求文档→交互设计→视觉设计→版本合入。

在具体执行过程中，首先是由策划人员制作策划方案，并生成需求文档，然后流转给交互设计师，进而转换成交互设计稿（也称交互稿），再流转到界面设计师手上。之后由界面设计师对其进行视觉加工，进而生成视觉稿，并流转到程序人员手里，最后由程序人员开发生成具体的产品（即版本合入）。到这里，从理论上说整个工作就完成了。但在实际工作当中，每个环节都可能会出现各种各样的缺漏并需要及时解决。例如，在日常工作中，策划人员可能会面临需要不停地完善策划文档的情况，交互设计师可能会面临不断优化操作方式的情况，随之界面设计师可能会面临不停修改并完善设计稿的情况。如此一来，我们可以将界面设计师的职能归结为"理解上一环节的信息，并将信息加工后流转给下一环节"。

1.2.2 游戏界面设计师工作的本质

对游戏界面设计师来讲，界面设计中较为核心的元素就是信息了。只不过界面设计里的信息是以直观的视觉形式来表现的。这种信息同时具备美术表现与功能表现。在不同的项目工作中变化了的只是信息的呈现方式，信息本身不会发生变化。

对游戏界面设计师来说，其工作的本质由以下 3 个方面构成。

⊙ 保持信息的一致性

在游戏项目工作中，信息在流转过程中一致性的保持是保障一个需求乃至整个项目能够顺利研发的基础。例如，策划人员制作策划文档是为了明确设计需求，交互设计师制作交互稿是为了明确具体信息的骨架，而界面设计师制作视觉稿则是视觉上一种更为直观的信息呈现。这些文稿的存在其实就是在整个开发流程中人们固化信息的一种方式。毕竟如果单靠人脑去记忆，会丢失很多信息。这时候这些固化的信息除了能够起到备忘的作用，还能为多人之间信息的流转起到一个媒介与承载的作用，防止因个人原因而导致信息曲解和流失的情况出现。从技术层面上讲，如果将各个环节的工作都做到了"零差错"，那么信息屏障能够得到最大化的消解（即作为具体环节工作的操作者的人和人之间的误解最小化），也能保持信息在流转过程中的一致性。

⊙ 全局化的设计视角

在游戏界面设计工作中，界面设计师将设计视角放在全局流程上，可以更好地理解需求并顺利完成设计。

一个游戏产品在落地过程中的表现是极为复杂的。这时候如果界面设计师只盯着手上的具体工作做设计，而不从全局出发进行设计方面的思考，往往会失去对产品整体的正确理解，从而导致对产品功能理解的偏差，最终导致设计工作不顺利或产品开发出现偏差。只有从头到尾、从全局到细节都有一个好的思考，才能深刻地理解手上具体工作的意义。与此同时，全局性的理解心态对于具体问题的解决也能起到战略性和方向性的指导。

⊙ 问题的及时反馈

对一个完整的产品而言，它的每个部分都是被人设计出来的，并且谁也无法保证处处完美且毫无瑕疵。这就意味着很多从零开始的项目往往是"摸着石头过河"做出来的，在这个过程中就可能存在无数次修正和推倒重来的情况。

同时，在实际工作中我们遇到的游戏项目，其游戏背景建构往往都不是很明确或不是那么容易让人理解。在这一情况下，无论是初期的界面风格设定，还是后期设计过程中会面临的诸多问题，都要求设计师具备极大的耐心和极强的心理素质。这种遇到问题不断更新工作内容的过程，我们可以把它定义为迭代。每一次的迭代设计都不是单方面的，而是在搜集了各环节、各部门的意见的基础上进行的。

在游戏界面设计工作过程中，关于问题的及时反馈，设计师需要注意以下 3 个方面的问题。

首先是对策划方案理解时提出的问题。通常策划方案会以交互稿的形式出现在设计师面前，设计师需要和交互、策划人员一起过一遍交互，并明确流程，做到充分理解功能设计。在此过程中，如果有不理解的部分需要及早提出，同时对自己认为不合理的地方要充分交流，或提出修改意见。

其次是在游戏项目进展到中期时，界面设计风格需要持续维护和扩展，正确面对与处理在风格扩展和铺量工作进行的过程中所接收到的反馈。

我们知道，在现实生活中不一定每个人都容易理解程序语言的实现逻辑并形成自己的编程思维，但是每个人都会有直观的视觉体验，会形成自己的审美观。因此在整个团队中，为了统一大家对视觉底层的统一认知，设计师有一个无形的使命，那就是引导大家认识界面的风格设计。界面设计师在对特定项目构建特有的风格设计时，都会对风格设计有一套严谨且有说服力的设计方法论（后文中会详述）。但在实际工作中一般只有与设计环节相关的人员参与到了设计论证阶段，如此一来参与产品流程的每个人并非都能对风格有深刻的认知。这时在界面扩展阶段可能就会出现3种情况：（1）在策划人员对设计师的设计稿提出修改意见时，可能因其并不是很容易描述问题本质而错误地将问题提成美术方面的意见，从而导致策划人员的意见被设计师驳回；（2）没有参与具体工作的某位高层突然参与到项目工作中，并从美术层面上对设计提出质疑；（3）设计师自己在扩展风格时出现偏差。

以上这些情况一般是在非常细节的一些地方出现。虽然并不会造成大的困难，但是会影响工作效率。所以，对界面设计来说，尽早地对项目组全员进行潜移默化的风格设计思想的推广是一件非常必要的事情。这也是设计环节中对整体产品反馈比较重要的一点。

最后是设计师对最终实现版本的还原度的监督力度。在实际工作中，笔者秉持的游戏界面工作原则是"没有被实现的设计没有意义"。这句话的意思是设计师对最终合入版本的设计的质量负有责任。我们在设计稿上不放过一个像素的错误，但是如果最后没有被还原到可运行的游戏版本中，设计就只停留在了设计稿上，就属于无法落地的设计。当我们站出来，在一定高度上去"俯视"整个产品时会发现，设计的工作就是为了对最终产品的效果负责。所以对游戏界面设计来说，设计师对版本进行走查，对设计过程中出现的 Bug 做到及时反馈是一件非常重要的工作，也是尽可能地确保设计稿不被反复修改的基本工作方法之一。

1.2.3 如何追求产品的本质

所谓产品本质，指的是一款产品被设计出来时的总功能目标。这个目标是用户通过使用产品的各项功能来综合达成的。产品的各个部分都有自己特有的功能，这些功能通过有机组合，可以形成整个产品的设计功能目标。而设计师的工作就是为这些特有功能构建出重要组件，这些组件就是可交互的视觉元素。需求可以理解为产品的最小解构单位。基于这种原因，需求和产品本质本应该是一致的，但事实上很多时候大家会心知肚明地偏离方向。

在项目实践过程中，有时候设计师需要对自己的想法做出一定的妥协，而有时候又需要坚持并推进自己的想法。但无论怎么做，其最终目标都应该是实现产品本质。针对产品本质的实现问题，在工作过程中我们需要着重注意以下3个方面的问题。

⊙ 目标明确

在项目团队中，设计师可能会犯一些无法意识到的错误，如在一些情况下将自己的想法强加给团队，而这种想法未必是以优化产品为目标的。这是一种很常见的偏离目标的做法。设计师推进自己的想法时，就会与团队成员产生争论，乃至在某些问题点上产生辩论。这种情况很像辩论会中的正方与反方。某一方可能会为了达成说服对方的目的而使用一些如狡辩或强制等不合理的沟通手段。最终即便是某一方获胜了，但是其方案不一定是最适合产品功能的，最终可能导致产品的商业化受挫。就笔者看来，规避这种问题的较好方式，便是大家在讨论需求的时候，尽量都本着平等的心态和目标明确的态度去讨论，尽量将大家沟通的核心与最终落脚点集中在产品本质的表现上。

⊙ 全局角度

在出现问题时，不以产品全局的思路出发，而只是从具体问题的本身出发思考解决办法。这种情况通常来讲是一种思维方式的误区。有的人做需求时只考虑需求本身，至于需求所关联的其他区块，则表现出完全不关心的样子。

这种情况也经常发生在一些不了解整个项目状况的设计新手身上。这些新手有可能是临时调入项目组的，也有可能是某个并没有时间和精力去了解项目的具体情况的"旁观者"。

不过，在实际的产品开发流程中，项目组一般都会避免这种情况的发生。如果有临时借调的陌生人员进入项目组，在理想的情况下，一定会有同事具体负责介绍项目情况、文档信息等与该人员具体执行工作时密切相关的一些信息，尽可能地避免临时借调来的人员不了解产品情况而做出一些不利于项目开展的工作（当然，大多数公司里也不会允许没有经验的新人在无人引导的情况下直接开始工作）。总而言之，设计师在进行每一项项目工作的时候，都要时刻保持全局心态，避免自己陷入细节误区，做出不合情理的设计。

在工作过程中，有的设计师以完成需求任务为工作的终极目标。虽然说每个人都有自己的一套价值观，关心产品是工作了一天，不关心产品也是工作了一天，但是，如果一个设计师放弃了成长，安于现状，仅满足于机械式地处理每天手上的任务和工作的话，那他是一定做不好设计师。如果只关注自己眼前的任务需求的完成情况，不顾及产品全局，就会导致眼界狭窄，并让设计出错。持有这种心态去工作，不管是对界面设计师而言，还是对产品工作流程中的每一个人而言，都是有害的。也可以说，一个项目中的所有人员都是互相关联的一个整体，任谁也不可能仅关注自己眼前的工作而把工作做好。

⊙ 协作思维

在日常的游戏界面设计工作中，为解决一个问题而堆积更多问题的情况时有发生。究其原因，还是设计师的思路不够明确。例如，一款游戏产品要在主界面左侧加一个"排行榜"功能，但是放在这个位置的排行榜的区块会对其他区块造成遮挡。这时候设计师首先应该想到的是与主界面上相关区块的负责人（如负责对应功能模块的策划人员）沟通，看其能否协调出一个空间来放置这个"排行榜"功能。而在实际工作中，有很多人可能会选择另一种解决问题的方式，那就是把问题直接交给设计师一个人去解决。于是设计师需要花费大量精力和时间去设计出一个既不占空间，又在交互上没有问题的"排行榜"功能。这种做事方式不仅脱离了全局化的思维方式，也是一种懒惰的处理问题的态度。项目工作很多时候并不是一个点的工作，大多会涉及一个块面的工作，这时设计师应该秉持协作思维，由点及面地解决问题。

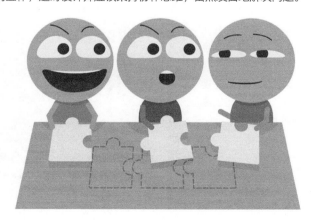

当我们做到以上 3 点，就意味着可以更顺利地完成自己的设计工作了，也能确保自己的工作内容始终围绕着产品本质来开展和进行。

在这时候，作为设计师需要去思考的问题是在处理需求的时候，自己到底是在解决问题，还是制造问题？如果是在制造问题，那所谓"为解决问题而设计"的初衷是不是早已不再坚持了呢？这一点值得我们深思。

1.2.4 游戏界面设计是艺术还是产品

对一个游戏研发团队来说，在平日里大家讨论的内容除了涉及界面设计本身的知识点和工作方式，还涉及界面设计到底是艺术还是产品。

界面设计工作毋庸置疑属于产品的范畴。这里的产品指的就是我们开发的游戏软件，是为了达成某种目的而被刻意设计出来的东西。设计在产品中的范畴从广义上来讲不仅包括了界面设计，还包括了产品功能设计和交互层面的设计。所谓设计就是设想和计划。设想是最终目的，计划则是达成目的的方式。从这一点来讲，界面设计是服务于用户的一项工作，它显然并不是典型概念上的艺术创作。

但界面设计除了包含这些硬件方面的内容，还充满了情感化的内容。情感化的内容看起来是比较主观的一种东西。而艺术正是一种表达美的文化形式。在这一点上，设计似乎有一部分又是属于艺术的。艺术的定义是什么，其实并无定论。但从广义上讲，艺术相对产品设计更加自由、更讲究创作者的表达。从这个层面上讲，艺术是一种个人意见的表达，而设计则是对广大受众品位的一种妥协。

不过，如果我们仅是这么认为的话，似乎太过片面。在这里我们可以这样理解：艺术可以完全凭借创作者的意识去表达自己想要说的内容，但设计在一定范畴内也是设计师对美或者情绪的表达。两者的区别无非在于表达的规则的限制上。同时，艺术家的创作是基于自己的表达，可以说并没有严格的限定。而设计是为某种目的服务的，就应该在目的所设定的一套规则内由设计师进行适当的表达。这才是两者真正的区别和相似之处。因此，可以说设计师在执行某个具体的表现时的工作，是类同于艺术家的，但是他们的工作更多的是实现产品功能性的表达。艺术家则是为自己的内容表达而工作，看起来更加随性、自在一些。

如此说来，设计师必须要有堪比艺术家的审美视界。一个独立的艺术家可能一辈子只会去表现一类东西，或许是一种对世界的看法，又或许是一种领先于时代的个人风格。而设计师的不同之处在于，他不仅要做好为尽可能多的品类产品服务的心理准备和技术准备，还要能做出用户所能理解的设计。没有相对广泛的审美，就无法设计出对应审美层次的受众所能理解的内容，也就无法产出好的设计。

此外，艺术家和设计师工作的不同之处还在于受众的不同。人们在观赏艺术家的作品时，可以有不同的解读，也可以不去理解，甚至对艺术家而言其本身对作品也没有确定的解读答案，是一种抽象和开放式的创作。在人们观赏或使用游戏界面时，其功能性目的是很明确的，并且需要对用户的理解层次有深刻的了解，让用户能以最小的障碍去达到对作品快速理解的目的。

"印象派"画家克劳德·莫奈（Claude Monet）作品《日出·印象》

艺术作品和设计作品同样都有引领用户的作用。艺术家可以创作出当代人无法理解的作品，可以慢慢等到社会发展到一定程度，普通人群对某种特定的表现形式有了普遍的理解。换句话说，艺术作品可能会在当代被埋没，而在未来被人理解。这种作品在诞生的时候，可以说引领了受众的理解能力。设计师的作品同样也有引领用户的作用。界面设计诞生的头几年，设计师会在界面里模仿真正的物体画出令用户容易理解的图标，这就是引领用户去联想实际生活中的经验，从而理解界面设计的含义。在用户被引导和"教育"了一段时间以后，设计师又会发展出新的设计方式，用户就这样被一点点引导，进而被"教育"成成熟的用户，设计师作品的易用性也会变得越来越强。

界面设计是为人服务的，最基本的要求就是人们可以轻易地去理解并应用。图 1 所示为早期的计算机操作系统中的桌面图标设计，其用"垃圾桶"图形来表示"回收站"功能，用"3.5 寸软盘"来表示"保存"功能，用"文件夹"图形来表示"文件夹"功能。这些直观的图形表现方式都是为了让初次接触图形操作界面的人们去联想实际生活中的物体，从而降低对界面设计的理解难度。图 2 所示为更现代的扁平化设计，通过对用户的长期"教育"，诸如底部的3 个抽象按钮这样的图形也能被用户很好地理解。但是为了尽可能地降低用户对复杂操作层级的理解难度，还是保留了不少如阴影、模拟现实滑块的设计。

而且，从情绪化表现的层面上讲，艺术家和设计师的目标是一致的，那就是通过图形、颜色等美术元素的组合来表达具体的情绪。只是艺术家的情绪化表现更为复杂和抽象，设计师则更为直接、明确和具体。

图1　　　　　　　　　　　　　　　图2

综上所述，设计师在具体细节的美感表现上有着同艺术家一样的创作思路。但从产品全局来讲，这种艺术化的创作需要遵守整个产品的设计目标，满足交互层面的需求。也可以说，游戏界面设计是一种适当妥协并"戴着镣铐跳舞"的艺术。

1.3 关于做好游戏界面设计的一些建议

关于如何做好游戏界面设计这个问题，笔者将从游戏界面设计的整体原则、掌握合适的学习方法、界面的美丑，以及培养较强的沟通与表达能力这 4 个方面进行分析并提出建议。

1.3.1 游戏界面设计的整体原则

游戏界面除了具有媒介功能以外，它的"涂装"同样有很重要的意义。不同色彩所暗示的情绪信息、不同材质所烘托的环境氛围，都作为界面的一部分并为所属的产品传达出特殊的信号。这些信号会在潜移默化中传达给用户，通常我们将这个功能叫界面的情感化。可以传达出情感的东西，必须是富有生命力的。"好的界面设计就应该是有生命力的设计"这一实质表明，好的界面设计必须建立在设计师对产品有非常深刻的理解的基础上。在此基础上增加对视觉元素的合理提取与应用，才能设计出适合产品的界面，为产品取得商业化成功做准备。

以易用性为基础，恰当而准确地传达产品情感化的设计才是理想化且成功的设计。

⊙ 以易用性为前提

在游戏界面设计中，设计师需要考虑的主要是基于易用性的设计思路，而不能将美观或功能这两者中的任意一个作为唯一前提。因为界面设计的主要意义就是作为传播信息的一种媒介。在用户使用产品和进行界面操作时，如果界面操作给人感觉太复杂或太烦琐，就会引起用户的反感，意味着设计不成功。而在具体执行时，对于界面易用性的表现会涉及诸多细节。作为视觉设计师，通常来讲是需要去理解交互层面的易用性设计的，知其然并且知其所以然，只有理解了设计初衷，才能在这一范畴内更好地发挥自己的设计思路。

⊙ 准确传达情感化内容

在这里，我们可以用民航客机作为比喻来理解界面设计中情感化的内容，如下面两张图所示。一个安全的可以执行飞行任务的飞机类同于只有基本操作功能的界面框体。在此基础上，这个飞机或框体通过不同的外观来表现出除了基本功能以外的内容。准确的"涂装"会给产品情感化的表现增加灵动性。要准确地传达产品的情感化内容，就需要从产品本身去寻找答案，提取可以代表产品特征的美术元素，并确认其应有的界面美术风格。在一款武侠游戏里，绝对不应该出现表现现代科技的美术元素（除非这款游戏的背景建构是古今结合的）。可见，界面设计中"美观"的部分所蕴含的要有表现产品情感化内容的功能性。对于如何准确地提炼一款游戏产品的界面表现元素，后文会详述，这里就不再过多描述。

⊙ 恰到好处的设计

我们都知道恰到好处的设计最为绝妙，过分设计或设计不足都不一定是好的设计。在设计中，有的设计师往往乐于给界面搭配很多的美术元素。美术元素虽然易找，但一个界面中的装饰元素越多，就越难以把控，也未必能达到好的效果。

1.3.2 掌握合适的学习方法

游戏界面设计对设计师最基本的要求是技术基础牢固。除了前面说到的从产品角度全局考虑设计的思维方式，最重要的就是基础技能的培养了。这些技能包括对设计软件的熟悉和应用，也包括对各种设计风格的把控能力的培养。

熟练地掌握设计相关的软件是界面设计师必备的基础能力。在游戏设计中，常用的软件有 Photoshop、Illustrator、After Effects、Animate、Unity、Unreal 及 Cocos 等，界面设计师或需要熟练掌握，或需要了解基本的操作技能，或理解其运行原理，这都是有效展开界面设计工作的前提条件。与此同时，界面设计师还需要具备对设计风格的把控能力。对新手来讲，培养这样的能力和习惯需要从两个方面做起：一是有效的临摹，二是作品浏览量的积累。

⊙ 临摹练习要有"道"

从专业性来讲，游戏界面设计对设计师本身的手绘能力有一定要求。而对于手绘能力的培养一般是要进行大量的临摹练习的，这个方式可以在短期内极大地提高设计师个人的手绘能力。那么怎样的练习才是相对有效的呢？这里笔者有以下两点建议。

首先是要做到长期坚持。所谓"冰冻三尺，非一日之寒"，想要真正学会一项技能，往往是需要经过长期坚持并大量练习才能实现的。

其次就是临摹对象的选择。对于临摹对象的选择，一般有两种选择方式。（1）选择自己认为难度合适的、好看的且设计合理的作品去临摹。这样做的好处在于在练习的过程中自己不容易因临摹难度太大而轻易放弃。弊端是容易限制自己的视野，从而让审美难以得到提升。（2）选择当下流行且商业化产品中常见的一些作品去临摹。大多进入设计圈子的人，平日里都喜欢去逛一些作品发布类的网站及设计相关的一些论坛，且当下流行的一些设计趋势也总会在这些平台上有所体现，作为设计师需要多加留意，并在练习过程中有意识地去进行设计。

⊙ 拥有自己的"参考作品库"

拥有自己的"参考作品库"不仅对初期的临摹大有助益，而且对设计师的长期职业发展来说也会起到一些潜移默化的正面影响。同时，创建"参考作品库"在设计师参与早期项目的风格定向时也是一个不可小觑的提升自己的方法。

如何创建参考作品库？一般是需要设计师将搜罗的参考作品按照作品的属性、风格或者按照自己容易检索的特有分类进行整理，并保持持续的更新，如下图所示。

总之，一个成熟的设计师在学习过程中应该持有两个基本素养：一个是敏锐的观察力，另一个是持续学习的心态。

1.3.3 界面的美丑

在1.2.4小节，我们分析讨论了游戏界面设计是艺术还是产品这样的话题。最后我们得到一个结论，那就是界面设计既有产品设计的属性，又有美学艺术的属性。一个界面的美与丑，在很大程度上左右着人们对它的评判。

从美学表现的层面上讲，既然界面设计属于美学艺术的范畴，那么美丑是否会成为一个判断界面设计好坏的重要评判标准呢？事实上未必如此。在这里，我们可以从以下4个方面去分析。

首先，审美是一个主观的标准。每个人都会有自己独有的一套审美观，同样，对于同一个界面，每一个人都会有自己的评判标准。因此，界面的美丑不能作为界面设计好坏的重要或唯一评判标准。每一个界面设计在理想的情况下都应该是依据一定的需求进行设计的。在对设计进行评判时，其美与丑仅是给人的第一印象，但其核心却是功能性设计。

🐾 **提示**

所谓功能性设计，就是指一个界面的设计是否能被容易地使用，从而满足某种功能需求，并在一定的时机给予用户适当的引导。

其次，界面设计在项目开发进程中并不是静态的，因此单独评价还处于某一迭代状态界面的美丑是片面的。界面设计的项目进度流程是一个不断变化的过程，这点在后文中会有详细的讲解。简单地说，这些步骤包含两部分，即研发和迭代。研发指的是项目初期设计师们对特定项目界面风格的探索到最终敲定的过程。在研发结束后，界面的风格也就基本确定了。但是这个时候的界面从美术角度来讲仍然是粗糙的，需要进行后续的迭代优化。界面迭代和项目版本迭代是相辅相成的，但又具备一定的独立性。界面设计迭代要做的工作包含3项：（1）根据产品系统设计的增多而逐渐增加控件类型；（2）根据逐渐完善的游戏背景建构来微调界面中美术表现的细节；（3）在这个过程中建立和完善界面设计规范。综上所述我们可以得知，并不是在风格设计结束后就意味着全部界面设计工作结束了，它是一个逐渐完善的动态过程。在这个过程中，有一些版本的界面或许会在很多人的眼中是丑的，但仅因为这样就判定这个界面设计是一个不好的设计，那就太过片面了。

如果项目已经打磨到了很成熟的阶段，界面的观感自然而然就会变得更加理想。这不仅是因为设计师对一些问题的修复所呈现的界面设计的理想化状态，还因为这些经过了锤炼的界面，此时理应符合操作逻辑、节奏感和美学逻辑。符合逻辑的设计本身就具备美感。

为什么说符合逻辑的设计会自然拥有美感？看下面两张图，其中图1所示为树枝，图2所示为芯片，一个为自然生成，一个是人造物体，但同样富有美感。其实人类判断某个事物的外貌美丑所依据的是基于生存的本能。那些让人能生存下来的事物会让人感觉舒适，人会对这些事物产生好的感觉，这种感觉与这些事物的视觉观感结合起来被保存在人类的基因里，它们给予人的感觉在视觉上被描述成美感。这些让人产生美感的事物，最基本的属性是符合自然规律。因而越符合自然规律的事物，在人类看来也就越倾向于美。完全由自然生成的事物，例如自然景色，就会很容易让人有美的体会。人类的逻辑最初也是来自对自然的研究和认同，这也就是为什么符合自然规律、符合逻辑的设计会给人以美感。

图1

图2

再者，游戏项目的管理人员也会极大地影响一款产品界面的美丑。国内的大部分游戏开发公司一般采用制作人制度。在国内，一款游戏可以说就是制作人风格的作品，因而制作人的审美倾向也会极大地影响一款游戏产品的美术方向。在这其中，虽然不乏有一些非美术出身的制作人，但在大多数情况下并不会因此而出现设计效果与预期效果偏差太大的情况。在每个项目的组成里，除了制作人，还有主美等专业人员去把控质量，并围绕着制作人的意志来制作产品并使其达到尽可能好的美术品质。但即便如此，设计效果不尽理想的情况依然有可能会存在，只是在目前运转良好的一些游戏公司中，项目组会通过合理的人员构成、好的运行方式尽可能地去避免这类情况的发生。

最后，有的略显"特别"的设计其实是刻意设计出来的。其根本原因就在于国内的三、四线城市的游戏玩家较多，且这些玩家大多比较追求效果丰富和花哨、华丽的界面效果，设计师为了迎合这类玩家群体的需求，也习惯将很多游戏设计成类似这样的效果。不过无论如何，笔者也相信，随着时间的推移，这些玩家的需求也会有所变化，进而可能追求更简洁化的设计。

图 1 展示的是 QuestMobile 移动互联网 2017 年 Q2 夏季报告的数据，从数据中我们可以看出腾讯游戏《王者荣耀》的玩家群体分布情况。《王者荣耀》取得了极大的成功，其数据的代表性极强，中国游戏行业的受众来源可见一斑。当西方同期游戏的界面设计趋近于简约（见图 2），更加提倡让玩家从画面去体验游戏核心玩法的时候，国内大部分游戏却是通过大量的界面信息来操作游戏的（见图 3）。西方的游戏尤其是主机平台游戏，其界面设计往往有更好的观感体验。国内的游戏界面虽然也不错，但往往充斥了大量的信息，且这些信息以花哨的颜色和大量图标、按钮的形式存在，整体观感往往不大好。究其根本，并不是设计师的水平问题，而是玩家群体的不同及审美水平的不同。图 4 所示为中外设计师都比较活跃的设计分享平台 Dribbble 的 Popular（译为最受欢迎的作品，即一定时间内点赞数最多的作品）页面。目前，这个页面中也有不少中国设计师的作品出现，这也从一定角度说明了国内设计师和国外设计师在设计水平上并没有太大差别，只是由于不同地域的玩家需求不同，设计师会给出与需求相对应的界面设计。

图 1

图 2

图 3

图 4

因此，如果设计师在日常工作中看到自己认为丑的作品，第一反应不应该是全盘否定，而应该仔细思考产生这种设计的原因。要知道，每一个设计师在设计时其实都是"戴着镣铐跳舞"，服务的对象是用户，而不是自己。

1.3.4 培养较强的沟通与表达能力

设计师的工作不仅限于绘制设计稿，还需要推行自己的设计方案。在这个过程中，不仅要求设计师的作品要经得起品质的考验，还要求设计师通过强有力的沟通与设计表达能力去展示自己的设计，令自己的作品有说服力。虽然设计师面对的最终对象是用户，需要产出的作品是简单易用的，但是设计的过程却是专业且复杂的。把这个专业的设计过程展现出来，是一个设计有说服力的重要保障。

设计师在执行一个游戏项目的过程中，针对沟通方面需要涉及的问题有以下3点。（1）对于设计原因的沟通，即设计的基础，是为什么而设计。例如，在做一款武侠类的游戏时，设计师就可能需要对中国风的界面风格进行分析，从而得出结论并去指导设计方向。（2）对于设计目的的沟通，即设计的最终功能性目标。例如，针对一排按钮的设计，则可能需要分析一下这些按钮的排布原则，它们有没有功能上的先后之分，然后基于这种功能性的目的去指导设计；（3）对于设计的总结沟通。这实际上是对前两点的复盘和整理。既然是设计总结，那就需要很多设计过程图。这个设计过程图应该确保多图少字，并呈现出足够的设计感。这种方式最终的产出物可以是长图，也可以是PPT。下图所示为笔者在主导的项目"Fexgame"中期所做的一部分设计总结中的展示设计，这是一种典型的静态展示设计思路和科学的设计过程。

在日常项目工作中，有一个"工作流"的概念。工作流的本质就是信息的流动。例如，当信息从策划人员那里流动到设计师那里时，设计师需要充分理解策划人员想要表达的信息，避免盲目地开始设计。如果设计师已经和策划人员对接沟通，但策划人员并没有明确表达出自己的真实目的，设计师就需要像研究用户一样去分析策划的根本目的，进而做出更精准的设计。

无论是一对一、一对多，还是多对多的沟通，都是一种信息流动的过程。人类需要通过语言来描述自己大脑中的想法，而语言的接收方是需要通过编译语言来理解对方想法的。我们的信息流动过程就是一个"想法→编译成语言→接收语言→编译并理解"的过程。在这个过程中如果丢失了传输的信息，就会导致沟通无法进行。

在这里，笔者将依照这个逻辑过程演示一下接收方无法编译语言的情境。

A（美术人员）：我这里有个图片过大，你看通过什么方式能压缩一下？

B（程序人员）：%￥#%￥%##%￥#%（描述了一整段这张图片的实现逻辑）。

A：我不是很明白，我怎么做才能让你这边的损耗降低一些？

B：……%&……￥%￥……%……（仍然是实现逻辑）。

A：……

这个对话是一个失败的沟通过程。至于为什么失败，我们来分析一下。首先，A发现了图片过大的问题，他的目的是想知道怎么做才能让图片有一个比较好的展现方式，然后通过更改设计来节省包量抑或是降低损耗。但是提问的过程显然是以自己的理解为出发点来进行的，他没有描述清楚问题，却试图直接用思考结果去提问。而B的回答是直接从A的提问出发的。可能B的回答的确是这个图片的实现方式，但对程序非专业人士来讲，A理解不了，所以A无法编译B的回答为自己的理解。至此，沟通实际上已经被阻断。但A仍然试图让B有一个能让自己理解的回答，所以再问了一遍，这次的提问实际上是一个比较合适的方式。但是B仍然陷在自己的"世界"里，也就彻底阻断了这次沟通。

在实际生活中，我们和另外一个人说话的时候，就是一个把自己想法编译为语言，对方在接收到语言之后将其编译成自己的语言并再理解的过程。如果每个人都按照自己的理解去组织语言并试图让别人理解，这是很难的一件事情，也是造成很多沟通失败的原因。

知道了沟通的本质之后，在设计工作中我们怎么才能做好沟通呢？就笔者看来主要需注意以下3个方面的问题。

⊙ 营造共同的语言环境

在项目沟通与表达的过程中，设计师尽量不要从自己的理解出发，而要试图去按照对方的理解方式或事先约定一种共同理解方式让双方在一个共同语言环境里进行沟通。

想法　　编译　　语言

传播

接收　　编译　　理解

⊙ 良好的语言组织能力

在日常工作沟通的过程中，我们要学会培养自己的语言组织能力，对于设计方案与思路要快速有逻辑地表达给另一方，避免让对方误解，从而导致设计失误且造成时间浪费。

⊙ 专注于话题进行表达

在项目实践中，我们会遇到很多会议，且有些会议往往会非常漫长。而会议之所以漫长也未必是因为有太多的事情需要被讨论，更多的可能是大家都陷入了各种细节或漫漫无期的讨论当中。这种"捡了芝麻，丢了西瓜"的沟通方式，很可能会导致会议长时间没有一个核心议题，即使是有，也会被各种分叉的细节性话题所替代或湮没。

对于"一对一"的小型沟通也是这样，当你就一些问题去找其他设计师解决时，你们就只需要针对这些问题进行讨论。如果有其他的问题，也尽量在讨论并解决完当前问题之后再予以讨论，万万不可把话题岔到分支结构上，那样问题是很难得到快速解决的。

AM 10:30

AM 14:30

02

第 2 章

游戏界面的设计流程

本章概述

一个完整的游戏界面设计流程一般为"页面布局设计→页面信息设计→整体颜色设计→细化和输出"。这个流程遵从的是由整体到局部的设计方式，与绘画流程即"绘制草图→提线稿→铺色→最终细化"类似。本章笔者将以代号为"LEgame"的项目中的一个排行榜界面为例，分析和介绍一个游戏界面的完整设计流程。

本章要点

- » 页面布局设计
- » 页面信息设计
- » 色彩细化设计
- » 质感的强化表现
- » 最终资源输出

基础篇 ▶

2.1 页面布局设计

页面布局指的是界面内视觉元素和信息元素的分布与排布方式。页面布局是游戏界面的"骨架"，界面内所有的元素都依附于这个"骨架"之上。

2.1.1 解读需求文档和交互原型

在完整的游戏界面开发流程中，游戏界面设计师一般是按照策划人员和游戏交互设计师输出的交互原型稿来设计与控制游戏界面的布局的。但在实际操作过程中，游戏界面设计师有时候可能无法完全理解策划人员与交互设计师的需求，这时候游戏界面设计师一般需要与策划人员和交互设计师做一些沟通，避免在不理解需求的情况下，设计出错误的设计稿，造成时间成本的浪费。

针对一些比较简单的需求文档，可以由策划人员直接输出交互原型，如右图所示。这是一个功能、页面结构相对比较简单的需求文档，下面笔者为大家解读一下。

需求目的。游戏中需要一个将全服玩家数据对比后列出的排行榜。这个排行榜会涉及两个维度：一个是收集数量，另一个是获得的点赞数。

交互结构。在游戏过程中，每一个需求的功能都需要在视觉上有一个闭环操作。而这个需求文档的闭环操作就可以梳理为"入口→界面主体→关闭"。对应入口的是需求文档中提到的"荧光屏"，因为这个需求在策划阶段进行了评估后认为实现成本过高，所以放弃而改为主界面的排行榜图标。对应界面主体的是排行榜弹窗（也是后边要重点说明的）。而"关闭"就是该弹窗右上角的关闭按钮。这3个关键点构成了一个完整的操作闭环，也是合理的交互结构。

2.1.2 将交互原型转化为界面布局

在理解了需求的基础上，界面设计师就可以着手开始进行这个界面的布局结构设计了，即将交互原型转化为界面布局，这里主要涉及以下两个环节。

⊙ 搭建大纲式框架

排行榜的需求文档中展示了这个界面的交互原型。从原则上讲这个原型并不十分准确，因此可以依照交互原型图将这个界面从整体到局部划分为3层结构，即弹窗、左右列表区域及底部附属信息。

弹窗。这个结构包含了弹窗框体内的内容，也是整个界面的主体信息。

左右列表区域。由一左一右两个列表构成的子集单位区域，包含了"收集榜"和"点赞榜"两个列表。这里要对列表标题做一下说明：列表单位是两个列表内的单位信息，从左到右包括排名、头像、ID及数据等图文信息。这些信息非常重要，它们直接关系到指定界面的空间与尺寸规划。在交互稿和需求文档中都需要对此进行明确的说明，否则就需要设计师和策划人员进行详细确认。列表标题的作用是使玩家快速识别列表的属性，从而明确其内容所包含的意义，因此它具备很强的识别性。

底部附属信息。每个列表的底部都有一个展示玩家数据的附属信息，在界面设计中这个部分也需要有一定程度上的强化表现。毕竟在玩游戏的过程中排行榜这一类的底部附属信息还是比较容易受关注的。

有了这些框架的划分之后，界面设计师就可以对界面内的信息、区域大小及各个信息的视觉强度做比较明确的定位，并进行比较准确的框体绘制了。

⊙ 绘制较准确的框体

这里所说的"较准确的框体"指的是与界面设计最终效果图中的尺寸、位置和布局比较接近的一个框体设计稿。通过这一环节，我们可以对上一步中规划好的大体框架做进一步的细化，为后续的页面信息设计做准备。在必要的情况下，我们也可以在这一步中将框体尺寸、位置和布局设计得与最终效果图完全一致。

不过，在进行这一步操作之前，我们需要再次明确需求文档中的界面的交互结构，以清楚这个界面在整个系统中的位置。已知排行榜弹窗需要点击主界面中的排行榜功能图标打开，因此该弹窗应该是以主界面作为底图的，如右图所示。观察图片，我们可以在图中右侧偏上的位置看到排行榜功能图标。如果这个需求包含了入口图标的需求，这个图标也应一并在这个需求中进行处理，之后输出提交。

为了让弹窗部分的设计效果更加丰富，我们需要在这个底图上覆盖一层半透明的黑色。这里需要注意的是，根据项目选择、界面设计风格和实现能力的不同，每个游戏中的弹窗弹出效果也不尽相同。目前手游里的主流处理方法是在弹窗后层或背景上层覆盖一层半透明的黑色，其透明度的设置一般保持在40%~80%（此处使用的透明度为60%）。之后，按照上一步中划分出的大体框架，可以绘制出右图所示的框体效果。

在框体设计中，通常需要注意 3 个原则。（1）框体的大小要接近最终设计稿效果图中的尺寸，如弹窗本体的框体一定是较大的，而列表框体则要小一些，同时弹窗本体的框体要嵌套弹窗框体和列表单元。（2）图片、文字和图标这些界面中的信息要有比较强的识别性。这样做的目的是让设计师能够快速明确地看到界面中的所有信息，为后续的设计提供依据。示例图片中出现的文字都被设置成白色，并且表示头像的框体也都比较亮。（3）根据框体代表的不同控件或图形，需要使用明度或亮度不同的颜色。同时，比较重要的信息要有所凸显，为后续的设计提供参照依据。示例图片中标题框体的饱和度和明度都较高，并且表示列表单元的框体要比列表框体的亮度高一些。

💡 提示

为了保证在后续的设计中界面颜色不出现太大的偏差，在设置框体颜色时建议还是使用接近于项目的界面设计风格规范中的常用颜色。

2.2 页面信息设计

针对页面信息的设计，这里笔者主要分两个方面进行讲解，一个是设定基本颜色，另一个是增加情感化内容。

2.2.1 设定基本颜色

页面信息中比较根本的就是颜色区分。颜色不仅是体现整个界面风格的一个比较直接的元素，还是区分信息时常用的视觉元素。在页面信息设计的过程中，基本颜色的设定由整体到细节可分为框体颜色的设定和文字颜色的设定。

⊙ 设定框体颜色

在选择排行榜列表框的框体颜色时，需要考虑到与这款游戏整体的界面风格是否协调一致。本界面中采用了玫红色为主色、紫色等颜色为辅助色来表现框体。框体是弹窗的主体元素，只要它的颜色被设定之后，界面整体的风格就很明显了。这时候其他部分框体的颜色可以先不管，等后续主体风格确定下来之后再进行调整。

⊙ 设定文字颜色

文字的颜色设定受两个方面因素的影响，一个是框体颜色，另一个是字体的识别性。为了使文字的阅读性更强，这里需要把文字颜色的色相调整为和所在框体接近的或完全相同的颜色。同时，为了让文字具备较强的识别性，除了要注意字体和字号，还要注意把控文字的颜色。如果文字颜色过于接近所在的框体或背景的颜色，其识别性就会降低。

例如，本界面中的文字均分布在列表单元格中，并且用列表框进行分隔。在一开始进行文字颜色设定的时候，可以设定文字颜色与主体框体颜色一致。

到这里，界面雏形就形成了，如上图所示。从这个雏形中我们可以看到界面大致的颜色表现，这时候设计师可以对界面中存在的一些基本问题进行优化和调整，如色调与主风格不一致、信息区分不明和重点信息不够突出等问题。如果有一些拿捏不定的基本细节问题，可以与其他设计师、策划人员或交互人员一边商讨，一边处理，尽可能地把一些基本问题都解决掉，以降低后期的修改成本。

2.2.2 增加情感化内容

当界面雏形形成之后，就需要考虑增加一些情感化的内容了。情感化的体现对界面设计来说是比较重要的一环，将这一块做好，就可以为后续的完善设计做更好的准备。

在制定情感化内容的过程中，我们需要着重考虑以下 3 个问题。

⊙ 基于游戏背景建构限定元素范围

针对游戏界面的情感化设计，其基本元素需要基于游戏整体的背景进行考虑与设定。

这款游戏是偏少女心且以换装玩法为核心的一款游戏。界面内大量采用了与服装相关的一些元素，如纽扣、布纹及缝线等。而这些基本元素也就限定了情感化元素的考虑范围。

确定了基本元素之后，考虑到这款游戏与服装相关，以此延伸性地想到"晾衣架"这个元素。该元素满足 3 个特征：（1）它与"服装"这个主题密切相关；（2）它的轮廓整体上呈现为矩形形态，可以很好地与"弹窗"这一概念相吻合；（3）它具有"晾晒"的情感化元素，与这款游戏的背景建构相契合。

⊙ 根据必要性添加或删减元素

有了这样的设计想法后，还需要考虑这些元素存在的必要性。虽然情感化元素在游戏界面中属于界面视觉重要的组成部分，但这并不代表它们出现得越多越好。和游戏界面内其他的元素（如动效、特效及一些别致的交互效果等）一样，它们都会以恰当的处理方式并且在需要的时候出现，这也是设计这类元素的初衷。

在这里，笔者围绕以下 3 个问题明确分析一个界面使用情感化设计的必要性。

首先，这个界面重要吗？我们都知道，在界面设计中增加了视觉元素后，界面的视觉强度也会或多或少地得到增强。在对基本功能完善的界面添加额外的元素时，首要考虑的是这个界面在整个系统内或某一个功能系统内的重要性，并且是不是值得拥有更强的视觉强度。

示例中的这个界面在整个游戏中的权重是很高的。在这个项目的整个界面体系中，排行榜可以作为单独的一个系统，并且与"换装"和"商城"这类系统并列。同时，对一款内核为社交属性的游戏来说，排行榜功能非常有利于玩家与玩家之间建立某种竞争关系。在大多数具备社交属性或强调社交玩法的游戏中，我们都可以看到排行榜设计，而且在这个界面中，情感化表现也是比较强烈的。

其次，这个界面目前的设计足够有吸引力吗？在界面设计中，不同界面的视觉强度的表现也是有差别的。而一般有复杂视觉元素的界面其视觉强度也会强一些，反之亦然。

在设定排行榜这个界面的基本颜色时，其整体的视觉强度仍然是不够的。此时的界面设计仍然处于只实现了基本功能的状态。这时候，界面就需要增加一些情感化元素，以此来增强对玩家的吸引力。

最后，这个界面对交互和功能的影响有多大？在一个界面中，无论是增加还是减少视觉元素，如果这些设计行为降低了界面的使用体验，则是不可取的。如果情感化的内容做得足够考究，那么对交互体验与功能强化来说也是一种提升，并且两者的关系处于一种动态的 Buff（增益）和 Debuff（或称 Nerf，即减益）的状态。

在排行榜这个界面的设计中，我们选择在简单的框体基础上添加"晾衣架"这个形象化的视觉元素，在加强界面情感化体现的同时，并没有对交互体验和功能需求产生影响。之所以会这样，具体是因为以下 3 个方面。（1）晾衣架本身的形体趋近于矩形，和框体形态的弹窗窗体是基本一致的，所以在视觉上不会产生大的差异。（2）有了晾衣架这个元素之后，弹窗内部的其他构件的设计方式也遵从了这样的视觉逻辑。例如，原先的框体形态的列表框就需要被设计成搭在晾衣架上的毯子，而排行榜标题则需要被设计成搭在这个毯子上的物件。（3）这些设计并未让原本的交互体验产生本质化的改变，反而是一种提升体验的做法，具体表现在将原来抽象的框体设计成具象的、带有本游戏特有情感化元素的视觉元素。

⊙ 将美术视觉元素进行合理体现

基于前面讲的设计理念，在情感化元素的添加与设计过程中，我们需要考虑的是美术元素的合理性。针对这点，我们基本上可以从纯美术的角度去进行考虑，如物体的写实程度、空间关系及相互之间的影响和联动等。

在排行榜界面设计中，基于弹窗已采用"晾衣架"这个元素，所以在质感体现上其衔接结构采用的是塑料材质，而支撑结构则采用的是不锈钢材质。

在将"晾衣架"这个框体结构绘制完成后，需要和弹窗主体的其他部分组合，以尽早规避可能发生的错误。

接下来做进一步的思考。如果弹窗的基本框架是一个晾衣架，那么两个列表框就如同是晾在衣架上的两条毯子。基于这样的思考，这两个"毯子"和"晾衣架"的组合方式需要进行细微的调整，让毯子呈现为被夹子夹在晾衣架上的状态。

2.3 色彩细化设计

在界面的进一步细化过程中，设计师需要不停地关注界面整体的颜色设计，在保持整体基调不变的同时，对细节进行优化。

2.3.1 强化色彩区分

在框体的基础上，设计师需要继续深化界面上一些元素的细节。在这个过程中会出现更多的需要定义颜色的形体，具体表现为以下两个方面。

⊙ 细化框体颜色

框体颜色的细化不仅包括矩形实体框体的颜色细化，还包括列表框、虚拟框体内具体形体的颜色细化。在矩形实体框体颜色细化的过程中，主要对直角矩形框体进行了优化。在列表框颜色细化的过程中，笔者将左右两个排行榜的衬底（即图中紫色和玫红色的框体）调整为旗帜状，并将下摆改成燕尾状。同时，将列表单元格的衬底改为圆角矩形，使其整体上看起来更加圆润、舒适。将底部附属信息条改为彩带状，并且让衬底贴在列表框下边缘，同时将列表单元格中表示玩家的条栏颜色与其他玩家的条栏颜色进行差异化设计（具体表现在将表示玩家的条栏颜色稍微提亮）。

接下来，我们需要对两个榜单的标题进行颜色细化。首先，在"收集榜"中加入了星星元素，在"点赞榜"中加入了心形元素。两个标题的基本结构均以表示各自含义的图形为基础，然后将文字设定为对应颜色。文字主体的颜色对应排行榜各自的装饰元素颜色（星星与心形元素），视觉上容易融为一体，因此这里用缎带衬底进行区隔。其次，为了将标题与列表栏明显区隔开来，各自标题的下层都设计了一个明度较低且接近黑色的衬底。在形态上，这个衬底类似一块垂下来的条状物，如此与晾衣架整体的设计构思相吻合。

⊙ 细化文字颜色

在将框体颜色细化好之后，根据文字的功能属性，将未细化颜色的文字显示在框体颜色的细化稿上。

文字颜色的细化主要包含以下两个方面的内容。首先，针对文字颜色的细化处理，要尽量参考一些真实情况，避免做出的效果与真实环境不相符，如玩家 ID 的文字颜色处理、ID 中涉及的特殊符号造成的文字效果迥异时的文字颜色的处理等。其次，根据文字的属性权重做合理化的提亮处理。每个条目中的文字内容从左至右依次为名次、ID 和数量。其中，名次是直接可以在列表顺序中看得到的。除了前 3 名以外，其他的名次并不需要做太多区分。不过，根据本案例的实际需求，其前 3 名的名次不需要突出表现，所以文字可以保持不变。ID 具备一个天然的属性，那就是每个玩家都不会使用相同的 ID，从内容上就可以区分开，所以这一块无须更改。数量是该内容中较重要的部分，是玩家在整个排行榜中的比拼基准，因此毫无疑问地需要得到增强显示。

之后，按照同样的方法，把底部附属信息文字也进行一些调整。

2.3.2 细化内部结构

基于"做一步检查一步"的原则，设计进行到这里，设计师就需要对细部结构进行检查，之后再做进一步细化。

在这一步中，主要需要细化的是搭在晾衣架上的两个旗状的毯子。它们目前的形体结构与别的元素相比过于单薄，因此需要在这一点上做一些细化处理。经过考虑，笔者在两个旗状毯子的内部增加了一个结构，这种带有滚边的结构可以让"毯子"整体看起来更加厚实，且界面层次感显得更好。

2.4 质感的强化表现

不同风格的游戏对界面的质感表现有不同的要求，但从整体上来说，都可以从纹理材质的表现和结构形体的强化与完善这两个方面着手。

2.4.1 细化纹理材质

在界面设计中，根据基本的构思和想法的不同，需要添加的纹理和材质也会有所不同。那么就排行榜这个界面设计案例而言，其纹理材质的表现主要从以下两个方面着手。

⊙ 强化列表框质感

根据"晾衣架""毯子"的基本元素构想，晾衣架的部分则保持不锈钢和塑料相结合的质感，然后给列表框内添加布纹和缝线材质的元素，以体现出布艺的质感。其中布纹的添加主要通过叠加的混合图层来完成，缝线的制作主要通过对矢量图形进行线段描边来完成。在添加好缝线之后，还需要给部分缝线图案有针对性地增加一些微弱的投影，让其看起来更加真实。

处理前后的对比效果

整体效果

🐵 提示

在进行材质表现的时候，应注意相应的形体结构的处理。在示例中，排行榜界面列表框的顶端是搭在后层的晾衣架上的，需要有一个弯曲的形体表现，而这里具体的处理手法可以是在距离顶部很近的地方增加横向的高光，即可使其呈现出弯曲的效果。

之后，按照以上同样的方法给底部附属信息的飘带衬底添加上缝线纹理。之所以没有添加布纹，是因为衬底在画面中的尺寸本身较小，添加布纹纹理的意义不大。

处理前后的对比效果

整体效果

⊙ 强化晾衣架质感

晾衣架的材质有两种：一种是支架部分的不锈钢钢管的材质，另一种是接头元件和底座的塑料材质。这两种材质的反光属性不同，不锈钢是典型的金属材质，高光较强，高光与暗部的交接比较明显，且层次感较强。而塑料材质则是反光度比较低的材质，高光相比不锈钢材质来说较弱，且与暗部的交接不够明显，呈现出我们常说的高斯模糊的效果。

通过对两种材质的反光性能的理解，我们就能很容易表现出晾衣架整体的质感了。不锈钢的材质因为高光与暗部的交接比较明显，因此可以处理得硬朗一些。而底座塑料材质的光感较弱，因此只需要在做出左侧细节所示的整体明暗之后，在结构上最突出的地方增加一个模糊边缘的高光即可。在制作过程中我们可以遵守一个规则：反光度越高的物体，绘制的时候明暗图形之间的边界越明确，反之越模糊。经过这样的处理之后，细节展示效果如图 1 所示，较整体的展示效果如图 2 所示，最终完整的效果如图 3 所示。

图1 图2

图3

2.4.2 调整并完善细节

在对界面进行质感的强化处理之后，并不意味着设计就完成了。这时候需要先仔细观察界面，然后对界面的形体结构做适当调整，并完成一些细节元素的添加。

就排行榜界面设计而言，进行到这一步，我们还需要对其进行以下两个方面的处理。

⊙ 完善标题细节

仔细观察界面，我们已经完成了标题部分的基本设计（包括基本图形和固有色的设计与处理），但材质并没有立体感的表现，在这一步需要着重处理。其中，"收集榜"的结构从三维空间的角度来说从上到下依次为文字、缎带和星星。其中，文字需要被处理成有光泽的质感效果，缎带需要被处理成光泽度较弱的布艺质感，星星的处理可以直接沿用主界面上排行榜图标的处理方式，即呈现为类似硬币且周围有包边的立体结构。

之后，用同样的方式对"点赞榜"标题进行处理，完成前后的对比效果如下图所示。

最后，强化表现标题版块与列表框版块之间的暗色衬底的质感，增加一些高光、面板对其产生的反光，以及衬底投在面板上的投影。

⊙ 添加夹子元素

对于夹子的添加，笔者选定了常见的淡黄色竹子质感的夹子。这个夹子有两种材质，一个是夹子本身的竹质材质，另一个是夹子上的元件的金属材质。不过好在夹子在界面中的占比较小，因此其结构可以处理得尽量简单一些。另外需要注意的是，针对"毯子"与夹子接触的部位，需要通过设计一圈高光将夹子夹住"毯子"时产生的压力效果表现出来。

完成单个的夹子设计之后，将其复制出多个，然后放置在相应的位置，并适当旋转个别夹子的角度，让界面具有更多细节，也让界面的整体效果看起来更加活泼和自然。

将以上操作完成之后，给每个玩家的头像框都添加上不同的头像，并将提前设计好的"关闭"按钮拖动到右上角，适当调整位置。到这里，整个界面设计就完成了。

2.5 最终资源输出

在将整个界面都设计完之后，接下来要做的工作是资源输出。资源输出包含两种输出情况，一个是切图的输出，另一个是标注图的输出。

2.5.1 切图的输出

游戏界面设计稿的切图需要尽量以"经济"的方式即在保证输出效果理想的情况下，以尽量小的尺寸完成输出。那么如何做到这一点呢？在后续的讲解中笔者会详细描述。而在这里，笔者只以排行榜界面为例给大家讲解一下切图输出的基本方法。

首先，在 PSD 文件中将新增的样式控件单独复制到一个空白的新文件中，然后将文件命名为"控件"或其他的设计师可以快速识别的名称，切图并保存好的"控件"PSD 文件如下。

提示

从原则上来说，纯色的图形在这里需要被规整为尽量小的尺寸进行输出。但是从右图中我们可以看到，有很多整个的图形并没有被缩小，其中最大的就是弹窗的衬底。这个衬底包含了晾衣架、列表框、标题及"关闭"按钮等元素。这些元素被合并在一起并进行整体切图的原因在于列表框中有布纹及缝线这样的图形，这种图形无法通过输出小尺寸切图，然后用"九宫格拉伸"（指划分矩形图片为棋盘状的 9 个区域且除四角外的其他区域可变形拉伸的适配方式）去实现比较大的尺寸效果。因此，即便这里有钢管材质的晾衣架的连续图形，最终还是需要合并在弹窗衬底上进行输出，否则将增加切图量。同样，底部附属信息的飘带也是因为带有缝线元素的缘故而被整体切出。为了节省前端人员的工作量，甚至可以将文字合并后一起切出。

如果通过沟通后得知前端人员可以用连续平铺图形的方式来实现缝线和布纹这样的效果，那么这些切图就可以被进一步切分为更小的部分，如此可以做到用更经济的切图方式去还原效果。

然后，在这个 PSD 文件中需要根据规划对切片预先进行命名，切片的命名主要和不同的切片方式有关。就笔者而言，一般是先将每个预计要单独切片的图形都规整为同一个图层（无论是合并图层，还是将多个图层转化为一个智能对象图层都可以），然后将各个图层分别命名。

在实际的操作过程中，设计师可以使用任何自己觉得合适的命名方式。不过在命名时，通常需要注意 3 个方面的问题。（1）对切片命名时必须全部使用英文或拼音，而不要使用汉字或别的字符。这样做可以避免前端人员在游戏引擎的编辑器中引用切片时产生问题。（2）在对切片命名前，可以和前端人员沟通并确定固定的命名方式，以便其后续在资源管理器中可以快速找到所需的切图。在一个游戏项目中会有海量的切图，固定的切图命名方式会使管理效率或寻找切图的效率倍增，而具体采用哪种命名方式可以通过协商来确定。（3）可采用界面设计师自身、相关部门同事或合作方容易记住的命名方式进行命名，避免因为命名太复杂，后续无法快速或正常寻找到需要的切图资源。

接下来，将图层命名好之后，在 Photoshop 的"图层"面板中全选图层，然后单击鼠标右键，在弹出的快捷菜单中选择"导出为"选项。

最后，在弹出的"导出为"对话框中进行图 1 所示的设置。之后单击"全部导出"按钮，选择合适的路径，并单击"确定"按钮，就可以将这些图层导出到指定的位置，导出的最终切图效果如图 2 所示。

图 1

图 2

2.5.2　标注图的输出

标注图是设计师提供给前端人员且在重构时的辅助性文件，可以通过工具"马克鳗"来进行制作。在一个处于稳定开发阶段的游戏项目中，一般只需要在界面设计稿上标注出切图名称、文字的字号和字色等信息。在极少数情况下才会标注界面中各个部件的尺寸。在实际工作中可以根据具体需要进行具体的操作。例如，针对一些非常复杂的，需要多个层级去合成的效果，就需要设计师与前端人员一起在编辑器内一点点地去拼接实现，也就不需要过于复杂的标注了。同时，针对一些常用的效果，如果前端人员已经非常熟悉，也不需要标注。此外，在一些团队中，会专门配备重构设计师。重构设计师一般需要把界面设计师制作好的 PSD 文件重构为游戏引擎界面编辑器（如 Unity）内的界面。在这样的情况下，界面设计师就不需要标注了，甚至连切图工作都可以省略掉了。下图所示为案例的最终标注效果（为了保证阅读效果，这里笔者将原设计稿进行了压暗处理）。当切图和标注工作都完成之后，就可将文件分类打包给前端人员，然后进行后续的开发工作了。

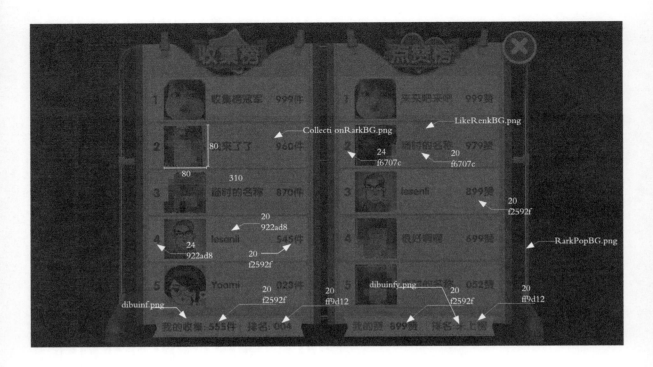

　　以上就是整个界面的完整设计流程。这个过程从讲解上来看比较流畅，但在实际工作中未必如此。本章所讲的一些设计步骤在实际操作中可能并不是一蹴而就的，而需要游戏界面设计师（尤其是初学者和经验并不丰富的设计师）经过多次尝试和修改才能达到理想的效果。这些反复的尝试有且不限于图形设计的摸索、颜色的指定和搭配等。不过对设计师而言，只要能将产品成功地设计出来并最终落地，这些精力与时间的消耗就都是值得的。在这些反复尝试且不断与人沟通的过程中，设计师处于不断地接近理想化的设计和接近需求内核的过程中。这样的经历多了，经验自然也就丰富了，能力也会得到进一步的提升，之后在处理更多更有难度的需求问题时，效率也会得到大大提高。

03

第 3 章

游戏图标设计基础

本章概述

图标，英文名称为 icon。从广义上来讲，图标包括了所有有指示作用的标志，如路边的交通指示、公共场所的指示和垃圾桶指示等。人生来就是视觉动物，一般来说，人脑处理视觉内容的速度要比处理文字的速度快很多，因此在界面设计中设计师习惯使用大量的图形元素来表达一些特定的含义。图标作为相比其他元素更加精练的图形化元素，是游戏界面中非常重要的一部分。基于此，本书将用 3 章的篇幅对其进行讲解。本章介绍的是游戏图标设计前需要了解的一些基础内容。

本章要点

» 图标在界面中的重要性

» 游戏图标的应用场景

» 游戏图标设计的基本原则

» 图标的种类划分

图标篇 ▶

3.1 图标在界面中的重要性

图标作为一种特别的图形化元素，除了同图形界面设计中的其他设计元素一样是一种对现实的模拟之外，还具有一些其他的作用，具体包括以下 3 个方面。

3.1.1 情感化的表现

在图标的造型设计中，其细节上的一些美术元素都不是孤立存在的。这些美术元素之所以被需要，是因为它们都具备一些特定的用途。而这个用途，我们可以将其称为"情感化的需求"。在游戏界面中，抛开易用性层面的要求，图标最需要表现的就是对应游戏的情感了。例如，在一个科技感十足的游戏界面里，其图标的造型特征等也要对应是科技感的。

下图所示为拟真赛车游戏《跑车浪漫旅竞速》（又名《GT 赛车》）的界面截图。这款游戏对玩家的操作要求较高。界面整体风格简洁且很有科技感，配色上也较为淡雅，因此界面中的图标也需要尽量扁平化、抽象化和简约化，且配色也要尽量保持清淡。

下图所示为某拟真飞船驾驶游戏的界面截图。这款游戏的界面极为简约，界面文字信息排列紧密。同时，界面中出现的图标较少且都呈线型和面片状，同时线条几乎都是直线，图形的角几乎都是硬折角，这一设计风格高度匹配了该游戏的"硬核"和"高科技"的情感化需求。

下图所示为客户端游戏《暗黑破坏神3》的界面。这是一款极具代表性的暗黑风格的游戏，这款游戏的界面对中世纪暗黑风格的界面设计风格的发展影响较深远，整体呈现厚重、暗调的效果。其图标也严格按照这种基调进行设计。同时其中有些看似为矢量化的图标，实际上都有厚重质感和材质的体现。

下图所示为《汤姆猫跑酷》的角色升级界面。该游戏是一款以"汤姆猫"IP形象为基础的竖版跑酷类游戏，游戏风格轻松愉快，为典型的卡通风格。游戏界面多用明亮的色彩和圆润的造型进行设计，界面中的信息普遍较少，这是卡通类型界面设计的特色。界面中的图标也严格遵守了这一风格化特色，造型圆润、细节概括，且色彩明快。

3.1.2 强化视觉引导

在这里，我们可以将图标中的"标"理解为特定的锚定点或一种符号标识。在游戏界面中，尤其是在国内的游戏系统设计得比较复杂、信息量较大的情况下，界面中需要额外强调或需要引导玩家视觉的点就需要用如图标、美术字（指的是经过特殊处理，加了特别的质感或颜色的图形化文字。由于游戏引擎的功能限制，这种文字在界面效果实现时通常用切片的形式呈现，因此其本质上是图片，而不是文字）及大号字体等特别的设计手法去达到引导的目的。

在这些设计手法中，相对于美术字和大号字体这两种手法，图标能占据一些额外的优势；美术字一般会出现在公告宣传图、特别的称号（这种美术字实际上可以归类为图标的一种）及显眼的动态信息（如升级、获得物品等，这类信息本书归类为奖励类型控件，后续会在界面设计的规范知识中详细讲到）的位置，是一种比图标还要显眼的元素。在一些细节的地方强调某些信息会过于强烈，并且有些特定界面的空间对控件的尺寸要求会有限制的情况下，使用美术字就会导致控件超出限制尺寸，这就限制了美术字在这些地方的使用。大号字体一般出现在整个界面都是信息展现的界面中，通常表现为纯文字，对于文字的颜色、字号都有比较严格的设计规范，所能达到的效果也比较有限。大号字体在特定的强度需求下使用较合适，但是人们对于文字的解读是需要一个反编译过程的，因此一般纯文字的信息会大概率地被忽视。

右图所示为游戏《飞刀又见飞刀》中一个特殊样式的弹窗界面。该弹窗采用红配黄且偏传统、喜庆的色彩搭配方式，以"普天同庆"这4个美术字为设计核心，渲染了特殊的活动氛围，并起到了非常强烈的视觉引导作用。

右图所示为《神都夜行录》的最佳助战弹窗界面。设计这个弹窗是为了展示玩家在游戏中最得力的宠物。为了强调这种助战玩法本身，以及凸显特有的助战角色，这个弹窗做了有别于这款游戏中其他界面的一些设计。除了异化的弹窗外形之外，最明显的是弹窗顶部标题部位的设计，用鲜亮的黄色及通用样式的底纹专门设计了美术字的弹窗标题。

右图所示为《天下又天下》的设置弹窗界面。观察界面可以明显看到，设计师将"省电模式""灵宠对话"和"脚印特效"这些类目标题与类目标题下的注释内容进行了有效区分。同时，每一个类目下带有复选框的选项中将选中态与非选中态的文字用不同颜色来进行区分，在视觉上起到了强化引导的作用。

右图所示为《永远的 7 日之都》的神器使选择界面。这款游戏的界面偏二次元风格，设计上简约时尚，且多利用折角、直角和细线等设计元素。在这个弹窗列表中，关于"神器使"的各项属性（如好感度、巡查力等），除了列表标题用文字标识外，列表内均使用图标来指代。这种设计方式充分利用了标题中文字的说明功能和列表内图标的概括、指代功能。这也是很多游戏界面中常见的列表信息设计方式。

3.1.3 完善界面节奏

无论是什么设计风格的界面，都需要保持良好的设计节奏。这种"节奏"指的就是单界面或动态转换的几个界面中，所有元素组合排布时的一种布局感受。界面的节奏感会在后面详细讲解，这里笔者主要讲解的是图标在界面设计中节奏感的体现。

对于图标节奏感的表现，主要通过协调界面质感强度来达成。众所周知，界面的设计风格林林总总，但大致可以分为重质感、轻质感及位于轻重质感之间这 3 种风格倾向。在重质感的界面设计中，并不意味着所有的界面控件和构成元素都会被设计得质感很重。反之亦然，在轻薄化、扁平化的界面设计里，也并不是每个控件都是轻薄化、扁平化的。元素的质感强弱主要由两方面因素决定：一方面是界面的设计需要考虑其功能性，板结一块的设计方式会使界面信息没有轻重之分，用户也无法快速找到需要的信息，也就无法体现其易用性。另一方面就是界面设计的节奏感需求。节奏感是美感的一种，是合乎逻辑的设计在美学上的直观体现，且与易用性也是相辅相成的关系。板结一块的、平的设计仅从美学上讲并不是什么好的设计，而图标在这种节奏感的控制上起到了非常重要的作用。

　　下面，针对图标节奏感的表现，笔者用两种风格的界面设计来举例说明，一个是重质感风格的界面设计，另一个是扁平化风格的界面设计。

　　右图所示为卡牌游戏《炉石传说》的界面。这款游戏的界面偏中世纪重质感风格。从这个界面中可以看到，在重质感风格界面中，图标对界面节奏感所起到的辅助作用。

　　右图所示为经过处理后的示意图，从这个示意图中可以看到，这里出现的大部分图标都是跟随整体的重质感设计，但是在不重要的操作或信息区域，图标必须被设计为更弱质感的风格，以起到突出信息、平衡页面设计节奏感的作用。从 A 点所在的红色区域到 E 点所在的绿色区域中，所分布的图标质感是逐步减弱的。减弱的方式有色彩亮度的降低、图标尺寸的逐步减小及逐渐地扁平化等。这些变化正好对应了界面中需要被设计得让玩家容易注意到的区域和不希望被玩家注意到的区域。

　　右图所示为《荒岛求生》的合成材料界面。《荒岛求生》是一款冒险独立游戏，其界面设计极为扁平化和简约化。但是在这种属于游戏玩法核心的合成材料界面中，一些合成所需的材料图标却用了写实的表现方式。

🌹 **提示**

　　这里需要注意的一点是，图标只是界面的一部分。图标在界面中虽然起到了非常重要的作用，但是站在整个界面的角度看，它也仅是界面的一部分。界面中所有的元素，如窗口、文字、图标、按钮等都是为了特定目的而存在的，目的都是为了完善整个界面的功能。在设计界面时，设计师需要时刻秉持"奥卡姆剃刀"原则，即"如无必要就去掉"。在一个合格的界面中，不应该存在不需要的元素，或者至少应该把大部分不需要的东西去掉。这一点对图标本身来讲也是如此。当然，本书从图标入手来讲解分析整个游戏界面的设计，出发点并不是因为图标可以脱离界面设计而存在。最根本的原因在于，图标的设计蕴含了很多界面设计必要的技术和理论原理。一个好的图标设计可能需要考虑游戏的背景建构和界面的设计风格，同时也考验着设计师的整体造型能力。但不管怎么说，图标也只是界面的一部分。在实际的界面设计过程中，我们不能因为重视图标而忽视了界面中别的元素的重要性。

　　下面图 1 所示为一个单独的图标，在这里它并没有图形描绘之外的任何意义。但如果把它作为一个元素放入图 2 所示的界面中，就会被赋予"代币"的含义。在设计界面中的图标时，需要从整体去考虑图标的视觉表现，如是大的还是小的，是精细的还是扁平的，以及是静态的还是动态的等。

图 1 　　　　　　　　　　　　　　　　　图 2

3.2 游戏图标的应用场景

游戏图标的应用场景常见的有3种：第1种是指代整个游戏，第2种是作为功能系统入口，第3种是作为功能性的装饰。

3.2.1 指代整个游戏

PC平台和手机平台的游戏都会有一个应用入口图标，这种图标指代了整个游戏。这种游戏图标需要被设计得可以指代游戏内容、风格或是玩法，本质上是对游戏高度概括的一种图形。

3.2.2 功能系统入口

在游戏界面中，功能系统的入口通常会被设计成图标。这种图标在形式上比较通用时不搭配文字，如图1右上角的"设置"与"好友"。如果属于比较定制化的入口，则会附带文字，如图2中右侧及右上侧的一些图标。

图1 《QQ飞车》车库界面

图2 《战国志》战斗界面

3.2.3 功能性的装饰

对于界面设计中需要吸引用户注意力的一些位置，设计师通常会刻意设计一些图标，且与文字同时出现，这样既可以吸引用户的注意力，又可以凭借标识文字来帮助用户理解只有单纯图形无法理解的功能，如右边界面中文字左侧的图标。

作为一种图形元素，图标同时具备了抽象化所指代的信息和形象化可吸引人注意的特质。如果设计得当，则会让人记忆深刻。例如，一些图形会在图标内被使用多次，以至于成为业界习惯性表达某一类型信息的代表。

右图所示为《天天酷跑 3D》游戏中的结算界面。这个界面中最为显眼的是一个以翅膀盾牌为主要构成元素的结算图标。这种视觉元素是国内游戏中比较常见的奖励类型界面的表现元素。在日常设计当中，对于此类图标，我们除了可以用翅膀盾牌来表现，还可以用星星、缎带及一些抽象化的图案来表现。这些图形元素构成了游戏界面中对于"成功""奖励"等情绪化渲染的视觉元素系统，且装饰功能性十足。

3.3 游戏图标设计的基本原则

图标在游戏界面中非常重要，而且有着极为丰富的应用场景。基于游戏图标的这些特性，我们可以提炼出一些经过实际项目检验的游戏图标设计原则，主要包含以下 5 个方面。

⊙ 普适性

在一个界面中，一个图标可能会被快速注意到，但又有可能不会被快速识别与理解。基于此，在设计图标的图形时我们需要注意一点，那就是图标的普适性。一些常用的图标如公共厕所、设置和搜索等在所有文化环境下都可以被准确地识别出来，这是因为它们在设计上本身就是以普适性作为前提的。在设计这种类型的图标时，如果设计师强行进行大的修改，反而会适得其反。正确的做法是赋予其更多的能代表产品风格的元素，如特有的质感和线条装饰等。

不同游戏产品中的设置图标的差异也很小，这是因为设置图标的图形是具备普适性的，且可以被轻易识别与理解，如下图所示。观察这些图标，我们会发现，由于这些图标"服务"的产品不同，所以其质感和色彩的表现也会有所不同。

不同游戏产品中"设置"图标的对比示意图

⊙ 识别性

针对一些非普适性或在普适性的基础上增加含义的图标，玩家在解读这类图标时不容易识别，或容易产生误解。在这种情况下，最好辅以文字说明。在附加文字前需要注意的是，先对图标的图形设计进行一定的优化，以最大的可读性为基准，再辅以文字说明，就能让图标具备更强的识别性。这种情况在游戏产品的图标设计中经常出现，且通常表现为游戏界面中出现了非常多的特有性的设计，如特定的任务图标、特定的活动图标等。

图1所示为手机游戏《天龙八部》的主场景界面，其顶部靠右和右下角的写实化图标都具备非常强的独有性或半独有性。在这里，如果仅保留图标而将文字去掉，玩家理解起来就会有困难，因此文字标识说明是有必要的。与之形成对比的是图2所示的图标，它们具备通用性，故而即便是在没有文字标识的情况下也可以很快被玩家识别出来。

图1

图2

⊙ 节奏感

图标在整个界面中的设计样式和布局结构会影响整个界面的设计表现。界面设计和所有的美术设计一样，需要讲究特定的视觉节奏。这也是人类眼睛对于美感的一种特殊的传达方式。在特定位置上的图标除了带有较强的识别性外，其本身的功能性设计，还需要从界面整体去考虑，如这些特定的设计方式是否符合整体界面的节奏感。不符合特定节奏感和美感的设计都应该想办法规避。

下图所示为腾讯游戏《王者荣耀》的任务界面。图中黄色虚线所框定的任务图标单从任务信息的交代功能上来讲是可以被去掉的。但这些图标显然不只有这个功能。任务系统的目标是能够让玩家有足够的注意力关注到任务信息，这其中有常见的任务，也有一些特别的游戏活动。在游戏的任务系统中，这些特别的游戏活动就有必要在视觉上有一定的强度。而视觉强度是通过界面里不同区域的强弱对比来实现的。具体到图中所示的这些任务时，就会通过每个任务条栏左侧的强质感图标来凸显任务的重要性。读者对比这个页面中的其他部分，就会发现这些图标的存在与否会对它们所在的界面及条栏所代表的任务产生很重要的影响和作用。这种作用直接体现了特定界面区域在整个页面内的重要程度。这种重要的程度是通过视觉上的节奏感并利用视觉强度的轻重对比来达成的。

⊙ 概括性

在一些特定的界面中，需要有大量的说明文字。而当界面的布局中没有足够空间去容纳这些文字时，用图标指代特定的文字信息，以起到概括或收纳信息的作用，这也是一种比较可取的设计手法。

下面两张图所示为手机游戏《神都夜行录》的主场景界面。前一张图中标示的是界面中可以展开的图标组处于收起的状态，后一张图中标示的是界面中可以展开的图标组处于展开的状态。这种设计手法的好处是概括性强，可以给界面节省出很多空间。

右图所示为《小米枪战》的任务界面。该界面的信息较多，空间较为紧张，因此若图中被标示出来的图标被改用文字代替，则可能会挤占大量有限的界面空间。同时，它们作为这个界面里表示奖励物品的信息，用图标表示也要比用文字表示更有视觉冲击力。此外，图标本身的配色和质感设计也使得"奖励"的视觉冲击力更强。

⊙ 情感化

对于情感化设计，我们还是要回归到图标本身的最大功用，即图形化表现去进行讲解。图形化表现除了具备快速阅读和理解的表层特性，还有一个就是情感化的表现。就如界面设计中的一些修饰性元素一样，图标本身可以作为纯修饰性的元素出现。这一特性在需要突出图标所要表达的含义的情况下表现得尤其明显。这时候的图标就偏向于大尺寸、大精度的设计，目的就是通过情感化的图形元素来加强玩家对于各种元素的印象。

右图所示为《王者荣耀》的段位展示界面。段位是玩家之间比拼的一个重要元素，需要在视觉上满足玩家"尊贵"或"优秀"的情感化需求，因而在整个界面中，段位图标的尺寸极大且细节刻画很多。

3.4 图标的种类划分

本节主要讲解图标的分类与不同图标的特征和应用场景，以便大家能更有条理地对后续更细节化的一些设计内容进行研究与学习，并设计出真正迎合产品与用户需求的图标。

3.4.1 从美术风格上划分

按照最直观的分类方式，即从美术风格上可以将图标简单地划分为 3 种类型，即写实类图标、矢量类图标和其他图标。其中其他图标指的是写实类和矢量化的中间态。

⊙ 写实类图标

写实类图标指的是那些添加了较多细节，且具备立体化的形体及有丰富的色彩和材质表现的图标。其"写实"特质主要体现在材质、形体和色彩等方面，同时是相对矢量化、扁平化或轮廓化的图标而言的，并非指代照搬现实的写实风格。同时，写实类图标因其形体刻画和色彩表现的不同，可能会表现出不同的风格。

下图所示为俄罗斯某社交平台游戏的界面。这款游戏的整体风格是中世纪题材的卡通美术风格。界面的设计手法饱含"俄式"写实主义风格。这款游戏界面中出现的图标就属于写实的重质感图标。

⊙ 矢量类图标

矢量类图标指的是那些主要通过平面化的轮廓来进行视觉表现的图标。但当我们说一个图标是矢量化的图标时，并不代表它在视觉设计上不能有任何的形体和材质的表现。只要在主体上是通过非常概括、抽象的面片甚至是线条来表现主题含义的图标，就可以被认为是矢量化图标。同时，这里所说的矢量化图标在绘制手法上并没有具体限制。虽然大部分矢量类图标是通过图像软件（如 Photoshop）中的矢量工具绘制的，但那些通过手绘的方式绘制出的拥有这种表现手法的图标也在其所属范畴之内。

同时，矢量化图标也可以被称为扁平化的图标。如果一款游戏的界面风格是扁平化的，那么界面内的图标绝大部分都应该属于矢量化风格的图标。

下图所示为某回合制卡牌游戏的界面。这款游戏的题材背景为欧洲中世纪，但是却大胆采用了矢量插画的界面风格。

界面设计更是采用了棱角分明的直线条和折角化的扁平设计风格，因此这款游戏的界面中也大量出现了矢量化风格的图标。

⊙ 其他图标

游戏的设定可能千变万化，因此游戏界面和界面中图标的设计风格也是千变万化的。在实际工作中，我们见到的大部分游戏界面内的图标都属于写实类和矢量化的中间态。这种风格兼有写实类风格对材质与形体的精细化表现和矢量化风格的概括、简约表现。在一些特定的游戏风格内是一种非常好用的视觉表现手法。

右图所示为手游《猎魂觉醒》的成就界面。这款游戏以西方中世纪架空魔幻世界为背景，界面设计采用简约设计和质感化设计相结合的形式。这个界面中出现的几个图标不仅带有轮廓化的扁平图形元素，还带有材质质感表现的图形元素，即属于写实类和矢量化的中间态。

综上所述，我们可以从美术风格层面上将所有游戏界面中的图标划分为写实类图标、矢量类图标与混合类图标。这些图标在视觉表现上存在一种演变的关系。随着构成这些图标的图形、颜色所体现出的质感表现的增加或减少，我们可以灵活地控制图标的美术表现类型。如右图中所示的这几个类型的图标之间是有着一定的演进关系的。在实际工作中，我们可以利用这种因构成美术表现的元素（如图形、质感、颜色及质感表现等）的变化而发生的美术风格的变化来灵活控制所要绘制的图标的风格类型。对于界面中的其他元素部分如框体、按钮等也可以采用相似的方法。

🐸 提示

虽然这里笔者对图标进行了分类说明与分析，但这并不代表本书认为图标是可以独立存在的一种美术元素。无论在何时我们都要明确一点，游戏界面中的图标始终都是界面的一部分，在需要的位置以特定的风格和形态存在。脱离了界面的图标是没有"生命"的，它始终需要为界面设计的功能而存在，并且和窗口、页签及按钮等界面元素在本质上并没有什么不同。

3.4.2 从功能性上划分

　　游戏界面内的图标都是有着特定的用途的。它们除了承担着在美术风格上体现整个游戏界面的设计风格的功能，还承担着各自不同的功能，同时因功能的不同而被设计得不同。在游戏界面中，按照不同图标在功能上的差异，我们可以将其分为重情感型图标、快速使用型图标和强调型图标。

⊙ 重情感型图标

　　重情感型图标指的是需要极大强化视觉冲击力的图标。常见的段位图标、奖励包图标等都属于这类图标。它们需要用尽量大的尺寸和尽可能多的细节去表现"尊贵""价值高"及"珍惜"等情感化特征，因此往往在质感描绘上也应极尽所能。这种特有的情感性特点使得它们具备很强的视觉冲击力，能够很好地吸引玩家的注意，在大部分情况下被用于游戏内的付费点和某些特定功能的激化点上。

　　下图所示为《王者荣耀》的历史最高段位纪念册界面。段位在这款游戏的玩家心中是一种很重要的"社交货币"，代表着玩家在游戏中的能力水平。在玩家之间交流和互相展示时是一种价值极高的"物品"。这些属性都使得"段位"这一概念必须在视觉实体上表现得极为"贵重"。因此，它们需要被表现成用贵金属材质和高级色彩制成的"勋章"。基于此逻辑，针对类似玩法系统的游戏，其图标都会按照这样的方式去设计。

⊙ 快速使用型图标

　　快速使用型图标是一种几乎只承担了功能性作用的图标，它们需要被快速识别，且在界面操作中被快速切换掉。这类图标在游戏界面中占据图标数量的大部分。虽然经常被使用到，但是会因其从视觉上都表现得较为轻质感和小尺寸，而很容易被忽略掉。即便如此，其从功能上来说依然是比较重要的一类图标。

下图所示为手机游戏《三国如龙传》的排行榜界面。从这个界面中我们可以很明显地看出重情感型图标和快速使用型图标在设计方式上的区别。图中标注为"A"的旗帜状图形及其上面的若干图标组合而成的大型控件可以被视为一个完整的大图标，也是一种重情感型图标。其设计目的是凸显排行榜前 3 名玩家，表现出了他们"无与伦比"及"尊贵"等视觉感受。标注为"B"的几个图标在视觉感受上要明显简单很多，它们分别是左上角的"列表展开" 图标、左下角的"信息" 图标、右下角的"更多" 图标和右上角的"关闭" 图标。这些都是典型的快速使用型图标，具体表现在两方面：一是不需要特别强的视觉效果去引起玩家注意，二是只承担了在这个界面里属于次要操作的功能。但是简单的设计和通用性的图形让它们非常容易被识别和快速操作。

⊙ 强调型图标

强调型图标本质上是情感化图标的一种，但是在视觉表现上的要求比情感化图标更为强烈。这一类图标在表现这种强烈的视觉效果时通常不会借助于增加尺寸，而是主要通过添加动效与光效来吸引玩家的注意。其存在的目的是在重情感化图标的基础上传达某一个阶段性任务或成就达成的信息，本质上是一种动态的界面信号。因此，在大部分情况下，此类图标会自动出现且在传达完本身所携带的信号之后即行退场。

下图所示为《QQ 飞车》的等级提示界面。该界面左侧有一个风格化的美术字设计"等级提升"和位于其下方的翅膀状为主体的"升级"图标。除此之外，这个界面的入场是以升级提示区块的文字和图标动效为主体的。但是这个界面的出场需要玩家执行"点击屏幕任意位置继续"这个操作才能完成，因此是一种被动式的出场方式。而这里的"等级提升"图标就是一种典型的强调型图标。

下图所示为《西游记之大圣归来》的一键精炼成功提示界面。这个提示控件是由上层"一键精炼成功"美术字和底部的金箍与红色缎带等元素组合而成的大图标，在界面中自动出现后又自动消失，也属于一种强调型图标。

综上所述，重情感型图标、强调型图标及快速使用型图标的尺寸和质感的表现情况为重情感型图标和强调型图标在呈现上往往尺寸更大、质感也更厚重。在此基础上，部分强调型图标会在同等尺寸和质感的基础上增强动态效果；快速使用型图标往往会被设计成质感轻、尺寸小的样式。

重情感型图标、强调型图标及快速使用型图标的尺寸与质感分析示意图

04
第 4 章

矢量图标的设计方法解析

本章概述

前一章中笔者针对图标设计的一些基本知识做了详细介绍与分析，想必大家对不同类型的图标特征和设计要点已有所了解。从本章开始，笔者将围绕常见的且主要的两类图标即矢量图标和写实图标的具体知识及设计方法做详细的讲解。而本章主要讲解的是矢量图标的一些具体知识和矢量图标制作的方法。

本章要点

» 矢量图标的分类与设计要点
» 矢量图标设计的统一规范
» 矢量图标的应用场景分析
» 矢量图标线条美感的把控
» 绘制一个矢量风格的相机图标

图标篇 ▶

4.1 矢量图标的分类与设计要点

矢量图标具体细分下来主要有线性图标、负形面片图标及多色扁平化图标这3种类型。下面笔者将针对不同类型的矢量图标的设计要点进行分析与讲解。

4.1.1 线性图标设计要点

线性图标仅通过线条来表现自己的形体，其表现方式极为轻量化，且能准确表达我们所需要表达的含义，一般在界面中涉及比较常用的操作但我们又不想让这些操作太过于凸显时出现。

在设计这类图标时，应注意以下3个方面的问题。

⊙ 保持线条刻画一致

在设计线条图标时，同一个界面中的图标的线条粗细、线条宽度的变化规律应该保持一致。在图标设计中，作为构成这种类型图标的基础元素的线应该保持同一种表现方式，而保持其粗细一致是较基本的表现规范。同时，在实际设计中还有一种会根据图形部位的不同而导致线条粗细宽度变化的线，也应该按照同一规律来进行设置，否则将造成风格混乱的现象。

右图所示为《赛博朋克2077》的背包界面。其中表示道具的线性图标保持了一致的线条风格（具体表现为同样粗细的最外部描边和同样粗细的内部线条）。

⊙ 保持线条走向一致

在图标设计中，如果某处使用了圆角样式，建议其他地方就都使用圆角样式。如果某处使用了尖角样式，其他地方就都使用尖角样式。如果是针对两者需要混合使用的特殊情况，混合比例也要保持一致。这也是为了同一批次和性质的图标，能从风格上保持一致的做法。线性图标的风格表现主要从图形逻辑上层次的表现方式和线条本身的风格特质来体现。通过控制这两部分的特点，我们就可以保证一个批次的图标在风格上的一致。

右图所示为某游戏的性格分析界面。该界面中出现的线性图标的特征除了线条粗细严格控制和逻辑形体表达方式一致以外，最重要的就是线条的走向风格一致。同时仔细观察可以发现，这些图标几乎都使用了直角拐角的方式，严格限定了弧线的使用。

⊙ 确保形体描绘合理

针对图形的形体描绘要注意的是，在交叠的处理上不要用影响整体形体的表现方式。在有上层形体结构的基础上，如果有表示形体结构的线条，两者就会产生交叠。由线条构成的结构实际上是一个面片，要表示合理的上下逻辑关系的面片时，需要隐藏被盖在下层的面片的线条，如未隐藏，则将产生整体形体表现失真和结构不合理的问题。

这里举一个简单的例子，如下图所示。针对图中的信封图标，笔者展示了 3 种表现情况：①展示的是信纸的线条和信封的线条在结构上有重合，但是没有隐藏任意一个部分的情况；②展示的是隐藏了信纸盖住信封的线条部分；③展示的是信封盖住信纸，并隐藏掉了交叠部分信纸线条的情况。通过展示我们可以得知，不同的线条隐藏方式会对图标所要表达的含义产生不同的影响，具体表现在以下几个方面。①中没有隐藏交叠部分的任何一部分线段，使得信纸和信封的图形重叠，并在交叠区域局部产生了复杂的图形。在这种情况下，一旦缩小图标，就会造成识别性的问题。②中将交叠部分的信封线段隐藏，形成了信纸在信封上层的含义，层级表现明确，并表示了"打开了信封，抽出信纸"的图形含义，能让人明确地看出这是表示"邮件"含义的图标。③中隐藏了交叠部分所有表示信纸的线段，形成了信封在信纸上层的含义，层级表现同样明确。但和②的含义大不相同的是，③有"将信纸从信封中拿出并放置在信封之下"的图形含义，不能让人明确看出这个图标所要表达的含义。综上所述，针对线性图标的制作，我们只要改动其中几条线段的表现方式，就可以使图标的识别性和所要表达的含义变得不同。

4.1.2 负形面片图标设计要点

负形面片图标是通过面片来表现图形形体的。其大形体中会有多个面片，且面片因为图形结构的关系，互相之间会有交叠。但只会显示交叠部分图形逻辑上的上层，被盖住的下层部分不显示。上层和下层的交叠区域周边有一定宽度的间隙。这种表现方式将被交叠的下层部分以镂空负形的方式进行表现，因而被称为负形面片图标。

在设计这类图标时，应注意以下 4 个方面的问题。

⊙ 确保上下层结构逻辑明确

负形面片图标同样讲究形体描绘合理，否则同样会出现线条交叠的情况。而针对负形面片图标，其形体描绘合理主要就体现在面片的上下层逻辑结构是明确和清晰的。

这里，我们将上一知识点中出现的信封图标按照正负形的表现方法设计一下，会出现下图所示的 3 种情况。①展示的是没有把逻辑上下层应该隐藏的部分隐藏，也没有对交叠区域周边留出空隙的情况。在这种情况下，所有的面片没有由间隙和正负形构成的区隔，整体板结为一整个片面，因此也就没有办法明确图标的含义。②展示的是将信纸上半部分作为逻辑上层，其面片与信封打开部分面片产生了交叠，对交叠部分的信封做了隐藏，并沿着信纸的边缘对两者交叠区域做了间隙的情况。在这种情况下，信纸上半部分的面片遮盖了信封打开部分的面片。而信纸下半部分和信封的下部也做了类似处理，却是信封下部面片遮盖了信纸下半部分。层级逻辑关系明确，图标形体表达恰到好处。③展示的是信封整体都被作为逻辑上层面片处理，遮盖了信纸的几乎全部区域的情况。在这种情况下，信纸只露出未被遮盖的区域。对于信封本身，则通过镂空的中间区域来表现信封打开后露出的内里。

⊙ 保持面片的轮廓线条走向风格一致

负形面片图标的轮廓图形风格从本质上来讲是受构成面片的轮廓线条所决定的。因此其线条走向风格的把控是决定其风格保持一致的根本元素。与线性图标的线条风格的走向把控有相似之处，都要有一致的线条走向风格，如统一的圆角和锐角使用、统一的弧度拐角处理等。与线性图标所不同的是，构成面片图标的这些线条并不直接在线条粗细上有直观的体现，它们在面片图标中只影响面片的造型，而不必像线性图标那样处理线条本身的粗细。

⊙ 保持面片间隙一致

面片间隙指的是面片图标中起到区隔面片作用的一个缝隙。在一些单色样式的负形面片图标中，除了需要在表示相邻的形体面片之间保留一些缝隙，还需要在结构上有上下层关系的面片上，沿着上层面片边缘在上下层面片的交叠区域留出缝隙，如此才能从视觉上区分出图标的层级结构。与线性图标中线条粗细的一致性比较类似，这种间隙在面片图标中形同"线"的存在，它可以被视为负形的线条，因此需要有与线性图标中类似的保持线条粗细一致的处理方式。在一整套面片图标中，这个间隙宽度的控制对风格统一来讲显得格外重要。

右图所示为游戏《巫师 3》的界面截图。该界面中出现的矢量化图标采用了典型的入侵式面片的设计手法，且所有图标均使用统一的间隙来表现物件的内部结构。同时，作为轮廓写实的图标，在多个图标同时出现的情况下并没有造成风格上的混乱，而之所以能达到这样的效果，保持面片间隙一致是一个很重要的原因。

⊙ 避免用形状相交的方式来表现

形状相交指的是图标内部的两个结构面片交集部分镂空的显示方式，主要通过对两个面片相交区域的负形表现来区隔面片。这种处理方式看起来似乎合理，但在实际操作中却是要尽量避免使用，这是为什么呢？下面笔者给大家做一下分析。

就笔者而言，之所以会这样，原因主要有如下两点。（1）这种方式对于面片的交代会比较混乱。这类图标中的面片都被用来表示图标内部某一个结构的连续面片，但这种设计方式在连续面片上出现了负形，中断了这种连续图形的一致性。（2）这种方式是一种技术上比较偷懒的方式，制作呈现上会显得比较粗糙。在 Photoshop 或类似的设计软件中，将两个矢量图形通过"与形状区域相交"或者"排除重叠形状"都可以很轻松地做出这种效果。

负形面片图标的图形逻辑基础是上层显示而下层隐藏。实际上其原理就是通过镂空与否来表达层级的顺序，而形状相交则会在同一面片上同时出现镂空和显示这两种形态，对于面片的层级结构是一种双重标准的显示逻辑，这种设计方式是不可取的。

下图所示为游戏界面中常用的一个负形面片图标。从中间经过处理的图标可以看到构成这个图标的两个面片的矢量路径：它是由上层的"剑"与下层的"盾"所组成的图形。但是两者之间在上下各有一处为重叠状态。最简便的能在单色图标内区分出二者的方式就是如左侧图形所示，使用"排除重叠形状"的方法来设计了。显然，这种方式破坏了居于上一层的"剑"的形体面片的连续。最好的方式就是如右侧图形所示那样，在上层面片的周围与下层面片交叠的区域，镂空出一个均匀的间隙来。这样既交代了两个面片的图形层级逻辑，又不破坏主体或上层图形的连续性。

4.1.3 多色扁平化图标设计要点

多色扁平化图标可视为负形面片图标的一种延伸性图标。其主要通过不同颜色的面片来表现图标的图形结构。由于表示各个结构的面片可以通过改变其颜色和明暗度，而无须通过正负形和缝隙来进行区分，因此这类图标在设计上很少存在面片的区隔设计，如镂空负形、间隙等。如果内部结构有明暗区分，那么可以衍生一种偏写实图标的扁平化写实图标。再者，面片上的颜色通过渐变化的处理，也可模仿光影的色彩变化来产生一种弱写实的效果。

在设计这类图标时，应注意以下两个方面的问题。

⊙ 确保颜色把控合适

多色扁平化图标是去除了各种表现质感方式的视觉杂音后对设计本身的直接表现，在信息传达上也较为直接，但因为其颜色在表现上比较丰富，所以需要特别注意颜色的把控问题。通常来讲，这类图标的色彩指定应根据其产品色进行延伸和设定。对于同一套图标，其颜色一般不会超出 3 种色相，以尽量保留图标本身应有的干净利索的视觉语言。

下图所示为游戏《地平线：零之曙光》的界面示意图。该界面中出现了部分多色扁平化图标（见黄框圈定的内容）。在具体设计中，这些图标都遵守了一些设计原则，使其整体上呈现出统一和谐的效果。这些原则包括每个出现了色彩的图标必然是一种彩色搭配以白色为骨架的图标主体、所有图标内的色彩饱和度和明度保持一致，以及色彩渐变的程度保持一致。

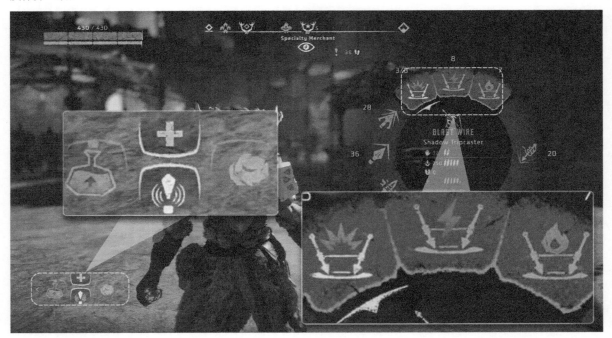

⊙ 明确光源方向

多色扁平化图标具备弱写实效果这一特点，即在纯色的基础上，针对局部区域会添加一些仿矢量化的阴影。这种阴影能让这种扁平化的设计更具备立体语言（但要注意和典型的写实化图标不同）。不过从视觉上来讲，这也是把人眼对现实的认知映射到抽象化图形中去的一种模仿措施，所以就应该考虑美术上的合理性，而其中最基本的一点就是光源的设定。在同一系列的图标中，光源的方向应该设定一致。

下图所示为《逆水寒》界面中出现的一些多色扁平化图标。这些图标通过明暗色块进行刻画，全部为左上色块明度高于右下色块明度的样式，保持了光源的一致性。

🐛 提示

此外，在具体的设计工作中，我们还可以在以上 3 种类型的图标基础上设计出一些更具独特性的图标。例如，将线性图标与负形面片图标相结合，再融合色彩及渐变效果等，即可制作出一些新的图标。

4.2 矢量图标设计的统一规范

针对矢量图标的设计规范，这里主要从以下 4 个方面进行分析，包括尺寸规范、线条规范、像素规范及基本型的使用规范。

4.2.1 尺寸规范

在界面和图标的设计过程中，需要自始至终秉持精确设计的观念。精确设计观念指的就是对尺寸、间距等方面的高精准要求。这也是在视觉上对图标进行规范化管理的最基本的要求，它可以有效地提高实现时的还原度。

右图所示为笔者在代号为"Fexgame"的项目中对主界面上的"活动图标"所做的设计规范，其严格规定了图标的大小、占有位置、面积及扩展位置逻辑，对一系列的相关设计与实现起到了极其重要且基本的指导作用。

同时，针对不同类型的矢量图标，也是有一些特定的尺寸规范需要设计师引起注意的。以面片图标为例，面片图标包含两个方面的尺寸规范：一个是视觉尺寸规范，即人眼看到视觉影像后按照视觉习惯认定的尺寸；另一个是实际的切图尺寸规范，这是切实存在的一个尺寸度量，也可以被称作物理尺寸。为了达到视觉规范上的统一，无论是单个的面片图标制作，还是成套的面片图标制作，都需要保持视觉尺寸的基本一致。而物理尺寸则是实际输出切图时的切片尺寸。这两个尺寸的不一致是经常会出现的问题。

基于还原性的考虑，设计师通常会保持一个类型的图标在输出时的切片为一致的尺寸，即采用标准的物理尺寸规范。视觉尺寸的一致性受图标本身占领的像素范围所影响，没有严格的限定标准，就不能很容易地把握它。图标本身的形体可能遵守了物理尺寸，但在视觉上可能会显小，造成视觉尺寸的不一致。

以下图为例。图中的两个图标因为造型的问题，以及两者在有效像素（即图标本身占领的像素，物理尺寸上除此之外的透明区域则视为"无效像素"）和物理尺寸上的比例不同而导致视觉尺寸不一致。左边图标的物理尺寸相对有效像素过于集中在中间区域，四周无效像素区域过大。右边图标的有效像素则过于分散，在右侧和下侧逼近物理尺寸边缘的地方过于拥挤，但左下偏中间的区域和左上角则太空，整体架构过大又过空。以上这些原因直接导致两者在视觉尺寸上不一致。

下图为修正后的两个图标，除了设计上对它们各自增加了趣味性的元素之外，最重要的是对它们做了有效像素撑满物理尺寸的处理。也就是主体造型更胖，四边相对物理边缘尺寸的间隙更一致。做了这样的处理后，两者在视觉尺寸上更接近，也就更统一。

视觉尺寸一致　　　　物理尺寸一致

视觉尺寸不一致　　　　物理尺寸不一致

🤖 **提示**

当然，由于矢量图标本身存在的一些限制因素，在具体制作矢量图标的过程中，我们不可能在每一个图标上都将这种规范做到尽善尽美，而只需要在限定的表达和风格范围内尽量做到一致即可。

4.2.2 线条规范

针对线条规范这块在前边的内容中我们已经有提到过。简单地说，不同的线条风格和走向模式都会给人不同的感受，而针对同一界面的同一类型的图标设计，其线条走向风格都需要保持一致。

例如，右图所示为一个面片化的定位图标。左边显示的是图标在视觉上的效果，右边显示的是图标内部的形状构成。通过该图我们可以直观地看到，这个图标是由两个简单的同心圆和一个等腰三角形组合而成的。但是从左边的图可以看出来，这个图标似乎又有哪里不对。

基于以上考虑，笔者将图标进行了适当调整，进而得到了如下图所示的效果。从右边的形状组合来看，并没有改变它的基本构成，只是调整了等腰三角形两侧的锚点，但从左边显示的图标视觉效果来看，整个图标看起来却舒服了很多。把调整后的其中一个锚点放大（见右侧图片所示区域），可以看到调整的细节：把锚点放在外围圆弧线的切点处，使三角形的左边腰成为从该点出发的一条切线。右侧的锚点也做了同样的调整。

会出现以上这样的情况，仅从这个图标来说，除非对这个图形有另外的理解，那么这个图形本身应该是一体的形状，从圆形部分到三角形区域应该是一个自然的过渡，这种过渡实际上是我们根据生活经验给予自己的一个潜意识的美感需求。这种过渡应该如何做到，经过分析，它就应该表现为三角形的腰是上部的圆形边缘的切线这样的关系，这样的过渡才会更舒服和自然。

这就是线条带来的几何美感的作用。在众多矢量图标的设计过程中，把对几何美感的理解融入进去，会极大地提升图标本身的设计感和用户的视觉体验。

4.2.3 像素规范

界面设计作为一个以像素为单位的设计形式，要求设计师对设计的细节应该控制到像素。在前边章节中我们介绍过多种风格的图标，其中矢量图标是最为直接展现本体含义的一种图标类型。这也就意味着它的每个细节都会几乎不加修饰地展现在受众的眼中，像素也就暴露得最为明显。如果一个图标因为像素没有对准而导致视觉上出现了问题（如识别性、品质等基础问题），那么在其他方面做再多工作都是白搭。随着科学技术的发展，虽然目前我们所接触的显示设备在像素颗粒上越来越密集，人眼越来越无法直接区分像素级的问题，但对像素的精确控制，无论是从技术实现的要求来说，还是从美术层面的要求来说，都潜移默化地影响着设计师对于品质管控的基础水平。

针对像素规范这块，主要需注意的就是像素对齐这个问题。如果像素不对齐，则会出现以下两个问题。

一个是品质崩坏。在日常工作中，一般像素是否对齐这种问题是最常见也最不容易被业外人士直接指出的问题。在设计稿提案的过程中，如果策划人员或产品经理在看了你的设计稿后针对图标提出了一些诸如"这个形状不是很好看""这个图标看起来总感觉怪怪的"或"要不你再调调看"等建议，可能就是图标在像素对齐上出了问题。

右图所示为游戏项目"Fexgame"界面中的一个上拉菜单控件。其中左边显示的是组件像素对齐了的效果，右边则显示的是组件像素没有对齐的效果。在很多人看来，这两者似乎并没有差别，但对设计师来讲，差异则是非常明显的。当然，在这种差异达到一定程度时，也会引起一些非专业人士出现观感不适的情况。

另一个是无法精确控制图标的线条、细节及结构。没有落在像素点上的锚点和曲线是很难被控制并且调整成理想的样子的。

当然，这里我们所说的严格控制像素并不意味着在图标设计中每个锚点都需要精确地落到整像素上，主要还是应该从造型整体给人的感受出发。在保证整体造型的美感没有问题的前提下，图标内部的某些锚点可以允许在非整像素上。如右图所示，在一些经过复杂组合的图形上，其实有很多边角图形是没有落在整像素点上的，在保证整体均衡、图形清晰的基础上，这样的设计方式是被允许的。

4.2.4 基本型的使用规范

任何类型的矢量图标在设计中都需要注意的一个共通的问题，即形体都是通过基本型的组合来构成的。这里所说的基本型指的是一些标准图形，如圆形、矩形及正多边形等。对基本型的不同组合方式，可以制作出各种各样的图标形体。

可能有人会产生疑问，无论是简单还是复杂的矢量图标，用 Photoshop 中的"钢笔工具"直接绘制不也可以做出来吗？答案是肯定的。但与此同时会存在一个根本性的问题，那就是造型控制上的问题。

从造型维度上来讲，我们可以把矢量图标细分为狂放型图标和规整型图标这两种类型。如果把造型趋势形象化为一个轴线，那么这两种图标分别存在于这个轴向的两个极端，而其他所有的造型都在这两个极端的中间分布。

狂放型　　　　　过渡型　　　　　规整型

接下来，我们先从两个极端出发来进行分析，以对整个维度内的造型设计有一个全面认识，之后再回过头来讲如何用基本型组合造型。

首先来看一个狂放型的图标例子。狂放型的图标应用比较典型的就是《羞辱2》的升级界面的设计了，如图1所示。在该界面中出现了很多狂放型的矢量图标。这种造型的矢量图标贴合了整个游戏的蒸汽朋克、架空的魔法科技的游戏背景建构。但是如果我们把界面中的某些图标进行提炼、解剖就会发现一些被隐藏了的细节，如图2所示。

图1

图2

通过该示意图我们会发现，这些图标基本上都是在基础图形的组合基础上加入少量徒手绘制的图形构成的。只是说越抽象化的图标，对基本型的依赖度越高，而越具象化的图标（如一些带有人物头像元素的图标等），对徒手绘制的依赖性则越高。

🖐️ 提示

但是对于徒手绘制的依赖性较高的图标制作，需要注意的一点是，其轮廓线需要与整个游戏界面的美术风格相搭配。《羞辱2》这款游戏整体的美术风格中较多使用了刚硬的线条，且较多都采用了比较锐利的拐角元素。因此其矢量图标中表现形象化的那部分的线条走向也遵循了这种形式，极少使用到圆润的线条和拐角元素。

其次来看一个过渡型的图标例子。右图所示为《巫师3：狂猎》的角色技能界面。该游戏的背景建构是中世纪，带有魔幻色彩，界面整体走向偏简约和扁平，因此界面中出现了大量矢量图标。虽然是矢量图标，但是这些图标的造型都显得比较拘谨和写实，多使用比较纤细的结构手法，因此整体上呈现出既不狂放，又不抽象的感觉。

最后来看一个规整型的图标例子。右图所示为《永远的7日之都》的界面，这个游戏界面由大量的直线、折线构成，构成界面的图形中很少出现曲线。因此在这个游戏中出现的图标尤其是矢量图标就全部延续了这种造型风格。图中左侧的页签选项图标就是这样的一种典型表现。虽然有些图标描绘的是现实存在的物品，如礼盒、衣服乃至人的侧面头像，但是都用了抽象化的手法，全部用折线边缘的描绘风格，和上一例中较为写实的手法差异非常明显。

从上边 3 个例子我们可以看到一个规律，那就是在所有类型的矢量图标造型设计中，都需要使用到基本型。其中有的图标是直接由基本型构成的，而有的图标则是在基本型的基础上添加了一些徒手绘制的图形而构成的。为什么会出现这样的情况呢？这涉及人对于界面的审美需求的问题。

基本型作为一种最基础的标准几何形体，是构成所有几何图形的基础，而几乎所有的几何图形都会给人以规整的美感。在自然界很少有标准的几何图形，但是它们都存在一定的几何造型和比例。作为人造物，几何图形会给人以特殊美感。这里我们可以再回头去看一下之前提到的那个狂放型图标。通过其轴线图我们可以发现，狂放型的造型是人对自然物的视觉映射，规整型则是人对人造物的视觉映射。人类通过抽象化的形体可以去隐喻更多的含义，也就有了抽象化的表达。

在用到矢量图标这种高度抽象化的视觉语言符号时，人内心对应的就是人造物、抽象化及信息含量高等暗示。这时候使用规整的几何图形就更能符合人对这一视觉语言的预期。心理感受在符合预期的情况下会更愉悦，这里的心理预期是人从对自然物的认知中产生的，自然通过几十亿年进化出的合理有序的自然物深刻影响了人类对美感的感知。我们通过设计来模仿自然中存在的比例和几何，也就产生了美感。这点其实也就暗合了第一章中提到的"符合逻辑的设计就会产生美感"的原理。

4.3 矢量图标的应用场景分析

矢量图标在游戏界面设计中应用范围极广。其中常见的应用场景有轻量化位置、扁平化位置、需弱化且平衡画面的位置及需使用业界通用型设计的位置。

4.3.1 轻量化位置

在游戏界面中，轻量化位置指的是需要被快速理解、快捷且频繁操作的轻量级操作位置。在这种位置出现的矢量图标会根据界面风格的不同而呈现出不同的表现方式，可能是纯扁平化的方式，也可能是扁平化带写实化的衬底等表现方式。在需要玩家快速理解图形的含义时，扁平化设计是一种非常好的选择，它具有简洁直观的图形外观，也去除了过多的纹理质感修饰，使图标本身所代表的含义能直接被表现出来。在需要频繁出现的一类操作控件中（如全局出现的操作按钮、图标等），都会倾向于使用矢量图标。

右图所示为策略手游《迷雾世界》的弹窗界面。该界面在设计上整体感觉质感较重，但是弹窗的"关闭"图标则采用了矢量图标和带质感衬底的组合设计方式。

右图所示为腾讯手游《捕鱼来了》的操作界面。该界面整体设计上给人感觉质感较厚重，但界面中出现的"更多操作""加减道具"等图标因为操作比较频繁且需要玩家能够迅速理解其图形含义，所以使用了简洁明快的矢量图标设计风格。

4.3.2 扁平化位置

矢量图标在一款整体风格设定是扁平化的游戏界面中会被大量使用到。

下图所示为《狂野飙车 9：竞速传奇》的赛车界面。由于这是一款背景建构为现代时尚运动，且节奏极快、操作对抗极为激烈的游戏，因此界面风格为扁平化风格，界面中的绝大部分位置也都使用了矢量图标。

4.3.3 需弱化且平衡画面的位置

针对一些信息量比较大的界面，设计师会通过对界面中美术元素的差异化处理（如质感差异、色调差异等）来引导玩家操作。如果界面整体设定为扁平化风格，那么在界面设计中，除了可以通过对质感的处理（扁平化风格的设定并不代表界面中不可以出现写实类风格的元素），还可以通过改变透明度、明度等来表现元素之间的差异。而其中一些弱化的操作元素往往会选择用矢量图标来表现。相比之下，矢量图标比写实类图标看起来更简洁，且信息表达也更直观，因此也会被应用于更简单和相对不重要的视觉表现。

右图所示为页游《王者之路》的技能弹窗界面。这款游戏的风格设定为陈旧的中世纪风格，界面质感很重。但是在这个界面中依然有几处使用了矢量图标：第1个是关闭按钮中的"关闭"图标，第2个是技能图标。在这款游戏的设计中，技能图标的数量较多，需要被直观化地呈现。

4.3.4 需使用业界通用型设计的位置

这种场景类似第1种场景情况，但是其包括的范围要比第1种场景的大。游戏作为软件的一种，界面设计中需要遵循的东西有很多是整个软件设计行业中默认遵循的。这里以上一个知识点中提到的"关闭"图标为例。基本上所有的游戏界面都需要使用到"关闭"图标，其一般呈"×"状，且这些图标与图标之间的形体差别都不大，只是在具体设计中会遵循具体的游戏风格设定而做出细节上的改变。类似的设计表达还包括表示"菜单"的汉堡图标、表示"退出"或"返回"的箭头图标等。这种设计情况笔者将其称为"业界通用型设计"。而在这种情况下，一般矢量图标就很适用。这种形式的设计在设计师的具体工作中除了可以节约设计师的时间以外，同时在玩家使用游戏的过程中也可以减少其认知成本。

下图展示的是一批比较典型的业界通用型图标。这些图标是笔者在不同项目中所设计的，除了一些造型细节的差别之外，它们之间其实可以互通使用。这种特点正是通用型图标的最大特征。

🌹 **提示**

扁平化的设计本身就是一种去除了过多视觉元素修饰的设计手法，相对比较抽象，在考验设计师能力的同时，也是比较能够激发设计师想象力的设计形式。对矢量图标的训练，可以极大地提高设计师的抽象思维表现能力，对表现产品功能的核心工作大有助益。从整个艺术史上来看，人类较早对工具的设计是从功能性出发的，随后才跟着技术的发展和内心的好奇逐渐发展出有着华丽外在表现的写实主义。但随着时间的推移，设计越来越回归到功能性的本质，也就是抽象化艺术的发展。从界面设计这个诞生时间很短的美术和技术结合的门类上来讲，其自身的美术风格发展也如同胎儿发育体现人类的进化一样，有一个漫长的等待过程。把产品功能用最少的视觉语言去精准且不失优雅地表现出来，是一个非常具有挑战性的工作。矢量化图标的设计作为抽象化表现的一个极小部分，对设计师来讲，同样有着很大的挑战性。

4.4 矢量图标线条美感的把控

矢量图标设计中需要特别注意的是把控线条美感。这点在前文已经有大略地分析和介绍，但限于篇幅，所以还不够全面。因此将这些内容单独列为一节，以进行更完整的阐述。

对于矢量图标线条美感的把控上需要注意的地方，总结为以下 5 点。

4.4.1 不同弧线的交接处过渡要融洽

在矢量图标设计中若要使用到弧线，则需要注意不同弧线之间连接处要有一个自然的过渡。

图 1 中的黄色箭头标注区域为经过重新提取之后的路径效果。仔细观察该部位，会发现这里有一个融洽柔和的曲线变形处理。其中右侧箭头指示处是一个弧度比较大的弧线，而左侧箭头指示处是一个弧度比较小的弧线。这种线条如果无法一次性绘制完成，那么可以分多次绘制来完成，直至线条与线条之间衔接融洽且过渡流畅，如图 2 所示。而图 3 中的图标只保持外轮廓圆角角度一致，并没有融洽的弧线进行交接，因此整体看起来会让人感觉比较凌乱。

图1   图2   图3

4.4.2 保持合理的结构安排

在游戏界面中，不同的矢量图标在结构安排的方式上应保持一致，如图形结构绘制时构建的面片间隔，在不同的图标里是相同的。

图 1 所示为在不同的图标、不同的图形结构中，图形面片的间隔都保持了一致的宽度。图 2 所示的图标结构设计得不合理，没有在面片结构的表现形式上统一视觉语言，因此造成了风格上的紊乱。

图1   图2

4.4.3 保持足够的留白

在同一界面的矢量图标设计中，应该给予图标造型一个合理的物理尺寸和设计尺寸，并且两者之间有足够空间，同组的图标应该保持同样的物理尺寸与设计尺寸之比。

图 1 所示为经过处理之后的一组图标。图中红色标示区域表示的是这组图标的物理尺寸，绿色标示区域表示的是这组图标的设计尺寸。仔细观察可以看到这组图标保持了设计尺寸的高度一致，而设计尺寸与物理尺寸之间保留有足够的留白，也为人眼识别留出了足够的呼吸空间，使得图标主体放置在衬底上时的视觉感受更舒服。再看图 2，这张图中的个别图标保留了一定的留白，但并不是所有的图标都有同样的留白区域，就会导致视觉上的感受不一致。

图 1 图 2

4.4.4 保持合理统一的线条走向

在矢量图标设计中，同一组的图标保持同样的造型方式，如果是硬拐角的风格就应尽量使用硬拐角，反之亦然。

图 1 所示为笔者对部分图标中的部分线条进行了抽离标示。玫红色标示的是弧线线条，绿色标示的是直线和折角线条。这组图标通过合理的弧线和折线的配比、走向，让图标的造型感变得特别，也塑造出了这款游戏独有的风格。图 2 所示的 A 处的图标明显要偏向通用型一些，B 处的图标相对更独特一些，图标与图标之间的线条风格没有保持统一，留白空间也比较不足。

图 1 图 2

4.4.5 体现情感化的处理方式

矢量图标通过细节设计所体现出的情感化至关重要。在大部分游戏界面中，矢量图标自身因扁平、纯色及通透的特质而决定了它们在界面中都充当着比较次要的角色。但是在一些情况下矢量图标也会担当着一些比较重要的"角色"，这时候设计师就需要在追求图标基本的品质的基础上增加一层情感化表现的内容。而这个时候图标线条的造型方式会起到至关重要的作用。不同的线条造型方式决定着图标完全不同的情感化特征。

在一些科技感十足的界面设计中，矢量图标在造型上的情感化表现就是尽量使用直线、折角等线条造型。

右图所示为《圣歌》的地图界面。在该界面中，包括所用的图标造型上都使用了很多折线、点及直线段的图形设计，使科技感的情感化表达得非常充分。

在魔幻风格的界面设计中，直线和折角也被经常使用到，但在造型表现上更多的是流线型的造型，以体现出魔幻的浪漫主义、虚无主义等感情色彩。

右图所示为《光明大陆》游戏界面中的一部分图标。该图经过了去色和适当的放大处理并被提取了一部分线条，《光明大陆》中玫红色标示的是弧线部分，绿色标示的是直线和折线部分，这些线条造型特征和它们的组合图形具备极强的魔幻风格色彩。

在偏低龄或轻松休闲的游戏界面设计中，其图标的造型设计往往更倾向于使用弧形、更圆润一些的线条，配上活泼应景的色调，使得图形看起来亲和力极强，且呈现出浓浓的轻松氛围。

右图所示为《地球游戏》的设置界面。此图经过了处理，左侧为原图，右侧为经过处理后的效果，以此凸显出9个"设置"图标。这些图标虽然并不是扁平的样式，但它们以矢量图标为基础增加了颜色和层次表现。同时，这些图标造型圆润，几乎没有使用到折角和直线这些线条描绘方式，明确了卡通风格的情感化表达。

在快节奏和竞技性比较强的游戏界面中，无论是界面、矢量图标甚至是一些写实化的图标，其线条表现上都会更多地使用较细、折角锐利的造型。这些造型的特点是轻快、沉稳且有锐气，比较符合竞技和快节奏的游戏的情感化特征。

右图所示为《英雄联盟》的选择界面。图中黄色箭头标示的4个游戏模式图标，体现了这款游戏在图形造型上的典型特征。暗金色的双层镶边模式、直线折角和圆弧线的标准型组合，以及宽细各两条镶边的设计样式，使得整个界面显得既具备魔幻特色，又干净利落。

在有特定文化背景设定的游戏界面中，矢量图形的造型风格非常多变。例如在中国风的界面中，中国风元素的图形会高频率地出现在界面中，而中国文化营造的是恬静、柔和的氛围，发展延伸出来的元素也多以弧线、柔和折角造型来体现。这与相应的文化特征有关。

右图所示为网易游戏《楚留香》的首充弹窗界面。为方便理解，笔者对该图做了适当处理。图中标示的玫红色图案为这个弹窗中使用到的具备中国古典风格特点的图形，结合弹窗主体的圆形，构成了中国古典风格鲜明的设计特点。

综上所述，在游戏矢量图标的线条美感的把控上需要注意的问题包含 3 点。（1）操作层级和视觉层级比较低的矢量图标可以做成通用一些的造型，没有任何性格特征，但是基本的线条走向、基础的设计要符合规律。（2）在需要矢量图标去表现界面情感化元素时，需要考虑具体体现的内容是什么。情感上比较偏激进、冷酷的，造型设计上会更多使用直线，造型风格上更偏硬朗、锐利。情感上比较偏柔和、温暖甚至颓废的，造型设计上会更多使用弧线，造型风格上更偏圆润、柔滑。（3）矢量图标的线条造型非常重要，它直接决定了矢量图标所要表现的含义及情感。因此在具体设计中，需要根据图标的属性及情感需求来决定是用直线、折线还是弧线。

4.5 绘制一个矢量风格的相机图标

本节将通过矩形与圆形的组合来绘制一个矢量风格的相机图标。通过学习，我们可以了解和掌握如何应用基本图形去设计一个矢量图标。

视频名称：绘制相机图标 .mp4

绘制步骤

01 新建一个"宽度"与"高度"均为900像素、"分辨率"为 72 像素 / 英寸的画布，然后使用"矩形工具" 在画布上绘制一个矩形。

🐸 **提示**

本书所有案例均使用 Adobe Photoshop CC 2018 来完成。

02 保持矩形为选中状态。然后按住 Shift 键并使用"椭圆工具" 在矩形的中央绘制一个圆，得到一个圆形和一个矩形的组合路径。

03 使用"路径选择工具" 选中圆形，然后在选项栏中单击"路径操作"按钮，在下拉菜单中将矩形与圆形的组合形式切换为"减去顶层形状"，得到一个中间镂空的矩形。

04 在选中矩形的状态下，同时按住 Alt 键和 Shift 键，用"椭圆工具" 在矩形的中央附近绘制一个镂空圆形，并调整圆形到合适位置。

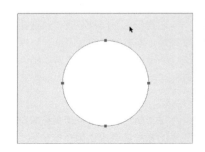

提示

　　在这一步操作中要注意的是，当只按住 Alt 键并同时绘制形状时，相当于只定义了要绘制的形状与已有形状之间的关系是"减去顶层形状"，并不影响该图形的长宽比。当需要在定义"减去顶层形状"组合方式的同时，绘制一个长宽等比的形状，则需要在绘制形状的同时按住 Shift 键。同时，Alt 键对形状组合的定义发挥效用的条件是只需在绘制形状开始的瞬间同时按下，而无须在整个绘制期间一直处于按下状态。但是绘制等比长宽的图形则需要 Shift 键在绘制期间总是处于按下状态。因此，在绘制该步骤中的镂空圆形时，只需要在绘制开始前按住 Alt 键，在绘制开始后即可放开该键，同时按住 Shift 键，直到绘制完成。

05 用"路径选择工具" 将圆形移动到矩形的中央，然后按住 Shift 键同时选中两个图形。

06 在选项栏中单击"路径对齐方式"按钮，在下拉菜单中选择对齐方式为"水平居中" 和"垂直居中"，得到一个完全对齐的组合图形。

07 按住 Shift 键，使用"圆角矩形工具" 在原有图形的基础上绘制一个圆角矩形。

08 在圆角矩形被选中的状态下，通过"属性"面板将圆角矩形的 4 个角调整到合适状态。此时，我们发现新绘制的圆角矩形有一部分盖住了原先镂空的圆形区域。这是因为新绘制的路径在这个组合路径中的层级为最顶层。如果要保持圆形区域始终处于完整的镂空状态，那么需要把圆的层级调整到顶层。

09 选中圆形路径后，按组合键 Ctrl+X 剪切路径，然后再按组合键 Ctrl+V 原位粘贴路径，得到如下图所示的图形效果。

10 复制并原位粘贴中间的圆形，然后按组合键 Ctrl+T 执行"自由变换"命令，并同时按住 Shift 键和 Alt 键，用鼠标指针拖住定界框的一角后往圆心方向拖曳，将该圆形以图形中心进行等比例缩小，之后按回车键退出操作。

11 在选项栏中单击"路径操作"按钮 将图形的组合方式切换为"合并形状"，这时"相机"图标的雏形就产生了，接下来在这个雏形的基础上对图标做进一步的细化与优化。

缩小前

缩小后

💡 **提示**

注意，在这一步的操作中，按 Shift 键满足的是对对象进行等比例缩放的需求，而按 Alt 键则满足的是对对象进行中心式缩放的需求。

12 框选圆角矩形的顶部锚点，然后用键盘上的左右方向键微调一下锚点的宽度。

13 在按住 Alt 键的同时，用"路径选择工具" 拖动并复制相机中间的圆形路径，并将复制的圆调整到合适的位置和大小。这样，一个负形面片式的相机图标的路径就绘制好了。之后按组合键 Ctrl+S 将文件保存为"面片相机图标 .psd"文件。

调整前

调整后

14 确定绘制好的图标路径为选中状态，在选项栏中设置"填充"为"无填充"，"描边"为黑色（R:0，G:0，B:0），"形状描边宽度"为 10 像素，将路径图形处理为一个线性图形。这样，一个矢量风格的相机图标就绘制完成了。之后按组合键 Ctrl+Shift+S 将文件另存为"线性相机图标 .psd"文件。

15 在 Photoshop 中打开刚才保存的"面片相机图标.psd"文件，然后打开随书附赠的"相机图标所在的整个界面.psd"文件，将"面片相机图标.psd"文件中的图标拖曳至"相机图标所在的整个界面.psd"文件中。

16 双击相机图标图层的图层缩览图，在弹出的"拾色器"对话框中修改图标颜色为白色（R:255，G:255，B:255）。

17 选中"相机"图层，然后单击鼠标右键，在弹出的快捷菜单中选择"转换为智能对象"选项，将图层转换为智能对象图层。

18 在画布中，按组合键 Ctrl+T 执行"自由变换"命令，将相机图标调整到合适位置与大小，并按回车键确认操作。

提示

如果想将这个相机图标设置为渐变效果，只需双击该图标图层的"图层缩览图"，然后在弹出的"拾色器"对话框中选择一个合适的颜色，然后在"图标"图层的空白处双击，在弹出的"图层样式"对话框中添加想要的渐变样式或描边样式，之后单击"确定"按钮即可。

05

第 5 章

写实图标的设计方法解析

本章概述

写实图标依照现实物体的光影表现原理，无论是在形体、质感的刻画上还是在色彩的表现上都极为精细。矢量图标是一种无论在应用界面中还是在游戏界面中都会存在的界面元素，因此它并不能完全代表游戏界面的特质，而写实图标就是一种可以代表游戏界面的设计元素了。本章从写实图标的功能与特点、分类与应用场景、设计原则及设计实战这 4 个方面来讲解写实图标的设计方法与技巧。

本章要点

» 写实图标的功能与特点
» 写实图标的分类与应用场景分析
» 写实图标的设计原则
» 绘制一个写实风格的邮件图标

图标篇 ▶

5.1 写实图标的功能与特点

写实图标作为游戏界面中的有机组成部分，在功能上和矢量图标相似，但也有一些自己的特点。

5.1.1 写实图标的功能

写实图标和矢量图标的设计目的是共通的，由于前面已详细介绍了矢量图标的设计知识，因此关于写实图标的功能介绍，这里只大概阐述一下。一般来说，写实图标的功能有3个：（1）写实图标作为界面中较基本的操作元素而存在，它充当着界面中的跳转枢纽（如按钮功能）；（2）写实图标旨在体现游戏的情感化表达需求；（3）写实图标是界面设计节奏的重要组成部分，在扁平化且界面信息较少的情况下使用较多。写实图标不仅可以增强界面的视觉冲击力，还具有填补视觉信息的重要作用。

5.1.2 写实图标的特点

关于写实图标的特点，可以从以下3个方面来进行说明。

⊙ 特定的应用范围

写实图标的应用范围主要包含两个：一个是用在表达特定信息时，另一个是用在特定风格的界面中。

在界面信息较多且界面空间有限时，小尺寸的写实图标凭借着细节较多、包含的信息量较大的特点而成为一种很常用的视觉表现方式。但小尺寸的写实图标不能像大尺寸的写实图标那样做得非常精细，否则会使人不容易识别，正确的做法一般是以原有的同类图标为基础做一些简化处理。

下图所示为网易手游《迷雾世界》的英雄选择界面。这款游戏的界面整体风格偏厚重与写实，界面中出现的图标也基本上继承了界面整体的写实风格。但其中也有应用不当的情况。A处的图标是高精度写实风格的图标，但是在界面中却以很小的尺寸存在，同时又没有做简化处理，因此识别性大打折扣。B处的属性技能图标也属于带有质感和厚度描绘的写实类图标，与F处的图标相比，可以看出设计师希望B处的图标比F处的图标看起来更明显一些，

这个目的显然已经达到，但是就B处图标的放置位置和尺寸来看，未免有些偏厚重了，也同样存在识别性不够强的问题。相对而言，C处的图标则被处理得恰到好处。D处的图标和E处的图标指代的都是"领队"的徽章，可以看出尺寸相对较小的E图标，细节被简化了一些，看着也是比较合适的。

同时，写实化风格的图标通常只允许在一些特定风格的界面中使用，而不是在每一种风格的界面中都可以使用。相对而言，矢量化图标却几乎适用于所有游戏界面（虽然并不一定每个图标在界面中都占据显著位置）。之所以会这样，主要受两方面因素的影响。一方面，近年来的扁平化设计趋势使很多游戏界面也倾向于使用扁平化的表现方式。有一些传统上使用写实风格的游戏，如魔幻风格、欧洲中世纪风格的游戏也在尝试用扁平化的方式表现界面。但是写实化的风格却不见得能够在传统扁平化设计风格的游戏界面中普遍适用。但这也不是绝对的，在少量比较冷门的游戏中同样也出现过写实主义的风格，但是这种风格的界面总会给人以守旧、沉重的感受。当然，有些游戏正是想用这种风格去表现这种感受。另一方面，写实风格在美术层面上表现出的风格化给人感觉比较重。传统的界面有很大一部分都是用写实的方式去表现的，在信息展示越来越直接和扁平的时代，游戏界面也越来越倾向于用更扁平的视觉语言来表现，这使扁平化本身代表了一定的现代、新颖及轻快的感受。从这一层面上来讲，目前写实化风格显然不如扁平化风格受欢迎。

右图所示为《巫师 3：狂猎》的界面。这款游戏是魔幻中世纪题材的游戏，但是却没有用传统上厚重写实的手法来设计界面。与之相反，它的界面采用的是简约扁平的设计风格。

下图所示为近年来诸多中国风手游界面的示意图。按照质感由重到轻的顺序，笔者将这些界面进行了从左往右、从上到下的排布。由此我们可以得知，同样是写实类的图标，如果需求不同，其质感的轻重表现也是不一样的。

大话西游热血版 / 网易　　镇魔曲 / 网易　　思美人 / 银汉　　九州海上牧云记 / 网易

择天记 / 腾讯　　轩辕传奇 / 腾讯　　大唐游仙记 / 网易　　楚留香 / 网易

⊙ 较强的视觉吸引力

写实图标是一种比矢量图标更具视觉吸引力的界面控件。在界面设计中，写实图标的这一特性具有很多重要的作用，如尊贵感的表现（具体表现在利用一些带有奖励性质、活动性质的元素，如道具、代币及勋章等），这是矢量图标所无法达成的。

右图所示为《战国志》的官职界面。在这个界面中，表示"官职"的图标都采用了金属、布料等材质来进行表现，且均为写实风格。

⊙ 特定的情感化表现

写实图标的视觉信息较丰富，因此能尽可能清晰地传达特定界面设计风格中的情感化内容，如厚重的欧洲中世纪风格、装饰性的暗黑风格等。这种带有较多色彩、光影及形体表现的美术风格，无论是在视觉冲击力上，还是在风格表现形式上，都要比矢量图标更强一些。

下图所示为网易游戏《光明大陆》的交易行界面。交易与代币是这个界面主要要表现的内容。从图中可以看到，这些内容的排布并非简单地罗列样式，而是通过场景化的表现方式进行表现，整体氛围的烘托比较到位。同时，对于一些需要着重体现的内容，都是采用写实化图标进行表现的，如靠近界面底部的一排紫色水晶代币图标和右下角用来体现游戏背景建构的人物元素，采用的均是厚重质感的表达方式。对于需要把情感化元素表现得非常强烈的界面设计，用这种写实化的美术手法往往能起到非常好的作用。

下图所示为游戏《天锻》的一系列界面截图。这款游戏的界面是在扁平化的基础上，在界面中有限的几处使用了质感化的设计。这些地方（见 A 所示的区域）要么是层级较高的系统标题，要么是很重要的操作按钮。而设计师也正是通过这种设计手法来凸显扁平化设计中的重点的。

🌹 提示

实际上，日常设计中并没有纯粹的扁平化设计和纯粹的写实化设计。综合利用二者的特质，在需要的地方加以呈现才是设计师应该明确掌握的技能。

5.2 写实图标的分类与应用场景分析

具体细分下来，写实图标可以划分为多种类型。在本节中，笔者主要从美术风格和功能这两个层面来对写实图标进行分类，并分析不同类型的写实图标的应用场景。

5.2.1 从美术风格上划分

游戏界面中的写实图标在美术风格上具体划分的种类有很多，并且在用于不同的题材时又会延伸出更多的细分化风格。为了方便大家理解，这里笔者按照写实图标被设计出来后呈现的感觉将其划分为 3 种类型，即严肃类写实图标、重质感类写实图标和轻质感类写实图标。

⊙ 严肃类写实图标

所谓"严肃类写实图标"指的就是在刻画手段上基本遵照现实的写实图标。这种类型的图标应用得相当广泛，并且在形体、颜色与质感表现上基本都严格遵照现实中物品的效果，同时在游戏界面中大部分充当的是物品和道具。

右图所示为游戏《古墓丽影：暗影》的换装界面。其中左侧表示服装道具的若干图标一般是采用 3D 渲染的方法制作出来的。

在大多数情况下，制作这类图标都无须界面设计师承担过多的工作量，而只需要设置一下尺寸规范即可。但是在风格化表现的游戏界面中，特别是对于一些风格比较别致的游戏的图标，界面设计师都需要进行特定的设计和绘制。

右图所示为游戏《呼吸边缘》的背包界面。这款游戏的画面虽然是全写实风格，但它的故事比较荒诞，界面设计使用的是老式美国招贴画的风格，因此其图标也就需要进行一些风格化的设计，而不能直接使用 3D 渲染的方式去输出。

⊙ 重质感类写实图标

重质感类写实图标是在严肃类写实图标的基础上演变出的一类为了凸显某种氛围或表现某些风格化的特点的图标。这类图标所表现的物品一般要比现实中更夸张，如更大的体积感、更厚实的材质感等。有时也用于表现一些现实中不存在的物品。

这种类型的图标主要用于一些特殊题材的游戏界面中，如魔幻类题材的游戏，为了表现某种含义而在界面中使用非常厚重的材质，相应界面中的图标也就使用了同一种质感来描绘对应事物的特征。

右图所示为游戏《王者荣耀》中的金牌下路勋章界面。该界面中出现的"金牌下路"图标使用了很多金属材质和与界面特征一致的闪亮光效。

事实上，重质感类写实图标不仅在这种全部是重质感的界面风格中有广泛的使用，在一些轻薄质感的或扁平化风格的游戏界面中也有相当多的应用。

右图所示为 *Blade Ⅱ: The Return of Evi*（刀锋战记 2：邪恶回归）的商城界面。虽然该游戏的背景建构偏西式魔幻，但是它的界面设计整体却偏扁平化。不过在右图这样的页面内，一些需要引导玩家付费的界面控件上，就用了画面中间偏右的宝箱这种典型的重质感类写实图标，以此来凸显商品贵重、稀有的特性。

⊙ 轻质感类写实图标

写实类图标不一定都需要非常多的细节刻画和材质表现。那些省略了很多细节刻画的，但是其表现的物品的形体又比较接近于现实物体的写实类图标也属于写实图标，同时也被称为轻质感类写实图标。

游戏界面中的图标大部分情况下需要跟随界面的风格。而大部分轻质感类的写实图标也就存在于这类轻薄化的或扁平化的界面中。

右图所示为 *Maguss* 的主菜单界面。这款游戏的界面进行了很多矢量化处理，线条明确清晰，多折角和细线条的应用。整体界面风格轻盈而又具备很强的魔幻风格色彩。其主菜单中的这些图标也跟随整体界面风格，在保持了写实化图标原有的结构基础上使用了较低对比度的色彩配比，形体设计上也使用了较多的镂空设计，并配合界面中同样的细线条托底，整体呈现一种轻质感的特征。

🐸 提示

> 需要注意的是，轻质感类的写实图标和矢量图标之间并没有明确的界限。当矢量图标的材质表现或细节刻画足够多时，也可以被认为是轻质感类的写实图标。这两个概念之间是一种过渡的关系，这里我们对图标做类型划分，只是为了在整体上对它们有一个比较明确的认知，而概念本身是否足够清晰并不影响实际操作中的取舍。一般来说，界面设计师需要根据具体情况去对图标风格进行选择和使用。

5.2.2 从功能上划分

写实类图标同样也是因为具体的功能而被设计出来的，这是它们存在的根本。从功能上我们可以把写实图标划分为引导类写实图标、激励类写实图标和修饰类写实图标。

⊙ 引导类写实图标

顾名思义，引导类写实图标就是指在界面中引导玩家视觉的写实图标。当然，我们可以认为游戏界面内所有的图标都是引导类图标，但写实化的引导类图标的引导性一定是更强的。而这种引导一般包含两个层面的含义：一个是视觉上的引导，另一个是功能上的引导。

视觉上的引导是写实化图标的强项。写实化图标本身具备的强烈的质感和丰富的细节决定了它必然有着强于界面中别的视觉元素的视觉吸引力。

右图所示为《大唐无双》的创建角色界面，界面右侧顶部的"门派"图标在这个界面中所起的作用就是让玩家在进入界面后能第一眼看到，然后可以顺着界面设计师设计好的布局按照一定的视觉阅读路线来顺次阅读界面内的信息。通过这个图标的视觉引导，整个界面的设计功能可以被很好地呈现出来。

功能上的引导很大程度上依赖于视觉的引导，但这类同时具备功能引导的图标需要在结构设计或形体设计上与纯视觉引导的图标有所区分，它需要与界面内的其他元素联动来实现自己的功能引导作用。其中一个最简单直接的例子就是动作类手游中常见的"攻击"按钮。

右图所示为《光明大陆》的战斗界面。界面中右下角的"弓箭"图标的特征不仅在于它是整个界面内视觉强度最大的一个图标，还在于它本身被设计成弓箭的样子，与玩家所控制的游戏人物的装备相同。这暗示了该按钮带有攻击功能。这样的图标设计起到的不仅是视觉引导作用，同时通过特别的形象设计也起到了功能引导的作用。

⊙ 激励类写实图标

激励类写实图标指的是游戏界面内表示升级、胜利、失败或获得某种排位等一切单纯表示奖励或惩罚的写实化图标。这类图标在很多情况下需要配合动效的设计，以便从视觉上起到激励玩家的作用。由于这类图标需要传达给玩家很强的激励感受（如果这种"激励"是负面的，需要适当减弱），因此从本质上来说，它们也属于引导类写实图标。

右图所示为《神都夜行录》的结算评价界面。这里最为明显的一个图标就是左侧的"超凡"图标。这个界面需要传达给玩家的是结算后的评价级别及其他相关信息。设计师通过把结算评价设计成黄色书法字体加托底的样子，来传达"很棒""很有调性"的视觉信息。配合界面内的其他信息与视觉元素，外加图标本身入场时的动态效果，整个界面中所要表达的正向激励信息就被表现得淋漓尽致了。

⊙ 修饰类写实图标

修饰类写实图标的主要作用是烘托气氛，即增强界面的情感化表现。这类图标被设计出来之前，界面内实际上有一定的情感化表现。用界面功能本身去表现所需的情感化其实也没有问题，只是多了这些图标后，整个界面的设计节奏会更完善，整体气氛也会更浓厚一些。

下图所示为《光明大陆》开启新任务支线时的界面。界面主体为一个带文字的故事标题控件，它由两个部分组成：一个是文字及其托底，另一个是托底后层的图标。当玩家接取新的任务时，这个控件会自动出现并很快消失。假设后层这个图标不存在，虽然该界面的功能使用和整体氛围感受不会受什么影响，但是总会给人以"缺了点什么"的感觉。这种感觉其实就意味着整个界面的视觉节奏不够完整。而目前有后层图标的状态给人的感觉是这个界面更"完整"，无论是界面所在画面的氛围，还是界面本身的使用体验，都要比没有这个图标时好很多，这也是修饰类写实图标在界面中所能产生的最大作用。

5.3 写实图标的设计原则

关于写实图标的设计，图标的尺寸不同，需要的细节特征的多少也都不一样。在本节中，笔者将从大尺寸和中小尺寸这两方面对写实类图标的制作进行分析与讲解。

5.3.1 大尺寸的写实图标

大尺寸的写实图标在界面中占有比较大的视觉比例，且具有尺寸大、细节多和形体结构复杂的特点。在设计过程中对材质、颜色和形体的表现会比较多。在具体设计的过程中，需要注意以下3个原则。

☉ 大设计小输出

这里所谓的"大设计小输出"是指在设计和绘制图标的过程中，要使用较高的分辨率和较大尺寸的画布，然后在设计完成之后需要将图标按照小尺寸输出。这种方法不管在大尺寸还是中小尺寸的写实图标的设计中都适用，只是最后在对细节的取舍上，两者会有所不同。

之所以要这样做，原因有两个。（1）大尺寸设计稿可以应对多种尺寸的需求。如果一开始只设计一个小的原尺寸，在处理后期可能新增的大尺寸需求时会增加工作量。（2）在大尺寸输出的情况下能设计出更多的细节，缩小后可对细节进行取舍，对细节的增删有比较大的操作空间，但小尺寸设计就没有这个优势。而且有些细节的刻画在小尺寸状态下直接进行时，其表现也不够理想。

关于细节的不同表现，例如，我们需要设计一个尺寸为256像素×256像素、分辨率为72dpi的图标，就应该建立一个比这个尺寸大一些（如700像素×700像素）、分辨率高一些（如300dpi）的画布，然后再在这样的画布上进行设计。

观察右图，会发现在大尺寸画布内，一个高光可能是若干像素的粗笔刷呈现的效果，但在缩小后的效果图上，这个高光明显要细很多，也精致很多。

256像素×256像素

700像素×700像素

☉ 注意细节取舍

在将图标以大尺寸的形式设计完成，但以较小的尺寸输出时，它的有些细节会损失掉。这意味着在设计过程中，设计师就要明确地知道需要对哪些细节进行取舍，以避免不必要的细节刻画，增加无谓的工作量。

右图中上方显示的较大的图标是在大尺寸画布上绘制的有较多细节的图标，下方显示的是一个较小的图标。虽然两张图都是同一个图标，但在小图中一些细节基本上已经看不清楚了。对于这种情况，就需要在大尺寸图里相应的位置省略一些细节的绘制。

再看右图，图中上方显示的是一个在大尺寸下绘制的图标，看起来好像并不细致。再看图下方显示的缩小的同一个图标，视觉感受上就要比大图标精致得多。

820像素×820像素

256像素×256像素

提示

在游戏界面设计中，如果设计师想要在设计大尺寸图标的同时，又可以正常浏览小尺寸的图标效果，可以通过下面的方法来达到这个目的。

首先，确保需要绘制的图形在 Photoshop 中已被打开。

然后，在菜单栏中执行"窗口 > 排列 > 为'tubiao.psd'新建窗口"命令，如图 1 所示，这时图像编辑窗口上会出现相同文件的两个窗口。拖曳其中一个窗口的标题栏，使它变成独立窗口，如图 2 所示。拖曳后界面显示的状态如图 3 所示。

图 1

图 2　　　　　　　　　　　　　　　　图 3

接着，在新打开的窗口中，在按住 Alt 键的同时使用"缩放工具" 🔍 将其缩小到接近最终输出所需的尺寸。

最后，将新打开的窗口置于界面内的一角并调整到合适的大小，就可以对照着小尺寸的图标效果继续在之前的画布内进行图标绘制了。这时，每一个操作都会在两个窗口内同时生效。这就意味着可以不用缩放正在绘制的窗口中的图标，也能预览到图标整体的效果了。

⊙ 保持美术风格一致

虽然大尺寸图标在界面内通常是单独存在的，少有其他同类型图标同时出现，从而缺乏横向上的对比，但是从界面设计体系整体上来看，大尺寸图标依然需要保持同系列层面上的美术风格的一致，以方便玩家辨识。

在设计大尺寸图标时，如果想使其美术风格保持一致，需要注意以下3个方面的问题。

首先要保持统一的光源。对于同一个系列的图标，乃至整个游戏界面内的所有图标和界面元素，都应该保持一致的光源。只有这样，才能使所有的美术元素看起来像是存在于同一个空间内的。保持统一的光源非常有助于在很基础的美术层面上保持一系列图标风格的一致。

下图所示为游戏《大唐无双》中的一系列图标，虽然它们各自展示的内容不尽相同，但其以保持光源的一致性和构图的相似性为基础，做到了风格上的一致性。

其次是保持统一的配色体系。将一个系列内的所有图标保持在一定风格内的最基础的做法就是使配色体系保持一致。而这个一致性主要表现在颜色的明度、饱和度上。

图 1 所示为手机游戏《天下又天下》的晋级成功界面，这个界面内有一个大图标设计。通过对比图 2 所示的同款游戏的其他界面的图标配色可以明确得知，这个图标的配色风格是跟随着主界面的配色风格的。因此它才能保持同样的淡雅质感，给界面整体营造非常融洽的感觉。如果图标没有使用这种配色体系，则会产生视觉上的干扰。

图1　　　　　　　　　　　　　　　　　　　图2

最后是保持一致的形体透视和轮廓线条风格。同一个系列内的图标需要在形体透视和轮廓线条上保持统一，也就是说，它们需要使用同一个透视角度、同一个倾斜角度和同一种线条风格。

右图所示为手机游戏《无尽战区：觉醒》的充值界面。该界面中最明显的是 3 个面板上的两个大图标和一个宣传图式的图案。在前边两个面板中，两个箱子的图标通过造型的相似性和透视的一致性来保持风格统一。而最后的面板中的图案虽然没有类似箱子的造型特点，但是通过一致的透视特征来和前两个图标保持一致。同时，这 3 个底部透视一致的圆形托底也进一步增强了视觉上的一致性。

5.3.2　中小尺寸的写实图标

在游戏界面中，大部分的图标都可以被归纳在中小尺寸的类型当中。它们的设计原则和大尺寸图标一样，也可以通过"大尺寸设计，小尺寸输出"的原则来进行设计。在缩放过程中，对细节的取舍也有与大尺寸图标相似的处理方式，美术风格上也需要通过统一光源位置、统一色彩和统一形体来规整。除此之外，中小尺寸写实图标有一些有别于大尺寸写实图标的特性，形成了它们特有的设计原则，主要包含以下 3 个方面。

⊙　保持视觉尺寸一致

这一点和之前笔者在矢量图标中提到的"物理尺寸与视觉尺寸一致"的原理是相通的。在写实化图标的设计过程中，这一问题的修复成本更高，因此需要在设计之初就加以规避。写实化图标具有更多的细节刻画，因此在对其轮廓和形体进行设计时，就应该去注意结构中的收缩和镂空等可能会因为有空白像素区域的设计而造成视觉尺寸不一致的问题。我们可以通过增加一些衬底、附属的视觉元素来进行修正，以保持同一系列的图标有相同的视觉尺寸表现。

下图所示为笔者在实际工作项目中绘制的一套代币图标。这套图标中需要描绘的物品比较多，非常容易出现物理尺寸一致但视觉尺寸大小各异的情况。为了规避这种差异化问题，笔者为这套图标制定了两条设计规则：一条是尽量使用接近圆形的物品，如金币、银币及没有实体意义的圆形托盘；另一条是在物理尺寸中间设置一个固定的圆形区域。图中下半部分所示的玫红色的区域即为固定的圆形区域，这个区域和第1条规则中的圆形物品保持同样的尺寸，如果实在无法用圆形的物品去做设计表现，而需要用不规则图形（如钞票）做设计表现时不应超出这个圆形区域太多。这样可以尽量规避过多的突兀图形和镂空图形，并在设计尺寸上确保一致。

90 像素 × 90 像素

⊙ 细节结构简化处理

在中小尺寸图标的设计过程中，有些图标可能在界面中有多个不同的尺寸。在设计这种图标时，一般会从比较大的尺寸着手，然后逐一输出较小的尺寸。对写实图标来说，每缩小一次尺寸，就会有一定的细节损失。如果多个尺寸中有尺寸变化比较大的情况，就需要注意细节损失的程度了。当损失程度比较大时，需要针对小尺寸图标进行优化设计。如果优化设计仍然不足以还原大尺寸的细节表现，那就需要针对小尺寸重新设计一个图标。这种情况较多发生在所描绘物体的透视角度较大的图标上，在尺寸比较大的情况下会使用特定的透视角进行设计，但尺寸缩小后就只能用平视角进行设计。在有些情况下，设计师甚至会将小尺寸图标上原先的表现手法缩减到最少，将其变成矢量图标。这些处理方法的最终目的是保持各个尺寸的图标在视觉表现中代表的含义不变的同时满足各自的尺寸需求。

下图为一个结构比较复杂的大图标逐步被缩小的过程示意图。仔细观察图片可以看到，像这样的一个结构复杂的图标，如果在缩小后没有及时调整细节上的表现，就会出现某些尺寸上的识别性问题。针对本图中的这个图形，实际上到32像素×32像素以下就已经无法识别了。在手机平台游戏中确实也很少会用到这么小尺寸的图标，但如果用到这个尺寸，不会选择写实图标，而会选择矢量图标去表现对应的内容。

256 像素 × 256 像素　　128 像素 × 128 像素　　64 像素 × 64 像素

512 像素 × 512 像素

32 像素 × 32 像素　　16 像素 × 16 像素

⊙ 保持托底细节一致

在中小尺寸的写实图标的设计中，有时为了能够让图标更易被玩家识别或者风格更明显，我们会为某些系列的图标设计一个特别的托底。如果托底在设计过程中直接使用图标描边、外发光等样式的话，在图标尺寸变化的过程中则会发生变化，导致不同尺寸下绘制的图标最终表现的效果不同。针对这方面的问题，笔者总结出以下两个解决方法。

第 1 种方法是直接将托底与图标本体进行分离。下图所示为手机游戏《妖神记》的主场景界面。这个界面底部有一排图标，这些图标的图形和所表现的内容都较为复杂，放在同样有不少细节的界面上时可能会被"湮没"，从而失去识别性。同时，为了和界面底部的条栏衬底进行区分，设计师为图标设计了一个统一的托底，这些托底即边框遵循了统一的水墨风格。如此一来，如果有图标需要扩展，或者需要对它们进行单独设计或修改，就只需要考虑图标本身，而不需要再设计或修改托底了，即提高了图标的扩展性。而且统一托底是一种强制性的风格统一方法，有助于让界面整体的风格保持统一。

第 2 种方法是当托底不是单独分离的元素时，将图标的托底样式置于最外层。

图 1 所示的图标的托底描边为 2 像素。设计师在处理该图标所属的系列图标时，将它们统一转化成了智能对象，以便绘制完之后有效率地进行大小变化。如果将描边样式置于智能对象内部，再对图标进行缩放，就会出现图 1 中的状况，即在大尺寸效果中，图标的描边是足够的，但是缩小到小尺寸后，描边就会随着缩小的比例而变细。这是因为描边样式位于智能对象内部时，其粗细是随着智能对象的缩放而缩放的。我们都知道，图层样式上的描边宽度是不随着图层本身大小的变化而变化的。但是当图层样式被合并在智能对象内部后，这个图层样式就变成了图层本身的一部分，并且会随着图层本身的大小变化而变化。而把这个统一的样式置于智能对象的外层，仍然使它保持为图层的样式而非图层本身的一部分，那么不管图标如何缩放，其 2 像素的描边样式就可始终保持不变，也就规避了前面所说的问题，如图 2 所示。

图 1

图 2

5.4 绘制一个写实风格的邮件图标

在本节，我们将"画笔工具" ✍ 和"钢笔工具" ✍ 相结合来绘制一个写实风格的邮件图标。

视频名称：绘制写实图标 .mp4

绘制步骤

01 新建一个"宽度"与"高度"均为 500 像素、"分辨率"为 72 像素 / 英寸的画布，并将画布命名为"Mails"。

02 在"图层"面板上新建一个图层，并命名为"线稿"，然后选中"线稿"图层并选择"画笔工具" ✍，设置"前景色"为黑色，再用画笔在画布中绘制出所需的草稿。

> 🐸 **提示**
>
> 绘制线稿的草图时，最好在设定的光源位置画一个光源标识，以便时刻提示自己这个图标的光源方向（注意，这个光源是被想象出来的，只起到辅助识别光照关系的作用，并非图标内容的一部分，在图标绘制完成后就可以将其删除）。此图中绘制了两个光源，左上角是主光源，直接影响整个图标的高光位置、阴影位置和色彩变化。默认将主光源想象为日光，即现实中天光一样的不带任何颜色的透明光照，不会影响所照射物体的色相。右下角是环境光，它处于主光源的相反方向，起到提亮图标部分边缘的作用，一般会选用明度和饱和度都比较高的色彩进行表现。

03 将"线稿"图层的混合模式更改为"正片叠底"。选择"钢笔工具" ✍，然后在选项栏中设置工具模式为"形状"、"填充"为黑色，接着新建一个图层，在图层中绘制一个图形，并将新生成的图层重命名为"信封主体"。

04 依照上述方法，绘制出图标各个部分的图形，并按照部位属性给各个图层重命名。

05 选中"信封主体"图层,然后双击其图层缩览图,在弹出的"拾色器"对话框中设置"颜色"为黄色(R:229,G:215,B:177)。之后隐藏掉信封其他部位的图层,方便后续对信封部分的细节做进一步的处理。

06 选择"钢笔工具"，在选项栏中设置工具模式为"形状"、"颜色"为黑色,然后在"信封主体"图层被选中的状态下绘制一个图形,并命名其图层为"滚边",然后双击其图层缩览图,在弹出的"拾色器"对话框中设置"颜色"为红色(R:183,G:55,B:55)。

07 将鼠标指针移动至"滚边"图层和"信封主体"图层的中间,然后按住 Alt 键,待指针变了样式之后,单击鼠标左键,"滚边"会以"信封主体"为蒙版。

08 选择"钢笔工具"，在选项栏中设置工具模式为"形状",然后在"滚边"图层被选中的状态下绘制一个图形。

09 双击上一步绘制好图形的图层的图层缩览图,然后在弹出的"拾色器"对话框中设置"颜色"为红色(R:236,G:114,B:114),并将该图层重命名为"hl",同时打开"属性"面板,设置"羽化"为 2.3 像素。

10 选择"钢笔工具" ，然后在选项栏中设置工具模式为"形状"，并在"滚边"图层被选中的状态下绘制一个图形。

11 双击上一步绘制好图形的图层的图层缩览图，然后在弹出的"拾色器"对话框中设置"颜色"为红色（R:255，G:177，B:177），并将该图层重命名为"hl2"。之后用相同的方法将"hl"和"hl2"两个图层转换为以"信封主体"为蒙版的状态。

12 双击"信封主体"图层的空白处，在弹出的"图层样式"对话框中勾选"内阴影"复选框，设置"混合模式"为"叠加"、"阴影颜色"为白色、"不透明度"为61%、"角度"为75度、"距离"为2像素、"阻塞"和"大小"均为0，其他选项保持默认状态。勾选"渐变叠加"复选框，设置"混合模式"为"叠加"、"不透明度"为27%，渐变颜色可单击"点按可编辑渐变"按钮 来设置，设置"样式"为"线性"。勾选"与图层对齐"复选框，设置"角度"为120度，其他选项保持默认状态。将"线稿"图层隐藏后，会看到信封部分的最终效果。

提示

如何使用"渐变编辑器"创建渐变？这里我们可分为以下 3 步来完成。

第 1 步。打开"图层样式"对话框，勾选"渐变叠加"复选框，在"渐变"后方单击"点按可编辑渐变"按钮 ▨（见图 1 指针所指位置），会弹出一个"渐变编辑器"对话框，如图 2 所示。在"渐变编辑器"对话框中，上部为"预设"栏，会有一些默认的渐变样式供选择。选择"黑，白渐变"选项，偏下方的渐变条会变为指定的渐变样式，这时我们可选择想要的渐变效果来创建渐变。

图 1 图 2

第 2 步。下部的渐变条的 4 个角上分别有 4 个色标，这些色标有不同的用途。其中，位于渐变条上部两端的色标定义渐变样式的透明度，单击色标时会激活对话框下部的"色标"栏。这时候，我们可以自由设置"不透明度"选项。同时，在移动色标的位置时，可以改变该色标所定义的透明度在渐变条上的位置。

第 3 步。下部的色标控制色值，也是单击特定的色标来激活"色标"栏中的选项，从而定义其色值。也可以双击色标，在弹出的"拾色器"对话框中定义色值。将鼠标指针移动到渐变条的底部空白处时，指针会变成"手掌"样式，这时候单击可以创建一个新的色标，往下拖曳色标即可删除色标。在上部也可以用同样的方法创建新的色标或者删除已有色标。这些色标都可以移动，以重新定义颜色或透明度，我们可以通过这种方法来创建更丰富多样的渐变。

13 打开"信纸主体 1"图层和"信纸主体 2"图层，然后分别设置"颜色"为淡黄色（R:244，G:238，B:220）和深一些的黄色（R:242，G:233，B:204）。

14 选中"信纸主体1"图层，打开"图层样式"对话框，勾选"描边"复选框，设置"大小"为1像素、"位置"为"外部"、"混合模式"为"正常"、"不透明度"为100%、"颜色"为深黄色（R:178，G:158，B:105）。按照从上到下的顺序，为图层创建其他样式。先创建第1层内阴影，勾选"内阴影"复选框，设置"混合模式"为"叠加"、"颜色"为白色（R:255，G:255，B:255）、"不透明度"为47%、"角度"为107度、"距离"为2像素、"阻塞"和"大小"均为0，其他选项保持默认状态。创建第2层内阴影，设置"混合模式"为"叠加"、"颜色"为黑色、"不透明度"为100%、"角度"为107度、"距离"和"阻塞"均设为0、"大小"为29像素，其他选项保持默认状态。勾选"渐变叠加"复选框，设置"混合模式"为"叠加"、"不透明度"为21%，设置想要的渐变色效果，设置"样式"为"线性"，并勾选"与图层对齐"复选框，设置"角度"为−72度，其他选项保持默认状态。

提示

如何在同一个图层上创建两个相同样式的图层样式呢？以创建"内阴影"图层样式为例。在创建完第一个"内阴影"样式后，单击该图层样式名称右侧的"+"按钮，会在该样式上层创建一个相同的样式。需要注意的是，如果要创建如同本例的从上到下的两个内阴影样式，则需要先设置位于下方的那一个图层样式，因为新创建的相同样式会默认位于原样式的上方。

15 选中"信纸主体1"图层，单击鼠标右键，在弹出的快捷菜单中选择"拷贝图层样式"选项，然后选中"信纸主体2"图层，单击鼠标右键，在弹出的快捷菜单中选择"粘贴图层样式"选项，为"信纸主体2"图层创建相同的图层样式。双击"信纸主体2"图层的空白处，打开"图层样式"对话框，取消勾选"渐变叠加"复选框，然后设置第2个"内阴影"样式的"不透明度"为64%。

16 选中"信封主体"图层，在按下Alt 键的同时，将其向下拖曳到"信封主体"图层和"信纸主体1"图层之间，之后松开鼠标左键即可复制这个图层。

17 将新复制的图层重命名为"信封主体 sd"，然后将图层右侧的"fx"标记拖曳到图层面板底部的"垃圾桶"图标上，删除该层的图层样式。

18 将"信封主体 sd"图层的填充颜色修改为黑色，然后设置图层的混合模式为"叠加"、"填充"为50%，并将其移动到画布中的合适位置。之后在"图层"面板上将其转换为以"信纸主体1"为蒙版的状态。

19 使用上述相同的方法，复制"信纸主体1"图层和"信封主体 sd"图层，并将复制的图层移动到"信纸主体 2"的上方，并转换成以"信纸主体 2"为蒙版的状态。然后将复制的"信纸主体 1"图层向右和向下移动一定距离，并将图层重命名为"信纸主体 1sd"。将复制的"信封主体 sd"图层向右和向下再移动一定距离，并重命名为"信封主体 sd2"，然后设置"羽化"为 0.5 像素。

20 选中"信封口主体"图层，将图层"填充"为红色（R:147，G:31，B:31），然后打开"图层样式"对话框，勾选"内阴影"复选框，设置"混合模式"为"正常"、"阴影颜色"为红色（R:228，G:125，B:125）、"不透明度"为 57%、"角度"为 77 度、"距离"为 2 像素、"阻塞"和"大小"均为 0，其他选项保持默认状态。

21 选择"钢笔工具" ✐，在选项栏中设置工具模式为"形状"、"填充"为红色（R:213，G:85，B:85），并在"信封口主体"图层被选中的状态下绘制一个图形。之后将图形所在的图层重命名为"亮"，同时打开"属性"面板，设置"羽化"为 3.2 像素。之后将"亮"图层转换为以"信封口主体"为蒙版的状态。

22 使用上述相同的方法，复制"信封主体 2"图层到"亮"图层的上方，并设置"填充"为黑色、"混合模式"为"叠加"、"填充"为 30%。然后将复制的图层重命名为"信纸主体 2sd"，并转换为以"信封口主体"为蒙版的状态。

23 将"印形"图层、"印凹"图层、"印"图层及"印飘带主体"图层设为可见状态，填充"印形"图层为深红色（R:129，G:19，B:19）、填充"印凹"图层为较深一些的红色（R:174，G:42，B:42）、填充"印"图层为较深一些的红色（R:186，G:44，B:44）、填充"印飘带主体"图层为更深一些的红色（R:188，G:52，B:52）。

24 为各个图层创建图层样式。创建"描边"图层样式，设置"大小"为 1 像素、"位置"为"外部"、"混合模式"为"正常"、"不透明度"为 100%、"颜色"为红色（R:142，G:26，B:26）。创建第 1 层"内阴影"图层样式，设置"混合模式"为"叠加"、"阴影颜色"为白色、"不透明度"为 33%、"角度"为 -60 度、"距离"为 1 像素、"阻塞"为 0%、"大小"为 2 像素，其他选项保持默认状态。创建第 2 层"内阴影"图层样式，设置"混合模式"为"叠加"、"阴影颜色"为白色、"不透明度"为 76%、"角度"为 120 度、"距离"为 2 像素、"阻塞"为 0%、"大小"为 5 像素，其他选项保持默认状态。创建"渐变叠加"图层样式，设置"混合模式"为"叠加"、"不透明度"为 27%、"样式"为"线性"，并勾选"与图层对齐"复选框，设置"角度"为 112 度，渐变样式可自选，其他选项保持默认状态。创建"投影"图层样式，设置"混合模式"为"柔光"、"不透明度"为 52%、"角度"为 112 度、"距离"为 4 像素、"扩展"为 0%、"大小"为 2 像素，其他选项保持默认状态。

25 为"印凹"图层创建图层样式。创建"内阴影"图层样式，设置"混合模式"为"叠加"、"阴影颜色"为黑色、"不透明度"为15%、"角度"为120度、"距离"为2像素、"阻塞"为0%、"大小"为1像素，其他选项保持默认状态。创建"渐变叠加"图层样式，设置"混合模式"为"叠加"、"不透明度"为25%、渐变样式可自选，设置"样式"为"线性"，并勾选"与图层对齐"复选框，设置"角度"为-75度，其他选项保持默认状态。

26 为"印形"图层创建图层样式。创建"描边"图层样式，设置"大小"为1像素、"位置"为"外部"、"混合模式"为"正常"、"不透明度"为100%、"颜色"为红色（R:203，G:49，B:49）。创建"渐变叠加"图层样式，设置"混合模式"为"叠加"、"不透明度"为10%，渐变样式自选，设置"样式"为"线性"，并勾选"与图层对齐"复选框，设置"角度"为111度，其他选项保持默认状态。到这里，印泥雏形已经形成。

27 为"印飘带主体"图层创建图层样式。创建"描边"图层样式，设置"大小"为1像素、"位置"为"外部"、"混合模式"为"正常"、"不透明度"为100%、"颜色"为红色（R:142，G:26，B:26）。创建"内发光"图层样式，设置"混合模式"为"叠加"、"不透明度"为40%、"阻塞"为100%、"大小"为1像素，其他选项保持默认状态。创建"渐变叠加"图层样式，设置"混合模式"为"叠加"、"不透明度"为27%，渐变样式可自行设定，设置"样式"为"线性"，并勾选"与图层对齐"复选框，设置"角度"为112度，其他选项保持默认状态。创建"投影"图层样式，设置"混合模式"为"柔光"、"不透明度"为52%、"角度"为122度、"距离"为4像素、"扩展"为0%、"大小"为2像素。至此，印泥的整个结构已绘制完毕，但是印泥主体部分的光泽和质感，以及下部飘带上的光感还需要做进一步的细化。

28 保持"印形"图层为选中状态，然后选择"钢笔工具"，在选项栏中设置"工具模式"为"形状"、"填充"为白色，并在图层"印形"上层绘制一个图形。

29 将上一步绘制的图形所在图层的图层名称修改为"thl"，然后选择"钢笔工具"，在选项栏中设置"工具模式"为"路径"，之后继续在这个图层上添加一系列的矢量图形，并打开"属性"面板，设置"羽化"为 1.6 像素。之后设置"混合模式"为"亮光"、"填充"为 72%。

30 确保"thl"图层为选中状态，然后在图层面板下方单击"添加图层蒙版"图标，为该图层添加图层蒙版。

31 选择"橡皮擦工具"，在画布上单击鼠标右键，在弹出的"设置"面板中选择任意圆形笔刷，并设置笔刷的"大小"为 35 像素、"硬度"为 0%。

32 保持"前景色"为白色，使用"橡皮擦工具"对"thl"图层的效果进行适当的修改，让印泥左上角的高光稍微变淡，让右下角的白色也同样变淡，但程度稍弱一些，使高光效果更柔和一些。

🌸 **提示**

在这里的几个操作步骤中，我们可以发现常用的物体高光效果的表现手法有 3 种：（1）给形状图层添加图层蒙版，然后使用"橡皮擦工具"进行涂抹；（2）改变图层的混合模式，让原先是白色或黑色的图层与下方图层叠加出想要的效果；（3）通过"属性"面板中的"模糊"属性把原先边缘硬朗的图形变得柔和，而且这种调整是可逆的。关于以上说到的这 3 种表现手法，在图标设计中我们可以单独使用，也可以配合使用，还可以连续叠加使用。

33 为印泥主体部分添加光泽效果。使用"钢笔工具" 在画布中绘制一个图形，然后为其添加图层蒙版，并使用"橡皮擦工具" 将图形擦掉一部分作为高光，使其看起来更自然，再将图形图层重命名为"thl2"。

34 给飘带部分增加光泽效果。选中"印飘带主体"图层，选择"钢笔工具" ，在选项栏中设置工具模式为"形状"、"填充"为红色（R:240，G:83，B:83），接着在"印飘带主体"图层中绘制一个图形。选中图形所在的图层，打开"属性"面板，设置"羽化"为 5.5 像素，并将该图层重命名为"phl"，同时将图层转换为以"印飘带主体"为蒙版的状态。

35 保持"phl"图层为选中状态，然后选择"钢笔工具" ，在选项栏中设置工具模式为"形状"，并修改"填充"为红色（R:255，G:124，B:124），在"phl"图层中绘制一个图形。将这个新绘制的图层重命名为"phl2"，并将其转换为以"印飘带主体"为蒙版的状态。至此，这个邮件图标的主要部分就已经绘制完成了。接下来我们需要对图层进行适当的整理，并根据结构对各个部分的图层进行打组。

36 将印泥部分的图层进行打组。按住 Ctrl 键的同时，一次点选多个图层（如下面的"图层"面板所示），然后按组合键 Ctrl+G 进行打组，接着双击图层组名称，将图层组重命名为"印"。

37 按照上一步的方法，依次将其他部分的图层分门别类地打组成 3 个图层组，同时从上到下依次将图层组命名为"信封"、"信纸"和"信封口"。

38 对整个图标进行细节上的完善，给信纸添加文字细节和环境光效果。打开"信纸"图层组，选中"信纸主体 1"图层，并将其重命名为"文字"。由于在它的上层已经有一个以"信纸主体 1"为蒙版的图层，因此这个新建的图层将自动处于以"信纸主体 1"为蒙版的状态。

39 选择"画笔工具"，然后在画布中单击鼠标右键，在弹出的"设置"面板中选择任意圆形笔刷，并设置"大小"为 5 像素、"硬度"为 100%，接着使用"画笔工具"在"文字"图层中绘制一个图形。

40 由于直接使用笔刷绘制出的线条边缘都会有一定程度的虚边，因此需要对这个绘制出来的图案进行锐化处理，使它的边缘看起来更加硬朗。在菜单栏中执行"滤镜 > 锐化 > 锐化边缘"命令，对图形边缘进行锐化处理。如果锐化一次效果不够理想，那么可以按组合键 Ctrl+F 来重复叠加上一次的锐化效果，直到效果满意。

41 将"文字"图层的"填充"设置为 0%，然后为它添加图层样式。创建"颜色叠加"图层样式，设置"混合模式"为"正常"、"叠加颜色"为深棕色（R:127，G:97，B:75）、"不透明度"为 100%。

42 将所有图层组全部选中，然后按组合键 Ctrl+G 打组成一个图层组，并将这个组重命名为"Mail"。选择"钢笔工具" ，设置"填充"为亮绿色（R:78，G:255，B:5），接着在画布中绘制一个图形，并将图形所在的图层置于"Mail"图层组的上方，同时将其重命名为"环境光"。

43 将"环境光"转换为以图层组"Mail"为蒙版的状态，然后为"环境光"图层添加图层蒙版，并使用"橡皮擦工具" 将环境光效果擦掉一部分，使其远离光源部分的光源效果更柔和一些。

44 同时选中"环境光"图层和"Mail"图层组，然后单击鼠标右键，在弹出的快捷菜单中选择"转换为智能对象"选项，将已完成的图标以一个整体的形式转换成一个智能对象，接着将这个智能对象图层重命名为"Mails"，并保存文件，最后打开"示例所在的整个界面.psd"文件，将刚才准备好的"Mails"图层拖曳到这个文件的画布中。

45 按组合键 Ctrl+T 执行"自由变换"命令，将图标调整为在界面中的合适大小，然后将该图标拖动到右下角的合适位置，并为图层"Mails"添加图层样式。创建"描边"图层样式，设置"大小"为 2 像素、"位置"为"外部"、"混合模式"为"正常"、"不透明度"为 100%、"颜色"为黑绿色（R:20，G:26，B:12），最后为这个图标加上文字，操作完成。

06

第 6 章

游戏界面设计基础

本章概述

游戏界面设计需要遵循游戏界面的特点来进行。本章首先分析游戏界面设计的特点，然后以这部分内容为基础逐步展开游戏界面设计知识的讲解。

本章要点

» 游戏界面设计的特点
» 游戏界面的结构划分与元素构成
» 界面情感化的表现
» 游戏界面风格如何形成

界面篇 ▶

6.1 游戏界面设计的特点

在日常设计工作中，游戏界面设计有着各种各样的特点。而明确界面设计的特点，是游戏界面设计的基础。

游戏界面就是指游戏软件的界面。游戏界面与非游戏类软件界面的不同之处在于，它的主要功能是满足人们对于娱乐竞技和休闲的需求，这类需求我们可以统称为娱乐化需求，而游戏界面设计则主要围绕这个需求来进行。在具体的设计过程中，玩家的这种需求主要通过美术设计来得到满足。美术设计是游戏的外在表现形式，需要能够传达出游戏要传达给玩家的视觉化感受。需要注意的是，游戏界面是游戏美术的一部分，但是承担的功能绝不仅限于对游戏情感化的美术层面的表现，同时还承担着游戏的每一步操作、每一个具体的反馈，所有的这些操作和反馈便构成了完整的游戏体验。因此，游戏界面的设计对游戏来说至关重要，游戏界面中的美术表现的好坏则直接决定了游戏界面设计的成败。

总结性地说，游戏界面的设计在美术表现上需具备以下 4 个特点。

6.1.1 趣味性

娱乐化的元素决定着游戏界面的趣味性，这实际上是情感化需求的一种细分特征。游戏开发商总是在追求更好玩的游戏体验，以便吸引更多的玩家接受自己的产品。

一般来说，游戏界面的趣味性体现为以下两种形式。

第 1 种是承担主要功能的。这种趣味性的表现不仅是对视觉或情绪的一种表达，还是对功能的一种表达。实际上大部分的趣味性都是功能性的直接体现。因为趣味性的界面功能表现会使界面效果生动，并且调动玩家情绪。直白地表现界面功能会使情绪在表现上显得刻板，在加入了一定的趣味性后，会起到主动引导玩家情绪到界面功能中的作用。

例如，网易游戏出品的手游《神都夜行录》的登录奖励界面中，就摒弃了传统的框体式界面，而采用以中国传统民间艺术剪纸为载体的界面样式，玩家每签到一天，相应代表一天的区域就会被"剪掉"，露出镂空的剪纸图形，极具趣味性地表现了该界面的功能。

而在生存类游戏《绿色地狱》中，则直接用场景内的物品结合鼠标操作来完成界面的设计，这种设计不仅直接表现了游戏内某些操作的功能性（如想要从背包中取出物品，可直接按住鼠标左键在左侧的背包中间将物品拖出），还能增强代入感。

　　第 2 种是承担辅助性功能的。这种趣味性从理论上来说只是一种点缀元素，去掉之后不会对界面的功能理解和使用产生影响，仅仅起到趣味装饰的作用。

　　例如，游戏《迷雾求生》主场景界面的模式选择按钮就结合了背景氛围的样式设计，其主要的功能入口都以该画面内物品的形式呈现。其中不仅模式选择按钮采用了这样的设计形式，而且包括模式选择按钮在内的其他功能入口，如 "排行榜" 功能（见下图靠左的公告栏）、"聊天" 功能（见下图右上角的气泡信息）和 "好友" 功能（见下图右下角的对讲机）都采用了这样的设计形式。唯有 "角色外貌" 和 "设置" 功能被单独设计为扁平化

的图标放置在界面的左下角。这种界面设计形式可以将 "末世" "阴冷" 等场景感受自然地融入界面中。虽然每个功能控件所对应的场景物件都有功能上的暗示，如对讲机暗示着 "沟通"，因此点开后是好友界面；"排行榜" 张贴在一个公告栏里，表示排行信息等，但是这些情景化的设计并没有直接使这些物件具备某种功能，因此它们完全可以被设计为与 "角色外貌" 和 "设置" 一样的图标，且不会影响使用，我们通常会称这种类型的设计为 "场景化设计"。

🍂 **提示**

> 　　正是缘于它们与整个游戏场景的融合，如果它们既能承担相应的功能性，又不会在操作方式上对玩家造成困扰，就会是比较合适的设计了，但过度融入的设计反而会有 "玩家无法理解" 或 "无法快速定位操作点" 的问题。类似的设计在很多应用中也存在，如一些别致的 Loading 设计，菜单和别的功能图标切换的动画设计等。这种趣味化的表现被称为应用软件界面设计的情感化表现，其在整体美术表现 "平淡" 的应用软件界面中会是个亮点。但是在游戏界面中，由于设计的主题就是情感化表现，这种趣味化的表现其实在某些情况下会显得多余，大可依据 "奥卡姆剃刀原理"（如无必要，勿增实体）予以删除。

　　总的来讲，游戏界面的趣味性是整体性的，不是硬添加进去的，并且大部分情况都是对功能性需求的一种情绪化的表现。同时，游戏界面的趣味性需要在合适的时机和位置去表现，如果仅是为了表现而表现，那么最终只能适得其反，使玩家对设计感到反感。

　　界面的趣味性不一定表现为恶搞和欢乐，也可以是 "用心" 和 "彩蛋" 的体现。

　　例如，《战国志》这款游戏在界面元素的使用上就有着与其他中国风元素不同的东西。春秋战国这个时代背景是市面游戏中所少有的，这款游戏的界面设计使用了一些与传统中国风游戏所不同的设计元素来体现界面的风格。下图所示为某游戏的地图界面。在这里我们可以明显看出，这个地图本身呈现的是中国古典山水画的画风。同时，在常见的中国古风界面设计中，这种界面的两侧通常会是纸介质材质的卷轴，而这里的整个地图是被 "绘制" 在粗布上的，

地图的粗布和木质边框的结合方式则是穿过画布打孔的绳子，再交叉绑定在金属加固的木质框边上，这些材质都是先秦时期常见的材质，这种木框结合金属的 "装帧" 方式也是先秦时期常见的 "装帧" 方式。此外，两侧木框上和地图前方的油灯、界面中精心选择的字体都迎合了这款游戏所特有的以先秦、春秋战国时期为背景的元素。在这里，界面设计的趣味性起到的作用不仅是达到功能上的易用目的，还可以更进一步地让玩家沉浸在整个界面所营造的情境氛围内。

游戏界面设计的趣味性不仅体现在静态的画面设计中，还依赖于动态效果的表现。例如，在游戏中与 NPC（非玩家角色或称非操控角色，是角色扮演游戏中非玩家控制的角色。在游戏背景中，非主角的陪衬人物通常用来辅助完成一些游戏任务等）对话时，让 NPC 的立绘（可理解为角色画像）动起来，可以让整个游戏更加生动有趣。在现实生活中，很多游戏大家也将这种趣味体现做到了极致，即采用电影化的镜头和情节表现（如右图所示）。但是在一些手游中，由于手机的硬件限制和玩家群体的不同，这种趣味性被折中体现，常见的就是在故事情节进行的过程中放置游戏人物的 3D 动画，辅以对话框来表现。

在一些传统的 2D 游戏中，玩家与 NPC 对话时看到的是静态的人物立绘，如右图所示的游戏《梦幻家园》的 NPC 对话界面。这种实现方式是比较节省游戏资源的。静态的图片不会占用太多的游戏包量，也没有多余的动态效果来消耗手机硬件的性能。在很长时间里，它在大部分 2D 风格的游戏里得到了广泛的应用。动态的 2D 立绘的应用实际上只增加了很少的机能损耗，但却带来了更加特别的视觉感受，在新的手机游戏中也越来越多见。

相比上一种表现方式来说，还有一种表现方式更显别致，甚至可以被认为是一种新风格的动态表现，那就是动态的立绘。右图所示为游戏《乱世王者》中出现的动态立绘人物静帧图。在这里，我们可以通过后期添加在每一帧上位置完全相同的参考线来看出每帧之间的差别。

6.1.2 情感化追求

游戏界面设计在情感化层面有更彻底的追求。游戏界面需要包含的内容包括游戏玩法、游戏背景建构及具体的操作与反馈。这些内容可以给玩家传达直观的视觉感受。相对于工具性质的应用来说，游戏界面在情感化的设计上更为丰富和彻底。所有游戏中设定的背景建构内容、玩法内容，其本质都是抽象的，它们无法直接展现给玩家，需要通过包括界面设计在内的美术元素去进行间接体现。

6.1.3 较强的迭代性

游戏界面设计是逐渐迭代完成的。一方面，项目进展过程是对风格的探索过程。这个过程会逐渐增强设计师对风格的理解。另一方面，游戏界面的设计是为功能服务的，设计时需要考虑游戏里的众多使用场景，游戏界面需要涉及的情境非常多且复杂，还会碰到虽在界面之外却影响界面设计的因素，如不同的场景、状态等。这些因素导致设计师需要在设计之初就将具体控件的适配考虑到位，但游戏界面的控件是"活"的物件，在不同的功能需求情况下有着丰富的变化。这一特性决定了我们无法在项目界面设计之初就预先设计出后期会用到的所有不同类型的控件，也无法预知同种控件是否适用多重情境的不同表现形式。

6.1.4 丰富的表现力和实用性

基于游戏的背景设定，设计方式要有丰富的表现力和实践的可能性，并且需要更多地与动态效果相结合。这是游戏界面设计区别于其他软件界面设计的最大特点。由于游戏界面在美术层面的表现是基于游戏背景建构的，并且游戏中的世界观在大部分情况下都是现实中不存在的，因此在设计上有着比其他软件界面更多的可能性和更丰富的表现力。在游戏所设定的风格范围内，这非常考验游戏界面设计师利用特定美术元素去表现特定事物和概念的能力，也是游戏界面设计中较富有乐趣的一部分。

同一种元素，可能是同一种操作的控件，也可能是造型类似的图标。通过一些变化，它就可能有完全不同的风格化表现，去适应不同游戏的背景建构甚至是玩法。以更合适的美术元素去体现丰富的内容，这是游戏界面设计师在界面设计中经常会面临的挑战。

例如，下面两张图展示的分别是游戏《地平线：零之曙光》和游戏《荒野大镖客：救赎》的切换武器界面。这两个界面的展现形式和交互逻辑都极其相似。它们因需要迎合不同的游戏背景建构而有着不同的质感表现和风格特点。其中，《地平线：零之曙光》这个界面使用的是主打原始特点的材质。而《荒野大镖客：救赎》这个界面先是用像草稿一样的墨色线条构成了基本的界面框架，呈现西部的荒蛮气息，然后用类似 20 世纪初期黑白招贴画风格的图标来体现年代感。

6.2 游戏界面的结构划分与元素构成

游戏界面的特点是通过其特有的层次结构来表现的，且同一类游戏的界面一般都由一些特定的元素构成。在这种情况下，任何元素或结构的缺失都可能导致游戏界面功能的不完整。

6.2.1 界面的结构划分

游戏软件是由底层逻辑（后台、服务器这些实现功能的部分）、界面及界面和底层逻辑所构成的玩法这3个部分组成的。游戏界面的逻辑结构从下到上可以划分为3层，包括底层结构、中层结构和顶层结构。其中，底层结构负责玩法的实现，中层结构负责操作反馈的实现，顶层结构负责美术效果的实现。

⊙ 底层结构

设计师在构建游戏界面的时候是从底层开始，然后到顶层收尾的。而玩家接触和操作游戏界面则是从顶层开始接触，逐步到底层去感受的。游戏界面的底层设计是关于游戏玩法实践的设计，需要基于玩法的顺畅度进行交互设计。

下面，笔者将以手游界面底层的构建为例，说一说游戏界面底层构建的方式有哪些。

首先是基于触摸屏幕操作热区来合理控制常用与不常用操作控件的分布情况。下图所示为智能手机的操作热区分布示意图。

下面4张图所示为几大主流类游戏战斗界面中的控件布局，从左到右、从上到下依次为《轩辕传奇》战斗界面、《神都夜行录》战斗界面、"Fexgame"战斗界面和《王者荣耀》战斗界面。

其次是减少手指操作这种操作性质比较特殊的、误操作概率比较大的设计,增大操作按钮,合理分配不同操控区域之间的区隔,以及采取一些取巧措施,确保界面不会出现过于接近或密集的操作区域。有些需要较大操作空间的控件的实际尺寸会比有效操作区域要小,要防止玩家根据视觉上的印象而对某些控件的功能作出误判(如尺寸太大会有比较重要的暗示),从而出现误操作。例如,实际操作区域和控件的物理尺寸一样,并且控件的物理尺寸远小于手持设备所需的可供操作尺寸时,将使玩家无法执行操作。

下图所示为"跳伞跟随"控件区域示意图,其中"跟随"和"邀请"按钮的尺寸过小,并且排布过于密集而导致了它们很难被准确点击。同时,玫红色区域表示这些按钮的实际触控区,它们与按钮的物理尺寸一致,这是这些

按钮难以被快速而准确点击的第 1 个原因。如果在此基础上将按钮的触控区扩大为绿色矩形区域大小,则按钮的操作会容易很多。但这会导致几排按钮的触控区重叠,原因在于 3 排按钮之间的间距过小,这是它们难以操作的第 2 个原因。总的来说,这个控件的布局犯了两个错误,即按钮本身的尺寸过小和排布过于密集,使得保持按钮大小不变时扩大触控区域成为不可能。解决办法是放大整个控件或使用一定的设计手段,使按钮的排布不那么密集。

💡 提示

视觉体现功能的前期规划,涉及最终界面设计的节奏感的体现。如果想从设计上体现功能的重要性,视觉表现就需要更抢眼,且控件需要居于更明显的位置。反之则视觉表现相对平淡,控件居于更偏僻的位置。在前期的底层规划时期可以只制定一些粗略的规划,然后在后期的视觉细化过程中逐渐修改和完善。

右图所示为网易手游《猎魂觉醒》的副本结算界面。该界面被规划出了明显的视觉重点和分层级的次要信息点。右侧的大奖杯是整个结算的成绩表现,用写实手法描绘的大图标来表现,是整个页面中的视觉焦点。在左侧的玩家评分列表中,评分最高的玩家信息条栏则用光效和特别的头像框来提升视觉层级。这种严格区分了视觉层级,具备自然的视觉节奏的设计必须是在页面设计之前就被规划好的,需要设计师去理解好整个页面的核心功能、次要功能等信息。

⊙ 中层结构

中层结构的操作反馈是一个很重要的部分,因为界面的操作反馈直接关系到玩家对游戏的操作感受。在做静态的界面设计稿时很容易忽略反馈部分的设计,造成这种失误的大部分原因在于界面的反馈通常是动态的。有时,动态展现还会涉及几个页面之间的切换。如果想要尽量规避这种问题,除了后面将提到的在设计走查过程中进行纠正,还需要在游戏界面的中层结构设计阶段就对其加以考虑,以降低后期修改的成本。

这种前期构思需要通过理解操作反馈所具备的形式来进行设计与思考。游戏界面的操作反馈大致可以分为以下 3 种形式。

第 1 种是无关联反馈。这种反馈方式只针对单个控件的反馈，按钮的按下状态就可以理解为一种简单的无关联反馈设计。有这种反馈的操作控件往往能够单独执行某一个功能。常见的此类控件有点击反馈效果、滚动操作、展开及收起框体等。这种类型的反馈设计比较独立和直接，通常在静态设计稿中都不会被遗漏。例如，有两态设计的按钮会在设计稿中的不同位置同时进行展示。

下面两张图片所示为游戏《恶果之地》的主菜单界面。该界面中存在着较普通的按钮，单击这些按钮，会出现一些更复杂且无关联的反馈设计，具体表现在当鼠标指针经过主菜单按钮时，该按钮会变色，并有一个富有弹性的动画弹出（见图 1），动画结束后会变成带有卡通人物的状态（见图 2）。

图 1

图 2

第 2 种是关联性反馈。关联性反馈即操作一个控件后，反馈发生在界面中的另一个或多个控件上，或者发生在游戏画面里的其他元素如人物或场景上。游戏玩法可以被看作是一系列复杂的关联性反馈。这类反馈设计离激发反馈的控件比较远，所以非常容易在静态设计稿中被忽视掉。

在游戏的核心玩法中，这种关联性的反馈应用得非常广泛，很多情况下会和游戏场景中的相关内容产生联动。例如，右图所示为网易手游《战国志》的战斗画面，在该界面中我们可以看到两个相关联的反馈：（1）玩家点击右下角的打击技能按钮后，游戏场景中玩家操控的游戏人物就会产生出招的反馈（见图中的紫色弧形）；（2）被打击的对象会产生掉血反馈，具体体现在界面中敌人的血条变化（见画面顶部位于人物头像控件右侧的红色血条）。这些关联性的反馈是游戏界面中非常重要的部分，它不仅体现了游戏的玩法，还切实地在每一个玩家进行操作后给予即时反馈，是玩家对游戏手感进行感知的直接来源。

第 3 种是页面跳转反馈。这种反馈严格来说是关联性反馈的一种，但是由于涉及多个页面的反馈，并且在设计静态设计稿时往往容易陷入只考虑单独页面反馈的问题中，因而此处选择单独列举。

页面之间的跳转是界面系统中框体之间的衔接和转场。同一个游戏内的页面跳转一般都会被设计成统一的动画形式，如模仿电影镜头转场的渐入渐出、滑入滑出等。作为游戏界面风格一致性的一部分，页面衔接跳转的动画都会在一个基本的动作样式上保持统一，但是也会有一些特别的页面衔接方式，它们是基于特别的展示功能而被设计出来的。界面设计师通常不会考虑页面跳转的动画，但由于整个界面的风格走向是由界面设计师来把握的，因此一些对动画具备基本感知能力的界面设计师也需要参与到特殊的转场设计中，这样一方面可以为动效设计提供静态视觉上的灵感引导，另一方面也便于为复杂的动画设计留下静态的接口。

🐸 提示

"静态的接口"指的是界面设计师在设计静态的设计稿时提前考虑好动画的设计，从平面或立体的设计元素的逻辑结构上给予动效设计师暗示或明示。图形结构要被设计成明显效果的话，是可以以某种确定的方式来设计动态动作的，并且是可以以某种显而易见的形式进行拆解的。没有给动态设计保留接口的静态设计（如静态图形结构逻辑上不可拆解、没有考虑静态图形被动态设计后引起的问题等）是不友好的。

游戏界面之间的转场衔接在大部分游戏里会被做成统一的动作样式，这些样式通常是抽拉入画、渐隐渐显等。它们和界面设计中的其他必要细节一样，虽然必不可少，但通常不会被玩家明确感知到。不过一旦缺少了必要的转场动画，就会很明显地给玩家带来卡顿、丢帧的视觉感受。不是每个玩家都是动画设计的"专家"，未必都清楚这种感受是由于前后场景或页面之间的衔接出现了问题而造成的。但无论是对开发者来说，还是对玩家来说，这种感受都会让使用者产生"未成品"和"低劣"的认知，因此应尽量避免缺失转场动画。

界面的转场除了给界面操作反馈一个完整的衔接过程外，还会有特别的气质化体现。例如，下图是游戏《女神异闻录 5》的游戏界面。这款游戏的界面和画面都属于日式赛璐珞风格，它在界面的设计上参照了很多日式漫画的表现手法，包括模仿漫画的气泡设计、漫画式的氛围烘托等。在人物对话界面上，自然也选择了类似的表现方式。从下面这些图中，我们可以明显地看到这种对话转场的关联跳转方式实际上正体现了这个游戏的漫画式风格。

游戏界面设计师在对有关联跳转的页面进行设计时，一定要考虑静态设计和动态效果的配合。与动效的配合方式最关键的一点就是留出动效的接口。

在游戏《楚留香》中，有一个叫"萌新好礼"的特殊弹窗。该弹窗是为了吸引新进玩家而专门设计的充值入口，毫无疑问的是，它不仅需要在设计上有所不同，还需要有动态效果的加成。下图所示为《楚留香》的萌新好礼弹窗入场动画界面，界面中所体现的动效对静态设计的理解就透露了这个弹窗的静态设计所暗示的动效信息。静态设计中用孔明灯来配合作为弹窗主体的月亮图形，孔明灯的分布和它自身的特质表明了两个动效设计信息，一个是孔明灯这种物件自带向上的趋势，另一个就是漂浮不定的特点。这两个明显可以被动效感知的特点都被动效设计师在最终的效果里表现了出来，具体表现在整体入场前，先有若干个孔明灯渐显，随着先期出现的圆形光效，月亮图形由下而上以极快的速度出现。光效也伴随月亮的出现而变亮，在月亮的透明度达到最高之后，光效也变得最高。随后伴随光效的消失，月亮内部的界面信息渐显。到这里，整个入场动画就干脆利落地完成了，整个弹窗内只剩下几个半透明的孔明灯在渐隐渐现着漂浮的循环动画。在整个入场动画中，动效设计师对整个动画的节奏感把握得很好，并通过光效和位移的配合，让主体的月亮有升起和亮起的感知效果，完美阐释了静态设计中对整个弹窗的动态趋势设计。

如果动效接口不那么明显，那么界面设计师就需要做出一些动效接口更明显的设计。

例如，游戏《烈火如歌》的福利界面中展示了这个弹窗的入场动画。动画主体被设计成带有穗子的折子书，有明确的封面和内文设计。它的展开动画也相对比较简单，折子书右侧的封面往右移动，拉开内文的底图，在这个拉扯动作没有完成之前，就有扫描的光效自内文底图从左往右扩散。光效动画的目的在于"扫描"出内文的界面信息。扫描光效结束后还有几个与它同时出现但较晚消失的光束动画。这个界面的整个入场动画非常干脆利落、节奏也很紧凑。对于这种结构设计非常明显的静态设计，我们很容易就能看出它所暗示的动态效果。如果和动效设计师的配合还没有达到默契的状态，界面设计师最好能够先设计出这类结构逻辑上非常明显的动态接口设计。

⊙ 顶层结构

游戏界面的顶层结构就是最直观的游戏界面视觉表现层。顶层美术效果的存在目的是给予玩家最直接的视觉感受。它直接体现游戏的风格和情感，也是游戏界面设计中最容易被人感知的部分。

关于游戏界面的设计风格、类型划分及美术表现等内容，前面已经介绍过，因此此处不再过多描述。需要注意的一点是，设计界面的过程是从底层结构开始，逐渐往上完善中层结构，最后才落脚到顶层结构的。这个流程逻辑本身就说明了一个问题，即游戏界面的视觉表现实际上是在界面功能表现与易用性综合评估后的均衡化产物。单纯去做视觉化表现的界面对商业化项目是没有意义的。但是，单纯地将视觉化表现设计作为一种练习或设计师之间交流技术的媒介，则是非常有意义的。

6.2.2 界面元素的构成与设计分析

游戏界面主要由两个部分组成，即广义上的框体和按钮。广义上的框体可以细分为典型框体、弹窗、半透明框体、全屏框体及浮层等。

当在含有多重信息的页面中需要区分同一功能或同一类型的信息时，通过框体可以有效地区隔信息，提高信息识别度，进而促使玩家的操作更加高效。典型框体即指传统形态的框体，会以固定在页面中的某一区域的形式存在。

若框体脱离页面边缘且浮动在页面中间，并覆盖在界面中所有其他信息的上层，则被称为弹窗。弹窗并非常态式的存在，通常在提示某种重要信息时使用，一般由"关闭"按钮或手游中比较通用的点击弹窗外区域等方式进行关闭。关闭后弹窗消失，其下层信息重现。如果是比较弱化的信息，弹窗则简化成通称为 Tip 的控件。Tip 的特性为快速展示并自动消失。框体的形式非常多样，除了弹窗、Tip 这样的形式，还有通过降低框体背景的透明度呈现的半透明框体或几乎撑满页面的全屏框体。还有一种和弹窗类似的窗体称为浮层。浮层的表现形式类似 iOS 系统中的 Assistive Touch（字面含义为"辅助接触"），它的入口以不透明或半透明的小控件形式浮动在所有界面的上层，可以任意挪动位置，但一般会自动吸附在其最靠近的页面边缘，点击后会展开更多内容进行操作。浮层起到了垂直到达重要功能的作用，但也有一定的缺陷，如遮挡其他控件、容易造成误操作等。浮层在不少游戏中都有应用，但不是很广泛。有些游戏甚至利用这种特征设计出了固定位置入口的浮层控件。

iOS 中的 Assistive Touch 界面

下图所示为游戏《银河特攻队》的清单界面。该界面中有固定入口的浮层控件，界面的右上角有个蓝色的按钮，点击后会变为右图中的样式。它弹出了整个游戏的所有系统入口，这样的设计免去了玩家在很深的层级之间跳转的麻烦，是一种垂直抵达的交互模式。

广义上的按钮可以分为典型按钮、页签按钮、标签按钮、图标按钮及其他可以点击跳转且承担着枢纽功能的按钮。由于页签按钮通常情况下不具备跳转衔接的枢纽，仅在静态页面中进行信息的替换和刷新，与按钮的典型意义有所差别，因此将其单独列为一种控件来分析。

除了广义上的框体和按钮，还有一些非主流的辅助性控件，包括滚动条、复选框、滑杆工具、血条类控件及下拉菜单等。

下面，笔者将针对一些比较典型和经常出现的界面元素进行分析与讲解，主要包括框体、弹窗、按钮和页签。

⊙ 框体

框体的根本功能是承载成块的信息，在界面设计中，需要把某些同类型或相关的信息聚合在一起，使其既实现操作和识别上的便捷性，又保证其能被用到框体控件中。前面提到，框体有多种表现形式，如弹窗、Tip、浮层及界面中的一部分等，无论这些外在的表现形式是什么样，其本质上作为承载器的功能都是同样的。理解了框体的本质功能，才能从最根本的理解上去做出适合具体情况的设计。根据框体的本质，它包含以下两个根本特征，需要在做框体设计的时候谨慎考虑并将其作为设计的出发点。

第 1 个特征是框体需要与非框体进行区隔。

区隔信息通过区分来达成。区分为框体与同一页面内界面上的其他信息（主要界面中的控件、文字等表现界面内容的元素）的区分和框体内部的区分。框体存在的根本性目的是聚合，而聚合的关键要素是边界。没有边界的聚合在逻辑上就没有区隔，视觉表现上也就没有识别性。

右图所示为网易游戏《天下又天下》的主场景界面。当界面中出现了很多玩家，玩家的 ID 呈现为重合的状态时，会让人感觉比较混乱。

框体与界面中（特指同一页面内的界面，下文同此意）其他信息的区分方式有两种：一种是利用视觉上可见的线条或衬底，另一种是利用排版布局上的隐形区域。弹窗就是一种典型的视觉化区隔方式，也是较常见的区隔方式。通过排版和布局隐形区域来达成区隔，本质上是省略了视觉化框体的一种设计。这种设计方式通过对界面进行栅格化的区分，把界面从信息排布上区分成几个区块，所有元素按照这种规划好的区块进行排布。虽然并没有存在实体上的线条或衬底，但由于人脑对视觉的自动补足功能，玩家在阅读界面时会在脑中自动绘制出设定好的区块。这种设计方式的灵感来自出版物的排版，不是很常见于大型框体中，尤其是框体内部还承载有很多操作功能的情况下，如需要滚动、拖动或点击等。但是随着界面设计整体设计水平的提升，设计师们越来越追求界面设计的易用性，尤其是信息的直达性与易于辨识和解读，这种隐形的框体设计也越来越多见。究其原因，是因为隐形框体通过其他方式省略掉了原本需要用视觉元素来表现的区隔，节省了玩家在阅读界面时需要耗费的额外的图形解读的精力，使得界面所要表现的信息能直观且轻盈地展现在玩家面前。掌握这种区隔方式，除了需要极强的设计能力，还需要从界面整体的排版上去考虑，这意味着它是一种比视觉化区隔更难做到的设计。

某杂志内页效果　　　　　　栅格结构示意图

下图所示为游戏 *Dungeon Brawlers*（地牢争霸）的弹窗界面。该界面中包含 3 种颜色的边框，这 3 种颜色的边框分别对应着这个弹窗中 3 个层级的框体。这 3 个层级的框体均通过视觉化区隔设计而成，由外到内层层嵌套了 3 个层级的视觉区域，界面次序完整且清晰。

在游戏《巫师 3》这款游戏里，其界面设计整体给人以简约、干净的感受，最大的原因就在于它省略了很多在其他游戏界面中常用的视觉化区隔设计。在《巫师 3》的界面中随处可见以隐性排版布局设计的框体，如下面左图所示的怪物详情页界面。下面右图所示为《巫师 3》怪物详情页面中隐藏的框体示意图，图中提取了一部分这个界面里原本可能会被视觉化设计的框体，这些框体虽然在实际设计里被省略掉了，但不会给玩家造成困扰。

框体作为内容的聚合控件，其内部也是需要逻辑的。这种逻辑主要表现在信息的排布和区分上。其中，信息的区分起到了很重要的逻辑引导作用。框体可以看作是有头、身和尾的完整个体。这 3 个部分从视觉上形成了完整的阅读路径，从操作逻辑上是按照先后顺序排列的操作序列。通常来讲，框体都需要一个标题部分作为头部，这个部分应根据功能的需要来决定其是否有特殊的设计。承载内容的就是身部，这部分可以是文字、图标，并且文字和图标可以混排，也可以嵌套到另一层框体中。身部是每个框体必不可少的。尾部通常是一些相关的操作，从逻辑上是整个可操作框体的退出路径，如关闭按钮、帮助信息及提示信息等。有一些框体会省略头尾部分，只保留中间部分。

右图所示为玩家在一个典型的框体结构中的体验路径。红色带箭头的虚线为该路径的大致走向。玩家被头部标题吸引，由 A 点进入框体，随之滑向身部，完成浏览或放弃阅读后，由 B 点进入尾部，进行相关操作后退出框体。这就是一个完整的框体信息展示路径。这种路径顺序的形成，除了因为现在的玩家有从上到下、从左至右的阅读习惯，还因为这种框体特定的引导式设计。如果框体中的信息布局杂乱，没有头部、身部和尾部的设计布局，那么即便玩家有约定俗成的阅读习惯，也大概率会被混乱的信息扰乱视线。

下图所示为游戏《崩坏 3》的活动弹窗界面。该界面是个结构完整的框体，图中标示的位置分别构成完整框体的头部、身部和尾部。与典型结构模型的不同之处在于，这个框体中的人物立绘会比标题更吸引人，它实际上从属于框体的身部，与头部标题的明显色调和特别的图形设计相配合，起到了吸引玩家注意的作用。位于尾部的"前往"按钮则是这个框体的退出路径之一，玩家点击它会立即跳转到活动页面。这里的特别设计在于，玩家还可以通过点击弹窗之外的空白区域来退出这个弹窗。这是一个在视觉层面上没有明显提示的操作（只有界面底部不明显的小字提醒）。如果没有绝对的注意，玩家很容易被这种设计所引导，去做游戏设计者想要玩家做的事，即参加活动。"促使玩家被引导着去参与活动"这一游戏设计目的也就再明显不过了。这非常明显地体现了框体的进入和退出机制设计在游戏功能设计中的应用。

框体的 3 个部分需要视觉化的表现，其表现方式就是框体内部的区分。在设计框体的时候，先分析框体逻辑，再对其进行视觉化的区分是比较正确的操作流程。具体的区分方式是使用视觉化元素、线条及衬底等或是排版布局上的隐形区域，类同于框体与界面其他元素的区分方法。两种方法可以根据具体情况选用，有时候还会混用。

第 2 个特征是框体需要考虑动态变化。

关于动态变化，这里可以从以下两个层面去进行分析。

第 1 个层面是框体需要根据不同的适配状况去呈现不同的尺寸，但是内容的展现不受影响。

在游戏界面的实现过程中，对于可变尺寸的界面控件的适配方式是需要在设计稿阶段就加以考虑的。游戏对不同尺寸屏幕的适配主要通过两种途径。一个是依据一定的原则进行变形拉伸。这种拉伸一般用在视觉表现不重要和拉伸后效果影响不严重的地方，如模糊的大背景、纯色部分等。另一种是九宫格或三宫格拉伸。这种拉伸方式的原理是为切片定义一个可变形拉伸区域，若干个（九宫格拉伸时是 4 个，三宫格拉伸时是两个）不可变形拉伸区域。这样，一个很小的切片就可以被拉伸到很大，却不影响关键区域视觉元素的变形，以及整体的设计表现。这种拉伸理论上可以高度适配多种尺寸。由于这种特性，实现拉伸时只需要很小的切片，非常节省游戏软件打包后的包量（即游戏软件整体打包后准备分发给玩家时的软件安装包），因此是游戏开发中常用的切片方式。由于在九宫格拉伸或三宫格拉伸时需要定义特定的不可拉伸区域和可拉伸区域，以及拉伸方向（九宫格拉伸时，可变形拉伸的区域是四向平铺的，应避免出现纵向和横向拉伸从而影响图像品质，如变形、拉扯等效果。三宫格拉伸时，以横向三宫格为例，可拉伸变形的区域是横向的拉伸，应避免图形被竖向拉伸变形的情况）问题，因此在设计稿阶段就应该考虑具体控件的实现方式，避免出现影响特定切片方式的设计。在游戏界面设计中有非常多的视觉元素，被设计在框体上的视觉元素也有很多，这就需要去灵活地考虑这些视觉元素在实现框体时，尤其是实现框体的动态变化时的设计方式。变形拉伸和宫格拉伸是需要结合在一起进行考虑的，像在 Photoshop 中分层那样对各种不同拉伸方式的切片加以分层，有些是不能变形的，有些是宫格拉伸的，有些是可以任意变形的，都需要提前考虑到位，避免造成后期的修改成本过高。

在"Fexgame"项目中，有很多描述 PVP 游戏模式的图片被用于选择 PVP 模式时的界面背景。这些图片有两个特点与控制游戏包量相矛盾：（1）均为全屏图片，尺寸较大；（2）游戏中有很多个 PVP 模式，对应这些模式的图片也一样多。针对这样的问题，为了避免大量图片造成的不必要的包量"臃肿"，我们采用了变形压缩的方式对图片进行处理，如将原尺寸为 1136 像素 ×640 像素的图片变形压缩成尺寸为 512 像素 ×512 像素的图片，然后在程序实现时将尺寸为 512 像素 ×512 像素的图片变形拉伸回全屏状态。虽然这个背景需要适应多种移动端尺寸，但它们的比例大致都接近于 1136 像素 ×640 像素的尺寸比例，图片中的图像虽然变小但可以被接受。这样变形拉伸的变化过程所造成的图片质量损失，也因为这些图片很多区域被界面控件遮挡而变得可以接受。512 像素 ×512 像素的尺寸也可以被打入图集，进一步节省游戏包量。

右图所示为代号为"Fexgame"的背景界面效果（界面已做处理以便查看），界面中背景图的输出尺寸为 1136 像素 ×640 像素。

在 Photoshop 中打开下边所示的图片，然后按组合键 Ctrl+Alt+I，在弹出的"图像大小"对话框中设置图片的"宽度"与"高度"均为 512 像素，即可将图片缩小为指定尺寸。

🎮 提示

需要注意的是，在移动操作系统（iOS 和 Android）对图片编译的过程中，支持的图片格式是不同于我们常见的在 PC 端预览图片时所用的 jpg 格式或 png 格式的，必须要在 Unity 编辑器中将格式转换为移动编译可识别的图片格式，而这些格式要求图片的尺寸必须为 2 的 n 次幂像素。这也就是 Unity 中利用的图集为 1024 像素见方或 512 像素见方这类尺寸的原因之一。虽然在某些情况下，有些图片由于可能存在无法忍受的像素损失而被单独放置于图集之外去实现，但是图片品质依然会在一定程度上被 Unity 编辑器所压缩，尤其在某些暗色调的图片上，会因为压缩丢失一些颜色通道而出现波纹状的纹理。在 iOS 系统中还会强制所有可被编译后传给显卡设备的图片都为 2 的 n 次幂像素，这导致一些超过了某些单位边界的图片被强制加入大片的空白像素。如一个 600 像素宽度的图片会被强制变成 1024 像素宽度的图片，因为有效像素只有 600 像素，所以 601~1024 像素的宽度区域内均为透明像素。这样的强制措施使得大量未放入图集的图片变得大了很多。这也是 iOS 版本的游戏包量普遍高于 Android 版本的游戏包量的原因之一，由此可见大尺寸图片在游戏包量优化中的重要程度。

例如，下图所示为笔者制作的代号为"LEgame"项目的商城购物车弹窗界面。通过界面中标示出的两处元素，我们基本可以看出它们是如何被切图和实现的。其中红色箭头标示的两个部分分别是靠上的物品区域和靠下一些的"结账"按钮，红色箭头指向的是它们对应的切图方式，在左侧界面效果图中可见界面中对应切图的理想实现效果。右侧靠上的切图由九宫格拉伸实现。而下边的按钮则分为两层，即文字层和按钮层。其中，按钮层以三宫格拉伸的方式实现。这两种不同的拉伸方式是由切图上图案的不同所决定的。图中物品区域是一个纯色的圆角矩形，它在保持四角的圆角不变的情况下，在横向和纵向上都可以被划定为一个区域，区域内均为纯色像素，纯色像素可以被任意变形拉伸而不影响视觉效果。但是对图中的按钮来讲，纵向上我们无法找到纯色或可以拉伸后不发生变形的区域，横向上可以找到虽然是非纯色，但横向拉伸后不变形的图形区域。因此，它丧失了纵向上可以拉伸的可能但保留了横向上的拉伸可能，拉伸方式也就由九宫格拉伸变为三宫格拉伸。

两者的不同之处如下面两个切图的横向、纵向拉伸效果示意图所示。图中数字"1"和"2"分别是物品区域切图的横向与纵向拉伸。由此可见，将可拉伸区域定义在圆角范围外的位置时，无论哪个方向上的三宫格拉伸都不会导致这个切图上图形的变形，横向与纵向拉伸区域的叠加也就不会产生破绽。数字"3"和"4"则分别是按钮的横向与纵向三宫格拉伸样式。在"4"所示的状况下，由于按钮的特别设计方式，导致我们无法找到一个纯色或者纵向上拉伸不变形的区域，因此也就产生了难看的图形变形，这是这个按钮切图无法被应用九宫格拉伸的根本原因。

🐸 **提示**

横向和纵向两个区域的叠加在切图上产生了9个区域，这也是"九宫"名称的来源。三宫格拉伸也是因为定义了一个可拉伸区域，无论是纵向还是横向，在切图上形成了3个区域才被称为"三宫"。

界面的设计稿实现到游戏版本的过程中会产生大量的切图。这些切图中存在各自不同的图形设计，它们可能会适应不同的拉伸方式。因此，一个完整的界面框体在实现时可能会被拆分为很多部分，各个部分依据不同的拉伸方式进行实现，最终再拼合回来，形成我们最终在游戏版本中看到的样子。就上面的表示某游戏项目出现的购物车弹窗而言，它内部就包含了分别可以适应九宫格、三宫格和不可拉伸（但接受等比例放大或缩小）的切图。在实现的时候，都需要根据它们可接受的不同的拉伸方式来分层切图，而不是根据美术设计的逻辑来分割。

我们将右图所示的弹窗按照其不同部分可以接受的拉伸方式来拆分。这里依据的拆分原则是切图体量的控制，如对九宫格和三宫格切图的缩减，上图中两个切图的处理方式正属此例。还有美术设计上一体化图形的进一步拆分。在该图中对弹窗底图（即面积最大的"购物车"图形的切片）的处理就是这种方式。在整个"购物车"的设计里，我们发现只有最顶部的"把手"上因为设计了无法被拉伸变形的纹理图案而没办法应用三宫格或者九宫格拉伸，位于物品区域的部分则是大面积的纯色，而且购物车前方位于图形底部区域的图形也是在横向上可以被拉伸而不产生变形的。

基于以上所述，笔者做了右图所示的拆分（其中青色透明的部分为可拉伸区域），即将顶部把手单独分离，其他部分按照九宫格拉伸的方式缩减。如果此处没有将把手分离，那么就只能输出一个原尺寸的切图，这样大尺寸的切图显然是应该避免出现的。这种处理方式避免了过大尺寸切图的输出，从而节省了切图体量。

第 2 个层面是框体在实际情境中一般会保持尺寸不变，但是作为一种视觉语言，体现在游戏的不同页面的界面中时，可能有不同的尺寸，所以其内容呈现也大相径庭。

关于这一点，就涉及通用型控件的使用方式这个问题了。通用型控件的设计和使用是界面体系化设计中很重要的一环，具体表现在设计规范的建立和维护。这些内容在 6.4 节中有详细的介绍和分析，这里不再赘述。而框体在这一层面中的不同应用方式，是基于框体所承载内容的不同，以及内容所表现的功能特征（主要体现在重要或不重要这个层面上）的不同而变化的。如果设定某个完整的样式为一款游戏中某一类框体的通用标准，那就意味着在大部分情况下，这种样式应该得到严格执行。但也会有一些例外，且这些例外多是由框体本身功能的强弱变化所产生的。

例如，下图所示的游戏《大话西游热血版》中的几个弹窗就是一种比较典型的同类型弹窗在不同应用情境下的变化对比的情况。从"A"到"D"的几个弹窗样式很明显属于一个风格范畴，且有着明显的由重到轻的变化。变化的方式主要有两种。一种是尺寸的变化。A 和 B 是同一个样式的弹窗的两种不同尺寸。C 和 D 则是稍微简约样式的更小尺寸。另一种则是样式上的轻微变化。除了 A 和 B 基本是同一种样式外，C 和 D 都在外围边框上做了比较大的改变。表现为 C 弱化了弹窗顶部条的纹理尺寸和形状，在底部边缘增加了一个窄的条状物，使框体边缘的设计更对称，也更轻量级。D 则完全去除了边框设计，仅保留了这个风格设计中弹窗衬底的色调（稍微额外增加了一些纹理），从质感上传达出更轻的视觉感受。它们可以被看作是同一种框体在不同重要程度，不同的信息传达和不同功能表现上的适应性变化，这是同一种风格的动态变化结果。

🐾 **提示**

相同样式的框体可以根据框体本身所承载的具体内容的特性采用不同的尺寸样式，避免死守规范，犯教条主义的错误。

第 3 个层面，我们可以把框体看作是界面的主要组成构件。界面可以被认为是由不同形式的框体有机构成的。一个页面的界面可以被认为是一个大型的框体，而界面中的信息会根据不同的逻辑和关联关系划分到不同的子框体内。框体之间的关联枢纽是承担操作功能的控件，如手持设备上的手势操作、体感设备上的体感操作等。理解了框体的这一层含义，界面的本质也就更好理解了。

从这一本质特征出发，在设计框体时我们应考虑到以下 3 个方面的问题。

首先是一个页面内的界面排版设计应作为一个完整框体去考虑。一个页面内的界面内容是互相关联、互相影响的，而不是机械式地堆砌呈现。完整的界面是信息的集合，有可能非常复杂，但是这种复杂需要被设计得有逻辑，才可能被玩家认知和使用。框体在组织界面信息的过程中起到了维护逻辑底层的作用，我们可以称之为归集信息。在此基础上，才有上层逻辑中对信息的有效协调和应用，即相关信息的跳转、刷新及链接等。没有框体作为信息的容器，上层的逻辑设计将成无本之木或空中楼阁，无法得以施展。因此设计一个界面的第 1 步应该是在界面中信息归集的基础上对信息进行逻辑划分和架构处理。

框体设计时的信息归集与划分步骤示意图

其次是一个页面内的界面设计应该按照由整体到局部的顺序来进行。界面设计的顺序与绘制一幅画的思路和流程是一样的，应该先有大的基调、整体节奏的排布，以及色调分布和操作布局的合理规划，再有局部且进一步的细节规划，局部的细节规划也是以同样思路进行的，直到最后一个层级的框体设计完成。

右图所示为三级嵌套结构的框体设计规划次序示意图，其不同描边色的框体区域按照数字顺序进行设计规划。

下图所示为三消类手游《疯狂动物城：筑梦日记》的签到奖励界面。从图中我们可以看到这个弹窗在设计时的规划次序。其中，蓝色框标示的第 1 层级次序中，需要规划出由绿色框线标示的第 2 层级内容的排布，它们分别是上中下排布的标题、签到奖励区和附属信息区这 3 个部分。在紫色线框标示的第 3 层级内容中，框体明显地区隔为每天签到的视觉内容。除此之外，还有一些诸如头部标题与出口叉号的层级，并没有在图中标示出。从中我们可以发现，如果没有这种由整体到局部的框体信息整合规划，这么多的信息在设计时一定会显得非常混乱。

最后，界面的设计应该做一些动态化的考虑。界面是可以交互的，具体表现为页面之间可以互相切换、在一个页面内的有些操作（如拖动、滚动及放大缩小等）可能会唤出弹窗等。在日常生活中，我们也会看到一些为了展示比较特别的提示或功能的框体的弹窗，具体表现为基本的信息归纳和框体之间的跳转，以及链接、刷新等，或者同一页面内不同层级的框体的关系处理。从空间上讲，弹窗在唤醒的时候，独占了屏幕空间，就不用也没必要考虑在原有界面上专门腾出永久性空间供给弹窗；从时间上讲，它只有需要这种提示或功能展示的时候才出现，节省了玩家同时阅读多个界面的信息时所耗费的精力。

例如，下图所示为网易游戏《猎魂觉醒》中的料理制作完成提示弹窗界面。该弹窗是一种没有明显视觉边框的弹窗。这种弹窗相较于典型的框体弹窗更加轻量，更能体现出弹窗这一类型控件作为临时提示的本质。这个图里的弹窗在出现时还会有压暗背景的效果，起到了聚焦的作用，在一些游戏中还会在类似效果的基础上再加上背景模糊的效果，而这些都体现了弹窗作为时间临时展示和空间上全屏展示的特征。

同时，一些排行榜也会有动态设计，具体表现在平时收起，为别的界面控件腾出展示空间，而在玩家需要查看详细信息时则可通过点击展开按钮展开，或浮于其他界面上层，或直接占领全屏空间。这样做的目的是从时间和空间上避免与其他控件的冲突。从时间上而言不同时与其他界面展示所有的详细内容，从空间上而言不挤占常态时其他更重要的控件的空间。

下面两张图所示分别为腾讯游戏《王者荣耀》主界面上排行榜收起状态的截图和排行榜展开的效果截图。从这两张图中我们可以看出，主界面中的排行榜有两个状态，即收起和展开。当排行榜面板收起时，只展示了 3.5 个（第 4 个被遮去一半，是一种"可滑动"的视觉暗示）好友玩家的头像和简略的排名信息。如果点击图中黄色箭头所示的展开箭头，会触发排行榜面板展开的动作，并展开完全状态的排行榜面板。这两个状态的转换过程表现了框体在时间和空间维度上的动态性。

🐾 **提示**

虽然在上面第 2 张图的右侧标识的 A 区域中有专门设计的背景图遮盖了原先的主界面的其他内容，使得展开的排行榜看似是一个全屏界面，但事实上这只是这个面板的一种临时形态。玩家在迅速预览了完全版信息之后会马上返回到原先的排行榜收起后的界面。这种设计使得排行榜的完整形态成为一种临时的覆盖在主界面上层的遮蔽层，是在动态空间上的一种短暂展示；既灵活地容纳了更多的信息，又节省了紧张的主界面空间。不过，如果只是静态单维度地考虑框体的设计，这种形式是没有可能被设计出来的。

⊙ 弹窗

弹窗是一种比较特别、也非常常见的框体设计元素。典型的弹窗通常承载的是某个重要提示或某个功能界面。从操作上会给玩家以打断的感受，但是其造成的打断感受并没有直接切换页面时那么强烈。

下图所示为对比弹窗操作流和页面切换操作流之间的差别。该图分别假设了一个最基本的简单操作模型，并以"玩家在页面上的注意程度"为衡量标准来判断两种操作流之间的"打断感受"差别。在示意图的上半部分中，玩家对页面甲的注意力变化主要出现在弹窗出现时。此时弹窗覆盖了页面中的很大一片区域，加上弹窗里内容的吸引，导致页面甲的"存在感"降低，但不是绝对没有。玩家对页面甲的注意程度约等于页面尚存的面积减去弹窗的面积。与之相比，在示意图的下半部分中，当玩家对跳转点进行操作并切换到页面乙后，由于页面甲的完全"消失"，因此玩家对页面甲的注意力就完全丧失了。同理，当再次从页面乙切换回页面甲后，玩家同样丧失了对页面乙的注意。这就造成了比弹窗更强烈的"打断感受"。而且页面的切换在物理上也给人以"换场景""过了一个镜头"的视觉感受，相对弹窗给人以"临时覆盖了一小片区域""还没离开目前页面"这样的感受来讲，刷新和切换的感受更为强烈。

通常来说弹窗会有几个变种，分别是全屏弹窗、贴边弹窗及提示弹窗（即 Tip）。全屏弹窗和贴边弹窗实际上是普通弹窗在尺寸上的变种，两者操作稍有不同但本质几乎一样。但 Tip 则是与普通的弹窗差异比较大的框体。根据种类的不同，Tip 承担着不同的功能，总体上都要比弹窗的重要性低。

全屏弹窗也分有多种形式，典型意义上的全屏弹窗和页面的形式非常接近，都以屏幕边缘为边界且没有物理上的明显边界。它们之间的差别在于全屏弹窗是弹窗的一种，是临时跳出的提示，其出口以"关闭"按钮的形式存在，如右图所示。该图所示为网易游戏《大话西游热血版》中出现的全屏弹窗，表明其操作逻辑上的"出现→展示→消失"的过程，其右上角的"关闭"按钮是弹窗的一个典型特征。此类页面必然衔接了别的页面，一般以"返回"的形式为出口，表明其操作逻辑上的"跳转衔接"的过程。

同时，有一些尺寸非常大的弹窗，虽然从视觉上看边界并没有贴到屏幕边缘，且有效内容也并没有占据整个屏幕，但是其附属的背景和修饰却利用了整个页面。这样的弹窗也可以被认为是全屏弹窗，如下面所示的游戏《神都夜行录》的等级提升弹窗界面和游戏《王者荣耀》的活动弹窗界面，这类弹窗一般是以下方的按钮为出口。

贴边弹窗则是因为某些功能性的目的而被设计贴在屏幕边缘的框体。我们在讲到框体的动态化设计时所列举的很多框体就是贴边弹窗，如下图所示的游戏《无尽神域》中出现的玩家与 NPC 对话的框体和游戏《大话西游热血版》中出现的任务对话弹窗。

提示弹窗是一种比较轻量级的框体，承载的信息比较简单，重要程度也要比其他弹窗低一些。提示弹窗可以粗略地被分为两种类型，一种是主动式提示弹窗，另一种是被动式提示弹窗。

主动式提示弹窗通常提示一些简单但是重要的信息，而且为了强调信息，在视觉上和动态表现上往往被设计得比较强一些，如一些游戏中的主角升级、击杀信息等，都会在特定的时刻和位置出现、停留和消失，并且都是自动的。被动式提示弹窗则要"低调"一些，通常是对界面内某些元素如道具图标、宝箱内容物等进行解析，往往需要玩家长按或点击后才会出现，相对于其他控件来讲，其功能上的重要性是非常低的。

右图所示的游戏《大话西游热血版》中出现的获得新功能提示弹窗是一种主动式提示弹窗，在玩家达到某个条件后会自动触发并自动消失。

在游戏 Z Warfare 中的商店界面中点击 "Sell" 按钮会弹出一个物品列表框体，这个框体可被视为被动式提示弹窗。

以下是笔者针对被动式提示弹窗模拟的一个情景。假设玩家所在的页面是一个房间，切换页面相当于走到相邻的房间，而弹窗就相当于房间里的服务生。在这里，服务生会主动观察并发现玩家遇到的问题。当玩家遇到问题时，服务生会主动对玩家说话或告知玩家解决问题的办法，玩家需要进行相关操作后方可退出。主动式提示弹窗与被动式提示弹窗的区别是，主动式提示弹窗相当于房间内的闹钟，到了某个特定时间点或者操作点就会主动响起，一段时间后主动停止。被动式提示弹窗就像某个抽屉里的信件，需要玩家主动发现，将其打开阅读后关闭。

从广义上来讲，弹窗属于框体的一种，也具备框体的所有属性，但是也有一些特属于弹窗自身的性质，需要在设计的时候加以注意，主要包括以下 3 点。

首先，弹窗是不常驻的框体。这一特性决定了设计师在设计时不需要在原有页面内设计出特定的空间来容纳弹窗。但是需要考虑弹窗信息的动态展示。如果是提示弹窗，还需要考虑它与原有界面中控件的时间和空间关系。

下图所示为游戏《无尽神域》中出现的两个主动式提示弹窗。它们因为各自属性功能的不同而被摆放在了不同的位置，显而易见且并没有被页面内其他物品的位置所影响，而是盖在了其他所有控件的上层。这是提示弹窗所具备的提示性所决定的。顶部上方的提示弹窗的位置一般被认为是级别高且比较显眼的，正因为如此，这个提醒玩家前往参加活动的提示才会以旗帜的样式摆放在这样的位置。很多游戏中也利用了这个位置的特点，在这里摆放主角升级等类型的提示弹窗。与此同时，位于中间靠下位置的提示弹窗则更显眼一些。它刚好遮挡了玩家人物的一部分，但没有太靠屏幕底部，设计样式也比较夺人眼球。这样的样式设计和位置摆放都是基于它作为"成就达成"的功能体现而考虑的。

其次，弹窗是提示性信息的容器，在视觉表现上可能会有强化表现，表现方式有两种。一种是设计强化，如更多的质感表现、更强的色彩对比等。这种强化一般体现在典型弹窗的文字设计和提示弹窗的特殊设计上。另一种是动态表现强化，而主动式提示弹窗更是如此。这两种方式有时候会共存，以达成更强烈的效果。

例如，从下面游戏 Z Warfare 的 PVP 模式队伍调整的弹窗和进入 PVP 模式前的弹窗对比来看，PVP 模式队伍调整的弹窗样式属于这款游戏中的通用样式，而进入 PVP 模式前的弹窗样式属于这款游戏中的特殊强化样式。

最后，弹窗是短暂停留的控件，需要有出口。一般来说，主动式提示弹窗不存在这样的问题，它们通常是自动弹出、停留，然后自动退出的。而被动式提示弹窗则需要玩家主动唤出，在玩家的操作（如停止长按）停止时退出，主要需要在典型弹窗上注意这个问题。一般的典型弹窗会有以下 3 种退出方式。

第 1 种是二选一型的弹窗。这样的弹窗展示给玩家的信息样式是二选一，做出选择之后即退出，然后继续原先操作逻辑中的下一步操作，如右图所示。该图展示的是网易游戏《遇见逆水寒》中的提示弹窗。两个按钮都是这个弹窗的出口，但操作后的后续逻辑会有所不同，具体表现在玩家要么接受故事剧情继续往下历险，要么就中断这个过程。

第 2 种是直接点击"关闭"按钮，这种弹窗设计方式比较经典。在 PC 操作系统时代，使用鼠标去关闭弹窗或窗口时都会用到这种按钮。这一点击"关闭"按钮来关闭弹窗的操作方式被自然延伸到了手游的操作界面中。即使现在有非常多的弹窗出口操作模式，但绝大部分情况下，依然保留了弹窗中的"关闭"按钮，如右图所示。该图所示为腾讯游戏《疯狂动物城：筑梦日记》中的小型弹窗，在该界面中，玩家只能点击右上角的"关闭"按钮实现弹窗退出操作。否则只能点击"立即开始"按钮通过花费代币进行下一步操作。

当然,也有一些弹窗会考虑将"关闭"按钮从传统的弹窗右上角移动到弹窗的底部或底部一角,并使其尽量靠近手机屏幕上的操作热区。但无论怎么改变,其从本质上讲还是一种经典的出口设计方式,只是减少了玩家的误操作概率,如下图所示。

第 3 种是专门适应了手机端操作习惯的方式,就是点击弹窗外部空白区域以关闭弹窗。手机的操作需要完全依赖手指,手指却没有桌面操作系统操作里的鼠标那么灵敏,对于需要精确定位的操作它会显得"笨拙"。因此,在桌面操作系统中通过"关闭"按钮关闭弹窗这种需要灵敏的鼠标操作的操作方式,在手游里会显得不适合。而点击空白处这种对灵敏性要求很低的操作则发展了起来。右图所示为游戏《神都夜行录》中的"变身提示"弹窗,这个界面中没有视觉化的"关闭"按钮,只能通过点击弹窗外部空白处来关闭。

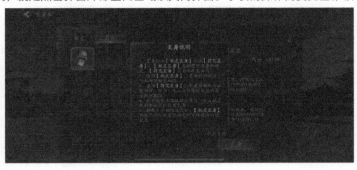

在一些非手机平台的游戏界面中,弹窗则有着完全不同的出口操作。如在 XBOX 这样的主机平台上,游戏界面中几乎不会出现按钮,而只是在别的平台上原先设计了按钮的地方用提示性的标识来替代,这也是主机平台的特殊操作方式所决定的。在 XBOX 中,玩家操作游戏和游戏界面是通过手柄或体感设备等硬件设施来完成操作的。这些硬件上有实体按钮可以映射到界面中的相关操作。例如,在 XBOX 平台上的游戏中,设计师用手柄上的实体按键"B"来表示"否认"操作,用"A"来表示"确定"操作,而其他更多的操作则由手柄上的其他实体按钮来执行,如右图所示的游戏《飙酷车神 2》的 XBOX 版本的编辑照片弹窗界面。这个弹窗的退出方式在界面底部靠近右侧的位置有提示,即按下手柄上的 B 键。

⊙ 按钮

在游戏界面中一般按钮是普遍存在的,想要全面地理解按钮,则需要从界面整体开始说起。

界面是框体按照一定的逻辑和规律有机组合在一起的信息集合。框体和框体之间是有操作逻辑上的关系的,如框体之间的互相唤醒、页面之间的切换等。这些跳转和切换在大部分情况下都是需要玩家进行一定的操作才可能完成的。而玩家的操作要达成这些框体间逻辑关系的转接，除了一些特别的手势，还需要有枢纽性质的控件配合使用。按钮就是这种枢纽性质的控件，它是实现框体之间关系转接的重要节点，如下图所示。

框体（包括页面）之间的跳转和衔接非常依赖按钮

界面中的按钮实现框体衔接的方式是被点击。这意味着按钮的设计需要模仿实际生活经验里的实体按钮，与现实中的按钮有一些相似之处。这种相似之处主要表现为以下 3 点。

第 1 点是都在视觉表现上对使用者有"可点按"的暗示，这些视觉上的暗示具体来讲就是从色彩、形体和质感上都与周围的物体形成鲜明对比，看起来是可活动的且凸出的物件，如下图所示。而这些特征可以被称为示能。

🐛 提示

示能，英文 Affordance，是康纳德·A·诺曼（Donald Arthur Norman）所著的《设计心理学 1：日常的设计》中提到的一个概念，意为一个物理对象与人的关系，是一种关系而非物理对象或人的一种属性。

现实中存在的按钮是一种实体的物理存在，因此从设计上来讲都是以"写实主义"的方式存在。游戏界面中的按钮大多数也都是有着明显凸起的"仿实体"风格，其示能表现非常明显，如下图所示。

第 2 点是都会在点击之后产生反馈。现实中的按钮，如计算机键盘上的按键被按下之后会在计算机的屏幕上反馈出结果，按下电视机的遥控器按钮，电视会切换频道或变化音量。游戏界面中点击按钮的反馈则更直接，点击任何一个按钮都会即时发生界面上的变化，要么是在点击"关闭"按钮之后关闭某个弹窗，要么是在点击某个菜单按钮之后切换进入某个系统界面。

右图所示为腾讯手游《QQ飞车》的主界面。在界面上用手点击没有任何界面控件的地方，这个画面就会发生变化，具体表现在主界面全部都消失，代表玩家的人物和车辆被推到"镜头"前，这个新出现的画面上只留下少数功能性按钮，包括左上角的"返回"按钮和右侧的"拍照"按钮。这时，点击"返回"按钮后，一切又都复原，主界面重新出现。如果这个过程中的"返回"按钮没有任何操作反馈，或者没有任何的按钮，玩家将无法返回到主界面中去。

第3点是都有明显的多态显示。现实中的按钮在按下之后，无论是视觉上、物理上，还是触感上，都会有"被按下"的状态。即使在物理结构上没有真的被按下，有时候也会通过别的手段去模仿按下的感觉。例如，在iPhone7 Plus的Home键上，苹果公司做了新的设计，使得Home键不会被真的按下，而是利用手指按下后手机里的某种震动来模拟旧版本iPhone上Home键的真实按下反馈，以规避旧版本中Home键机械结构易老化磨损的问题，如右图所示。

除了这些与现实世界按钮的相似之处，游戏界面按钮还有一些独有的特征，与前面讲的特点加起来构成完整的界面中按钮的形象，主要表现为以下3个方面。

首先，界面中的按钮不受现实物理规律的限制，有更多更灵活的变化。例如，不可用状态可以在不能操作时置灰，同时可以是任意的形态，有变成图标的，也有变成"幽灵"按钮的。

右图所示为手游《神都夜行录》中的"探索活动"界面，界面右下角可见因为条件未满足而被置灰的"进入迷宫"按钮。

其次，游戏界面中的按钮必须带有文字，除非按钮本身是以图标的形式存在，有些按钮甚至只有文字。

右图所示为手游《楚留香》的登录界面。页面右下方黄色箭头指示处可见几乎只用了文字设计的"踏入江湖"按钮。这个按钮对应了一般游戏中带底框的"登录游戏"按钮。配合动效表现，这种没有边框的按钮并没有因此而显得单薄。

但是也有按钮上不存在文字的例外情况，如下图所示。当按钮是图标时，可以不带文字。这是因为图标本身已经具备与文字相同的示意功能，尤其是一些简单、易理解的图标。一些带有不具备普遍理解特征的图标按钮仍然是需要文字的，以便使玩家一目了然地理解按钮功能。

最后，游戏界面中的按钮不仅需要有基本的跳转功能，还需要能够从视觉表现上表明对操作按钮的重要性。正因如此，在游戏界面中需要系统地设计几个层级的按钮样式，以及同一层级内不同情绪倾向的按钮。这些情感化的设计内容需要从颜色、形体等视觉表现上去设计。例如，一般质感相对比较厚重、色彩对比相对比较强烈的按钮都属于比较重要的按钮，对这些按钮的操作将产生很重要的操作反馈。而质感和色彩都相对弱化了的按钮，对其操作后产生的反馈则会相对不那么重要，如果是再低一层级的按钮，则按照这种规律依次递减。游戏中有一些按钮的操作是正向的，如"确定"按钮、"好"按钮及"OK"按钮等。或者游戏设计者想要引导玩家去做的操作，如"购买"按钮、"立即进入"按钮及"马上开始"按钮等，都会用正向颜色倾向来设计按钮。反之，则会把按钮设计得很普通（相对于整个游戏界面的风格来讲）。更有甚者，在玩家操作后可能会导致玩家删除敏感的资料，产生消费，发生不可逆损失的可能时，就会使用警示色系来设计按钮。常用的正向引导色相有绿色、蓝色及黄色等。常用的警示色一般是红色，而普通的按钮则按照游戏界面风格中的主色调去设计。

在这里，我们可以从以下示例的游戏界面中看出这些设计特征。图 1 所示为游戏《轩辕传奇》的登录界面，截图中居中靠下的"开始游戏"按钮非常明显，而且其视觉特征要比内部页面的按钮更突出。图 2 为游戏中的背包弹窗截图，在黄色箭头指示出的地方可以看到视觉特征有明显差别的"随身商店"按钮和"出售"按钮及未标出的"分解"按钮。图 3 同商店弹窗截图一样，黄色箭头指示的"立即购买"按钮与上图中的"出售"按钮相似，但不尽相同。图 4 所示的游戏《王者荣耀》中获得勋章的提示界面底部的两个按钮通过不同的颜色设计传达出了不同的情绪倾向。其中黄色按钮相对于蓝色按钮来说视觉吸引力更强，玩家更容易被引导着去点击黄色按钮。这种设计透露了游戏设计者倾向于让玩家点击"炫耀一下"以实现增强游戏社交影响力的作用。

图 1

图 2

图 3

图 4

提示

一般来说，关乎消费类操作的"立即购买"按钮和"随身商店"按钮都会被刻意设计得层级高一些，而系统内普通的操作按钮则要"朴素"得多，如此游戏设计者的意图也就不言而喻了。

在了解完按钮的完整特性之后，接下来我们在设计按钮时需要注意以下 3 点问题。

首先，按钮最重要的作用是跳转（包括页面之间的跳转和同一页面内部不同框体的跳转）。在页面之间跳转的按钮分为页面入口按钮和页面出口按钮。入口按钮就是进入某一页面时需要点击的按钮，它有时需要代表整个系统，简单的按钮无法传达太多含义，就会以图标的形式存在。出口按钮则是退出某一页面时需要点击的按钮，很多时候它们以"返回""关闭"这样的状态存在。"返回"按钮通常是全屏页面的出口按钮，"关闭"按钮则是弹窗的出口按钮。在同一个系统内部会包含很多页面，这些页面的跳转也需要按钮来衔接，由于通常是平级跳转，表现的含义比较少，因此这种按钮在样式上就会普通很多，在大部分情况下也不会是图标的形态。

作为入口的按钮根据承载的信息量大小其表现形式有所不同，有时候需要是图标，如右图所示的界面。界面中出现的车辆配件的按钮具备非常强的独特性，如"引擎""传动"等这类含义的图标，并且需要在视觉上与场景配合出临场情绪和实现特定的功能。同时，由于要配合科技感强烈的车辆模型透视场景和需要表示出的装配数量，因此这些按钮被特意设计成了个性化十足的图标形式。

相比而言，常见的平级跳转按钮的样式就会普通一些，也是我们能见到的绝大部分按钮的设计形式。

其次，按钮的样式应该依据其所代表的操作的重要性来决定。按钮的基本构成一般是文字和衬底，在不同的情况下，两者有不同的演化规律。在复杂到一定程度时，衬底会演化成类似框体的控件，用原画做衬底，文字也会做出更强质感的美术字表现。在简单到一定程度时，衬底可能会消失，只保留文字，也会发生两者都不存在而按钮变成图标的状态。

一般来说，表现按钮重要性的维度包括颜色、大小及形体复杂程度。颜色与界面整体对比越强烈则代表越重要，反之亦然。按钮的大小直观地表现了按钮所代表的操作的重要性，有些按钮甚至被放大到与框体一样大来表明其无比重要。形体的复杂程度越高，也表明按钮的操作越重要，有些按钮就通过变化为图标这种非常生动的表现形式来表明自己的重要性，而有的按钮则直接简化为只有文字来达到弱化按钮的效果。

按钮的形态也能直接表现出自己的功能性。例如，拍照功能的按钮会采用"相机"形状，返回功能的按钮会采用"箭头"形状，关闭功能的按钮会采用"×"形状。

例如，在下图中我们可以看到该游戏中按钮视觉层级的强化表现较为突出的形式，即框体化的按钮。这里这样表现正是因为这些玩法模式是该游戏里最为核心的部分。

下图中 A 和 B 两处的不同按钮执行了不同的功能，A 处的按钮起到了调整购买物品数量的功能，而 B 处则是执行购买操作的按钮。相对于调整数量，购买操作的权重更大，而且游戏设计者更期待玩家去点击购买按钮，因此才有了目前的视觉表现差异。

下图所示为游戏《决战平安京》中填写个人资料的性别信息之后弹出的二次确认弹窗截图。这里显示的弹窗是一个非常经典的二次确认弹窗，带有"确定"和"取消"两个按钮。这两个按钮需要从视觉上做出明显的区分，以使得玩家在快速操作的过程中迅速辨别出所需点击的按钮。

下图所示为游戏《楚留香》中的一个弹窗界面截图。该界面右上角的"关闭"按钮采用了常用的"×"形状设计。这样的设计和"拍照"按钮用"相机"形状表示或"返回"按钮用"箭头"形状表示一样，都是一种约定俗成的表示通用含义的图标设计。

提示

一般来说，游戏设计师在不需要明确引导玩家去做哪个选择时，就会习惯性地按照这样的形式去设计二次确认弹窗。一般表示肯定的按钮都会被设计得比较鲜亮，而表示否认的按钮则会被设计得比较"低调"。但这并不意味着代表肯定的按钮就会更重要，而是代表普遍的一种操作习惯。如果设计了反常识的按钮顺序，反而会引起玩家的误操作，造成不必要的麻烦甚至是无法挽回的损失。

再者，按钮基本的关联方式是起到不同框体之间跳转的枢纽作用。除此之外，还有一些关联方式是相对静态的。这种静态关联方式成了限制按钮在界面中的大小、位置和样式的一种因素，也是需要在设计按钮的时候加以考虑的。一般按照关联方式将其区分为以下两种形式。

第 1 种是周围关联形式，即与按钮的操作有关系的信息排布在紧连按钮的周围区域。如一些游戏中的任务，通常会规定玩家完成指定的几个步骤后领取奖励。这时候会把已完成和需要完成的比例数字或者进度条放置在领取按钮的旁边，一般是上边。这样设计的目的是让玩家在意欲执行"领取"操作的时候注意到任务的完成状态。这种设计方式是典型的将关联信息紧密排布的一种设计排版方式，对玩家理解游戏设计意图有很好的协助功能。

例如，下面两图所示为游戏 Z Warfare 中的"角色升级"弹窗。右下角的"升级"按钮和周围的信息就属于"周围关联形式"。左图是"升级"按钮的不可用状态，右图为它的可用状态。可以注意到，右下角的"升级"按钮直接关联了其上"数字＋代币图标"的信息。这些信息和按钮左侧的"升级材料"明确了该按钮的可用条件。其上方的角色形象图及升级前后的属性数字信息则属于跟升级按钮操作行为相关的外围关联信息。这个按钮和其周围的信息组成的"周围关联形式"实际上占用了整个弹窗的框体区域。

第 2 种是直接关联形式。这种形式是将与操作按钮有关系的信息直接放置在按钮上面，通常会出现在类似商城的购买按钮上，在商城的购买按钮上会直接放置所需花费的代币图标和数量。这种关联方式比上一种更加直接，起到了跟上一种关联方式相区分的作用，即在购买前提示玩家需要花费的成本而不是该按钮的操作所需的条件。

例如，下图所示为游戏《QQ 飞车》中的"商城"界面。图中箭头所指的按钮（及该区块内所有相似按钮）和其上部的代币信息就属于"直接关联方式"，代币的数量并不影响购买按钮是否处于可操作状态。

提示

需要注意的是，上面所说的两种关联形式的差别除了关联程度上的不同，还有一些操作细节上的差异。关于第 1 种关联方式，通常来讲，周边的关联信息会直接决定被关联的按钮是否处于可以操作的状态。以第 1 种关联中所举的例子来进行分析，如果玩家所持代币的数量小于按钮上方图标右侧标识的数字数量，抑或"升级材料"不足时，升级按钮置灰不可用（左图）。玩家可借由按钮周围的关联信息来理解按钮不可用的原因。这种逻辑也表现出周围信息对按钮的强制关系。关于第 2 种关联方式，直接放在按钮上的关联信息不会影响按钮的可操作状态。例如，商城里的购买按钮时刻是处于可操作状态的，但是操作之后是否有效则决定于代币数量是否足够，关联信息和按钮之间并没有强制关系。

当然，两种关联方式有时候可能在设计形式上极为相似，但实质内核不会变。例如，第 2 种关联方式中的信息也可以经由文字的色相来表明可操作条件是否达成，也可以把原先放在按钮上的代币信息挪到按钮以外区域。但是第 2 种关联方式中按钮的可操作状态并不被关联信息强制的特性使其和第 1 种关联方式中的强制关系始终保持差异。第 1 种关联方式的表现形式会有很多，在某些情况下，与按钮相关的操作会非常多，以至于需要一个框体来容纳。但无论具体形式如何转变，只要这些关联信息具备对操作按钮的强制性，就都属于第 1 种关联方式。理解了这两种关联方式之后，对框体和按钮关系的理解和设计规划都会更有条理。

⊙ 页签

页签也被称为 Tab。由于页签有很多操作特性和按钮存在着相似之处，因此可将本书所说的页签看作是另一种形式的按钮。但与此同时，页签的操作效果和按钮又有很大的不同，这里我们还是将其独立于按钮进行解析。

页签和按钮一样，是对现实物体的模仿。与按钮模仿现实中的按键不同，页签在现实中的参考物一般并不常见。现实存在较典型的页签是笔记本或文件夹里的页签，它们起到的是快速检索、分类信息和备忘的功能。在界面中存在的页签控件虽然有相似的功能，但在操作方式上差别较大。

界面中页签的基本结构可以分为两个部分：一个是页签本体，另一个是关联框体。页签本体组成连续排列的可点击控件，其中每个页签本体的操作属性都和按钮相似，具体表现在都有类似的设计结构和点击反馈，也都是由文字或文字图标混排与衬底构成的。由多个页签本体组成的连续排列控件，有些情况下共用衬底，有些情况下则是分开的。在共用衬底时，一般需要用分割线来从视觉上对各个页签本体进行区分。在点击反馈上，页签与按钮的较大区别在于点击态的必选性，具体表现在手游中的按钮甚少设计被点击的状态，它们往往在被点击的一瞬间就触发了跳转框体的展示，给"点击态"展示的时间非常少，也就没有设计的必要了。与此不同的是，页签的点击态属于被点击后的常驻形态，而且在若干个页签本体组成的连续排列控件中，同时只能有一个页签本体处于被选中（即点击后）的状态。基于以上原因，页签本体的设计必须另有点击态。除此之外，页签区别于按钮较重要的特点在于其有关联框体。在页签本体处于选中态时，与该页签本体相关联的框体中展示的必然是与该页签本体相关的信息。当点击另一个页签本体时，前一个关联的框体（或其内信息）被隐藏，刷新出被点击的页签本体所关联的框体（或其内信息）。前后切换的两个框体占用了同一个空间，却在不同的时间和条件下展示，这是页签的本质功能。页签的结构和操作特点示意如下图所示。

页签的主要特征包含以下 3 点。

第 1 点是归纳了相关的信息，并通过特有的切换操作方式来达到对同一空间重复利用的目的。

第 2 点是可扩展性强。需要添加新的关联信息框体的时候，只需新增页签即可，必要时页签甚至可以滚动。

例如，游戏《光明大陆》福利弹窗左侧的一列页签是可以滚动的。这样的设计体现了页签良好的扩展性能，可以在有限的空间内容纳更多的信息，如右图所示。

第 3 点是适应性强，可以适用于非常多的设计情境，在信息量大、需要整合关键信息及梳理明确逻辑的界面中表现较明显。其本身除了具备较强的信息整合性和归纳性，还可在此基础上嵌套更多层级的页签，起到更强的归纳整合作用。

例如，游戏《镇魔曲》中的装扮弹窗就存在两层嵌套的页签设计模式。其中位于弹窗右侧的一列页签巧妙地将原先可能互相独立的弹窗归纳在了一个弹窗内（截图中的状态为选中了"装扮"页签时弹窗的显示状态）。而在"装扮"的关联框体内又嵌套了第 2 层页签，并分别关联了装扮大类中的 3 个小的类别，即头像框、冒泡框及步尘（截图中为选中"冒泡框"的显示状态），如右图所示。在截图中我们可以清晰地看到这两级页签大致的关联区域。其中绿色框的区域对应了一级页签的关联区域，玫红色框的区域对应了二级页签的关联区域。

再看游戏《大话西游热血版》中的千秋册弹窗，如下图所示。这个弹窗中出现了另外一种形式的页签多层嵌套模式。该图中出现的页签嵌套模式属于树状归集模式的嵌套。与上图中出现的两层页签距离较远的样式不同的是，这里的两级页签是紧密地挨在一起的，并且次一级的页签在必要的时候可以被收起。图中 A 处的页签为一级页签未被选中的状态，B 处则是被选中的状态。注意 B 处右侧的三角图标，这是展开的标识，也是有子级页签的标识。在展开和收起时，三角图标的指向会发生指向变化。C 处和 D 处的页签则为二级页签分别处于被选中和未被选中的状态。这里可以明显看出树状嵌套的两级页签的设计特点有 4 点：（1）有子级和无子级的页签通过三角图标来区分；（2）三角图标在所在的页签处于不同的状态时，其指向也不同；（3）子级页签的样式和父级页签不同，往往样式更简单一些；（4）选中对应的子级页签会刷新关联框体的信息，选中没有子级的页签也会刷新关联框体的信息，但选中有子级的页签则不会，它们的关联窗体被拆分对应到其各个子级页签中了。

⊙ 其他

游戏界面除了由上边提到的几种主要控件元素构成，还由很多起到辅助作用的小型控件元素构成，如滚动条、复选框、切换按钮、滑杆工具、进度条类控件及下拉菜单等。这些控件的构造比较特别，且功能上与上边的几种大型控件差别也较大，比较难以归类。无论是从功能表现上，还是从视觉表现上，这些控件都给人感觉虽然很小，但依然是界面中不可或缺的组成部分。

滚动条

在这些小型的控件中，较常见的控件元素是滚动条。滚动条在游戏界面中包含两个作用。一个是可以直观地标识显示区域与全部区域的百分比关系。另一个是玩家可通过点按并拖动滚动条直接操作滚动区域，并且滚动条的滚动方向和所映射的内容的滚动方向是相反的。

在手机游戏界面中，滚动条的设计需要注意以下 3 个方面的问题。

首先，通常来说滚动条都只具备表示所映射的滚动内容与直接可视内容的比例，没有实际的操作功能，因而在设计尺寸上不必考虑可操作性，只需要可以被识别即可。在这样的设计原则下，我们可以发现现行的很多游戏界面中，滚动条通常会被设计成非常轻薄的质感和细小的尺寸。

例如，游戏《楚留香》珍宝阁弹窗中显示的是一个完整的滚动条。这个滚动条显然是无法被直接操作的，而是只保留了传统滚动条结构中的滚动条本身和滚动槽，起到的作用就是直观展现当前可见区域与完整内容的比例和位置关系，如右图所示。

其次，滚动条的设计存在可滚动区域和滚动条关系的转变。在滚动条的功能减弱成只展示百分比的情况下，如果不对滚动区域进行操作，为了整体界面信息的尽量简洁，它通常会被隐藏掉。玩家在传统桌面操作系统中认知可滚动区域时，通常是通过永久性出现的滚动条来进行判断的。但是我们知道，在传统桌面操作系统中的滚动条是一种"完整"状态，是具备可以被操作、可以直达滚动内容一端等功能的。这种可操作性使得滚动条必须被设计得有一定强度，无论是尺寸上需要达到可以被鼠标点击到的大小，还是视觉表现上需要达到被识别为能操作的控件。但是在手机游戏界面中，滚动条被简化成只表示比例且没有操作功能后，玩家将无法通过滚动条存在与否来判断一个区域是否可以滚动。这时候滚动的示能就直接转移到界面中的其他地方。

针对此，目前比较常用的做法有两种。第 1 种是在可滚动区域加箭头，且这个箭头可以是动态的。这种方式需要额外设计一个指示箭头，而且该箭头需要常驻，且不论箭头的大小和位置是否造成对其他视觉元素的遮挡，这本身就是一种相对偷懒的设计方式。因而除了在需要额外增强指示的地方，如新手引导阶段，其他地方一般不会使用这种方式。第 2 种是一种比较高效的做法，具体表现在可滚动区域边缘故意将滚动内容的一部分设计成被切割的样式。这种视觉表现使得玩家联想到现实中的完整物体被遮掩的状态，玩家潜意识中会有"还有更多内容"

的想法。这种做法起到了"犹抱琵琶半遮面"的诱惑作用，诱使玩家不自觉地就去拖动滚动区域的内容。这个方式较早是在 Windows 8 的磁贴界面中开始使用的，摆脱了传统的需要依据滚动条来判断是否可以滚动的视觉暗示方式。

例如，游戏《镇魔曲》中精灵成长礼包弹窗界面的最后一行内容被设计成隐藏了一半（箭头指示处）的效果，这在游戏界面中是一种非常常见的表示可滚动功能的设计方式，如右图所示。

最后，滚动条的长度不一定再是严格按照表示比例的原则去设计的。传统滚动条的最基本功能是表示出可滚动内容与直接可视内容的比例关系。但是越来越多的游戏界面设计中，不再要求滚动条有这样的功能，原因主要在于很多的滚动内容被设计成"瀑布流"的模式，内容会随着玩家操作而逐渐增多。如果可滚动内容与直接可视内容的比例过大，滚动条有向无限小的长度变化的趋势。同时，当滚动条尺寸过小时，滚动内容将无法被识别。而固定长度的滚动条设计会解决这一隐患。

复选框和切换按钮

复选框和切换按钮在游戏界面中也比较常见。这两种控件都是从桌面操作系统中继承而来的。与按钮的演化类似，在桌面操作系统中，这两者会存在 3 种状态设计，即常态、经过态和点击态。在手机游戏中，这两种控件的设计都简化为两态，即常态和点击态。并且基于玩家的手机操作习惯，游戏界面中的复选框和切换按钮的设计尺寸会比桌面操作系统中的大很多。

复选框由底框和勾选态图标两个部分组成，并有"未勾选"和"已勾选"两种状态。在游戏界面设计中，设计师通常会为了提高设计效率和节省切图资源，而共用选中态和非选中态的底框，只在选中时额外显示勾选态图标。同时，有时候勾选态图标是底框的同心圆（或方块），而不是勾选符号。此外，在绝大部分情况下，复选框右侧会排布有与其相关的内容文字，复选框的勾选与否表示其右侧文字所代表的信息是否被激活。通常会用多个复选框来代表同一种属性的多个选择，会成排或成列地出现。

复选框的基本模型大致分为如右图所示的两种样式。但是底框和勾选态的设计有非常多，因此实践中的样式组合其实有更多样的变化。

切换按钮的基本结构是底框和滑动按钮，有"开"和"关"两种形态。在一般情况下，这两种形态的底框被设计为不同的样式以表明不同的状态。其设计样式根据情况的不同而千变万化。它也是通过关联右侧的文字内容来标识是否激活了某种信息。它是一种直观的"二选一"示能控件，也可以被认为是一种开关，只有"开"和"关"两种状态。切换按钮本质上和复选框是相似的，都表示有没有激活某种选项。

切换按钮的结构模型如右图所示。切换按钮有"n选1"的操作属性，无论是双模式切换，还是多模式切换，切换后只能有一个选项处于被选中状态。

提示

复选框和切换按钮之间的根本差别在于，切换按钮一般只代表单一属性，不会用多个切换按钮来分别代表相同属性内容的多个子选项。多个选项的激活与否是互相冲突的，当选中一个选项时，其他的选项则都不可选。而复选框的选中与否则通常用来代表同一种属性的多个选项是否生效，而且多个选项的选中与否并不互相冲突。

例如，在下面的游戏设置页面中，我们可以看到这两种控件共存的设计，也可以明显看出两者的功能差别。在游戏《镇魔曲》的个人设置弹窗中，对应的所有选项都使用了切换按钮（见图1），而"自动准备"弹窗中对应的选项则使用了复选框（见图2）。这里我们可以看出两者的差别：在表示单一概念的开启和关闭时使用切换按钮，在表示多个不矛盾的选项时则使用复选框。在游戏《王者荣耀》的基础设置界面中，"角色描边""相机高度"等这些选项都属于单一概念，其切换按钮表现的是这一单一概念的启用与否。如果在这里使用复选框，那么界面上会列出诸如"相机高度高＋复选框"和"相机高度低＋复选框"这样极为累赘的设计方式，这样显然是不可取的（见图3）。同时，在该界面中，我们可以注意到有"画面质量"这样的三模式切换按钮的应用，它们同样是在单一概念下的多个选择，而且多个选择之间是有排斥性质的，只能多选一，这样使用是恰到好处的。游戏《王者荣耀》操作设置界面的"技能释放方式"这同一概念中的两个不同选项都使用了复选框的设计。这是因为虽然两个选项同属一个概念，但它们并不是完全排斥的选择，而且无法用简单的"是"或"否"来描述。事实上，它们的描述要复杂得多，毕竟"辅助轮盘施法"和"自动简易施法"这两个描述是没办法被融合在同一个切换按钮中的。

提示

切换按钮和复选框之间使用方式的选择不仅在于"单一概念启用与否"和"多个不矛盾选项多选"的差别，还在于它们的第2点差别。具体表现在同一概念可以用概括化的排斥性描述时（如"相机开启"的"是"和"否"）使用切换按钮；在同一概念下的不同选择无法用简单的描述来概括时则使用复选框。

图1

图2

图3

图4

滑杆工具

滑杆工具是一种对特定的数据进行快速且直观调整的控件，其基本结构是底槽、进度条及滑杆按钮。其中底槽代表总量，进度条代表已选量，滑杆按钮承担滑动和视觉上标定已选量的功能。滑杆工具可看作是进度条的一个变种，也可以看作是精细化的多模式选择切换按钮。有时在滑杆工具某一侧会有标识已选量的数字或描述程度的文字。这些可被调整的数据包括要购买或花费的代币、要转移的某种道具的数量、音量及操作灵敏度等。除了快速手动调整数据这种类型，滑杆工具还有一些变种。例如，有时候底槽会演化为实体，去掉进度条，在底槽上加上刻度，滑杆工具就变成了大小调节工具，但这并没有改变它是一个调节数据的控件的这个本质。

滑杆工具的基本结构模型和操作模式如下图所示。

例如，游戏《决战平安京》的音效设置界面中有多个调整音量大小的滑杆工具，如图 1 所示。游戏《楚留香》的拍照界面左侧中间区域有一个调节镜头远近功能的滑杆工具，如图 2 所示。

图1

图2

进度条

进度条也是游戏界面中非常常用的一类控件。其基本的结构是底槽和进度。其中底槽需要被明确设计出进度条可涨满的最大状态。通常在进度条上方或右侧会有数字标识百分比。进度条会在游戏中大量应用，表示游戏人物的血量、魔法值及任务完成进度等。进度条本质上是一个直观可视剩余容量和进度的容器，表现形式上有直线型和环形两种。其中，直线型的进度条分有不规则和规则两大类，具体的视觉样式会根据指定游戏风格的不同而产生非常多的变化。

进度条的结构示意如下图所示。

在进行进度条设计的时候，我们需要注意以下 3 点问题。

首先，当进度条表示进度的时候，需要有明显的已充满部分和未充满部分的对比。这种对比通过两种形式来表现和传达。其中第 1 种形式是视觉上的，进度条与底槽的对比要明显，一般会把底槽设计成凹槽的效果，进度条则是鼓起的亮色。第 2 种形式是信息表现上的，如在进度条上加数字或文字，标识出百分比和进度量（如游戏更新时的进度条一旁会有下载的具体数字）。

大部分进度条都可以表示可度量的进度，当表示不可度量进度时，进度条会演化成别的形式，一般以循环动画的形式展现，如苹果系统中经典的"转菊花"Loading 动态、扫描效果的动态等。这些动态的 Loading 可视作进度条的一个变种，目的是让玩家明确"虽然看起来没有动，但我们正在运行，这不是卡顿"。确切地说也是一种积极的反馈。

图 1 所示的游戏《猎魂觉醒》人物详情界面中有一个可度量的进度条（见黄色箭头标示所示），同时其附加的文字信息可以提示玩家距离下一个等级的经验值还需多少。图 2 所示的游戏《QQ 飞车》道具训练场加载界面中，水平分割线附近的加载条也是一种可度量的进度条。 图 3 所示为将游戏《重力眩晕 2》中的通用型 Loading 动画处理后提取的序列图片（播放顺序为从左至右，从上到下），这个 Loading 是一个循环动画，为一种不可度量的进度条。

图 1 　　　　　　　　　　　　　　　　　　　　　　图 2

图 3

其次，在特别的情况下，当进度条表示容器时，除了明确的未填充部分和已填充部分的对比，还需要有全空和全满状态的提示。这些功能通常会体现在血条、魔法能量及技能 CD 上。标识全空时的状态往往和按钮的不可用状态一样，置灰或直接隐藏进度条。标识全满时通常达到一种释放技能或者大招的状态，这时候除了进度条涨满，还需要额外的视觉表现和动态表现。这种表现除了能达到明显视觉提示的目的，还为玩家释放技能之后的全空状态做极端的感受对比，可以传达给玩家释放巨大张力的感受。

图 1 所示为《喷射战士 2》（*Splatoon2*）多人游戏模式中的战斗界面，其右上角有一个进度条表示"炸弹 Buff"的冷却进度。而其"炸弹 Buff"冷却及冷却完成后的动态效果则为一个被当作容器的进度条样式。在加载完成后，进度条会变色并播放一个显眼的循环动画，如图 2 所示。

图 1

图 2

🐸 **提示**

《喷射战士 2》这款游戏采用的是第三人称射击玩法，其特点在于场景变化非常复杂和频繁，因此在这种游戏视觉环境里，界面中的很多重要功能需要比较显眼的设计方式。这种冷却完成的动画效果可以辅助玩家在这种视觉环境里依然可以注意到这一重要 Buff 的"可用状态"。

最后，不同形态的进度条的设计需要根据具体的使用情境来考虑设计方式。在不同的情境下，进度条的样式可能需要考虑完全不一样的功能需求，从而影响其设计方式。最典型的条状进度条设计需要考虑的是拉伸方式，即三宫拉伸。基于这样的考虑，设计这样的进度条时就应该将不可变的图形置于进度条设计的两端，而中间的部分应该避免拉伸后会变形的图形。环状进度条是以饼状旋转的方式来实现进度动态的，在设计环状进度条时可以考虑将环状进度条上的纹理设计得各有不同但不会影响实现效果。除此之外，有些进度条还会与界面中的其他元素进行结合，同时还有一些别致的造型等，这都是需要具体情况具体使用的。

条状进度条和环状进度条在实现切图上的差异示意如下图所示。从这个示意图中我们可以看出，条状进度条在设计和切图实现的过程中与环状进度条有着非常大的差异。条状进度条在设计的过程中要注意避让出一定的区域，以便为进度条设计出可以拉伸而不变形的图形：除了两端不能拉伸变形外，中间的区域最好可以拉伸，这种设计方式可以节省切图量，不然就需要变换别的设计方式。而环状的进度条没有横向和纵向的拉伸可能，只能沿着顺时针或者逆时针方向来走进度条。这种情况决定了环状的进度条在设计的时候可以不用考虑拉伸问题，进度条上也可以设计出多种多样的纹理图案。

下拉菜单

下拉菜单是一种收拢同类型入口或者选项的控件，在这里我们可以将它看作是按钮的集合。常态下其只显示所有收拢的按钮中的一个。在玩家点击这个按钮之后，下拉菜单会展开，这时候菜单中的全部或部分按钮会显示出来。此时玩家可以点击任意一个按钮，将下拉菜单中默认显示的按钮切换为另一个。同时，映射了相应按钮内容的区域里的信息也会相应刷新。

由于典型的下拉菜单是在点击之后向下拉伸出一个长条来显示它的所有收拢按钮，且具备"菜单"中的选择概念，因此得名"下拉菜单"，但它不一定就是向下拉出一个列表。实际上，朝上下左右任何方向拉出一个菜单的控件都可以被称为下拉菜单。下拉菜单的这种特性使得界面设计里的同类型多个控件或选项操作有了极高的空间利用率，其操作逻辑简单，简化了原本可能比较复杂的界面层级，是一种很友好的操作模型，因此在游戏界面中得到了广泛应用。

下拉菜单的操作模型示意如下图所示。

在实际的游戏界面设计中，下拉菜单有以下3种不同的类型，它们都是同一操作模型下的变种，不同的变种有着操作逻辑上的细微差别。

第1种是传统下拉菜单。传统下拉菜单在原始状态下显示默认选项，并在默认选项旁边有指向朝下的箭头，该箭头起到暗示玩家可点击唤起隐藏控件（即下拉菜单）的功能。玩家点击带有该箭头的按钮之后，下拉菜单就会拉伸出来，并显示所有选项。这时默认选中的选项在所有选项中处于激活状态。同时，箭头朝向上方，暗示可通过点击带有该箭头的按钮收起下拉菜单。玩家也可在列表中点击任意选项，下拉菜单会收起并显示刚刚选定的新选项。同时，映射了相应按钮内容的区域里的信息也会刷新。如果玩家并没有选择新的选项而是点击了收起按钮，则整个下拉菜单恢复原状。在这个过程中，箭头和选项状态的设计至关重要，起到了引导玩家操作的作用。

下拉菜单中的视觉引导示意如下图所示。

第2种是手机端的变种下拉菜单。上边说到的第1种下拉菜单在传统桌面操作系统和手机端游戏中都适用，但更适用于手机端的则是为手指触控操作而特意演化设计出的一种下拉菜单。这种下拉菜单的默认状态与经典下拉菜单的默认状态的不同之处在于，它没有带有箭头的视觉引导按钮，只是在玩家点击了默认状态下的可点击控件后会弹出一个菜单，这个菜单中默认选项是处于被选中状态的。玩家选定某项菜单之后，菜单会以某种方式收起，并在原先默认位置显示已选定的选项。

这里用一个例子进行说明。在游戏《天下乂天下》切换人物头像的流程操作中，玩家点击头像相当于在传统的下拉菜单中点击默认选中项。"更换天选者形象"弹窗中的内容则相当于传统下拉菜单的菜单列表。列表中保持了传统下拉菜单中默认选中已选中项的状态设计。而在此弹窗中选中某一个头像后，该弹窗即自动关闭，同时在原先头像位置显示了玩家选中的头像，这相当于传统下拉菜单中对新选项的刷新显示。整个头像切换流程可以看作是对传统下拉菜单的一种手游化设计，如下图所示。

第 3 种是视觉设计上的变种。在经典的下拉菜单中，激活下拉菜单的按钮是个带有箭头的按钮。但是在一些情况下，视觉设计通过把这个按钮放大，变换按钮上箭头图标的造型，改变下拉菜单的视觉样式等来使得这种操作模型在视觉外观完全不同的情况下依然有效。

右图所示为游戏 Z Warfare 的场景选择界面，其显示的实质上就是一个下拉菜单。当用户点击页面顶部中央带有文字"Stage 6"的按钮之后，就会弹出所有的"Stage"（场景），即右图的状态。然后可以左右滑动选择要进入的场景。而且玩家无论在哪个场景中，都可以点击位于中央顶部的按钮并进入本图所示的这个菜单中，以切换到别的场景中去。

再看右图，这是笔者参与的一个代号为"Fgame"的项目中的一个设计界面稿。图中两个界面的切换关系是下拉菜单的一个部分变种。点击图左侧界面底部中央的"展开"按钮就可以展开图右侧界面的面板，面板中有游戏中的几个系统和功能入口。但并不是进入每个系统中都还能继续呼出这个面板。这个操作流程继承了下拉菜单中的"点击→呼出菜单→进入某个功能"这一操作模型。在这个操作过程中，"下拉菜单"式的结构设计非常明显。例如，它的"展开"按钮和"收起"按钮。图左侧界面所示的底栏中央顶部的按钮（带三角图标）就可以看成是下拉菜单的展开按钮。点击它进入图右侧界面的状态时，按钮上的三角图标会转换方向，变成收起状态。这一点和典型的"下拉菜单"模型是完全一致的。

下图所示为手机 3D 动作游戏《崩坏 3》的主线操作流程图。从中我们可以得知，该游戏部分主线操作流程的设计也是下拉菜单的一个变种。其中红色虚线箭头指示的是进入主系统的路径，紫色虚线箭头指示的是返回主界面的路径。在主界面中点击任何一个主要的系统，进入该系统后，都可以在界面左上角"返回"按钮的右侧找到主界面按钮，点击该按钮可以返回主界面。这一操作方式与下拉菜单中选择任意项显示该项关联信息后，依然可以在同一位置重新选择其他项并显示其他项关联信息的操作逻辑完全一致。

以上的这些变种型下拉菜单都是利用了下拉菜单经典操作模型中的操作路径最短的特性，本质上都是为了保障一定的扩展性、空间利用率、操作效率和体验友好度。

关于游戏界面的构成，除了以上说到的这些控件元素，还有很多承担了各种细碎操作功能的控件，在这里就不再一一列举了。通过理解典型控件的操作模型，设计师需要建立完整的控件类型操作模型库，以便在千变万化的实际工作情境中灵活运用各个控件的特性，更好地为整个界面设计的质量和效率服务。做好这方面的工作，是做好游戏界面设计的重要基础。

6.3 界面情感化的表现

游戏界面设计中的情感化元素包括与游戏背景建构相关的美术元素和在此基础上能够体现具体功能的元素。在设计实践中，针对界面的情感化表现主要有以下 3 个典型的做法。

6.3.1 提炼并融入美术元素

提炼游戏背景建构中的典型要素，并将这些要素用关键美术元素的方式融入界面中。

例如，《轩辕剑龙舞云山》这类中国风题材游戏的界面风格整体上偏唯美，同时采用了一种类似国画工笔的效果，配色恬淡、优雅，如下图所示的"技能"弹窗界面。在这样的一个整体氛围下，界面中还应用了一些可以代表中国古典文化的元素（见图中黄色箭头所示的甲、乙、丙、丁这 4 个点），如中式灯笼元素（甲点）、梅花装饰元素（乙点）、烟雾图案元素（丙点）及中式图案和吊坠元素（丁点）。

再如，游戏《冰汽时代》的界面是偏扁平化的美术风格，但其中的情感化元素并不缺乏。从下图可知，这款游戏的界面依然使用了一些可以代表现实世界蒸汽工业时代的欧式花纹（A 处）、装饰性图形（B 处）等美术元素及游戏背景建构中特有的"寒冷"元素（C 处）。这些元素贴合了这款游戏"蒸汽朋克"的题材，使用现实世界中类似时代（如维多利亚时代、蒸汽工业鼎盛时期）的相关美术元素将玩家带入了一个特定的情境。

又如，游戏《情热传说》的界面中大量使用了能体现典型魔幻风格的巴洛克装饰图案，也很好地凸显了游戏的魔幻背景建构与情感的表达。

此外，在游戏《战国志》的楚国地图界面中，我们会看到有很多如油灯、金属包边的木材等元素的运用，很好地表明了战国时期的情感特征。

6.3.2 特有材质的利用

游戏背景可能设置在任意一个时代，如古代、现代或未来，题材可能是写实或幻想，又或者是几个要素的混合。游戏界面中体现复杂背景建构的方式，除了图形元素，还有材质。在一些特有的文化、地域等设定因素中，材质会是表现特定特征的关键因素。而在界面设计中，我们则可以利用这一点表现一些特有的题材特点。

在游戏 LINE POP 2 的界面中，几乎所有的界面元素都使用了糖果、饼干等材质，而且结合了 LINE 所特有的 IP 元素中的动物头像。这种材质和动物形象的应用都贴合了游戏轻松休闲的设定，这些美术元素本身也是 LINE 公司经营许久的"Line Friends"卡通形象的一部分，其识别性和特异性极高，都是游戏能被特定群体玩家接受的关键因素。

在游戏《梦境》中，界面的设计体现出一种神秘感，这种神秘感通过色彩和辉光来体现，也是一种特有的材质体现。这种设计风格给人的第一眼印象就是梦幻，也可以说是通过极为巧妙的材质刻画来展现出特有的游戏玩法与背景建构的一种方式。

6.3.3 场景化的处理

游戏中主要展现的故事情节和操作方式基本上都是可以视觉化地在具体场景中呈现的。这里的场景就是字面上所谓的场景的含义。在一般的界面设计中，也会对场景有比较浅层的表现，如 Windows 操作系统中的"桌面"这个概念就是一种对办公桌桌面的模拟概念。但是这种"桌面"在显示器上只是一种二维化的展现。早年间有过一些第三方软件在操作系统环境中实现了 3D 的效果，但鉴于桌面操作系统的特性，过于个性化的场景反而干扰了用户正常的操作，并且也没有真正做到令人满意的操作交互体验。在追求视觉化体验和故事体验更彻底的游戏中，界面设计往往能够更加直接地展现游戏操作的场景视觉展现，并且这些场景展现往往可以被作为体现游戏背景建构的重要元素。

在游戏《QQ飞车》中，界面设计的布局基本是以画面中的人物和人物所在的场景为基础布局的。这种场景化的设计，不仅能体现出游戏的核心玩法元素，还能延伸平面画面所展示的空间，让画面更有氛围。

游戏《汤姆克兰西：全境封锁》中的地图界面是以全息影像的形式来展现的，地图会直接出现在场景中。不仅满足了玩家在这一具体功能上的界面操作需求，还在游戏世界中有了合理化的解释，即这是一种高科技设备，可以被人物（对应现实中的玩家）打开并进行操作。这种界面设计方式，完全吻合了该游戏技术水平高于现实世界的一种硬科幻写实派的科技感背景建构。

这些方式都是游戏界面在设计的过程中体现游戏背景建构的情感化表现方式，可以看到很多方式都需要与游戏中的场景、人物等其他美术资源相配合，还会协调很多动效的应用。表现形式千变万化，而限制表现的只有设计师的想象力。

6.4 游戏界面风格如何形成

游戏界面风格的设定是一个逻辑严密的设计过程，既需要有能够体现游戏风格的美术表现，又需要能够结合特有的游戏玩法来体现较强的功能性。

6.4.1 如何根据游戏背景建构设定界面风格

特定的游戏界面需要有特定的界面风格。而这种特定的界面风格是需要根据特定的游戏背景建构去推导的，并非根据设计师的个人好恶或项目中任意某人的好恶来定义的。游戏的背景建构是确定游戏界面设计的重要维度，但并不是唯一的维度。在考虑游戏界面风格设定的时候，主要需要考虑的除了游戏背景建构的限制，还有市场习惯和玩家偏好，这关系到一款游戏的界面风格是否能被市场所接受，并且会进一步地关系到游戏项目的商业化成功程度。

一个符合游戏背景建构设定的游戏界面风格设计不一定是一个会获得市场成功的设计。同时，迎合了市场和玩家品位的设计虽不一定是好的设计，但一定不会影响游戏项目的商业成功性。这是两个需要互相平衡的因素，设计师在做风格设定的时候需要对市场商业成功性细加研究，考虑到玩家的需要和游戏本身特性的需要，而非"艺术家"式自娱自乐地创作和设计。

⊙ 竞品分析

在游戏产品开发初期，最重要的事情是做好本产品在市场中的定位。我们都知道，二维坐标系中的定位方式是根据坐标系中 x 轴和 y 轴的指标来定位其中的一个点。在三维坐标系中，需要再加上 z 轴的指标。同理，在产品开发初期，定位产品也需要依据几个指标来实现精准的定位，这几个维度的指标分别是竞品分析、背景建构和 CE 指标。竞品分析的目的就是在本产品没有形象化认知和实际产出的时候对同一类型产品在市场中的状况做一个简单分析。

关于竞品分析的方法。这里我们主要分 3 步走，即"确定类型→检索条目→筛选和罗列"。

确定类型

这一步需要明确至少两个层面的类型问题。首先需要确定的是游戏类型，如 MOBA（多人在线战术竞技游戏，如《王者荣耀》等）、RCG（竞速游戏，如《极品飞车》等）或 RPG（角色扮演游戏，如《魔兽世界》等）。这个层面的类型的确定依据就是立项时的相关信息，这也是一款游戏较早会确定的属性。这一类目被确定之后，鉴于目前游戏市场的饱和性，游戏类型在大的类目上进行区分后的效果并不能使得我们的分析可以直达最有效的区域。其次需要确定第 2 个层级上的区分，也就是细分方向。例如，有些看起来像 FPS（第一人称射击游戏）类型的游戏，其内核实际上是 RPG 类型的游戏。有些第三人称射击的游戏却是"战术竞技类"的游戏。不一而足，也就要求我们不能仅盯着游戏表面上看起来的类型去分析，还需要确定游戏内核上的类型，然后才可以摘取作为分析对象。

例如，*FarCry5* 中有很多剧情任务系统，支线任务系统和人物属性通过采集资源提升的系统，实际上是 RPG 类型的游戏，而非表面上看起来的 FPS 类型的游戏。

网易游戏《王牌猎手》表面上很像远景视角的 ARPG（动作角色扮演游戏）类型的游戏，但实际上它是 MOBA 类游戏。

检索条目

一般来讲，我们的分析目标应该定位于市场的前几位，数量越多，分析的结论也就越丰富和准确。同时，我们需要把取得游戏市场免费榜或销售榜至少前 20 的产品（针对手游）和销售榜至少前 10 的产品（针对端游）全部摘取作为分析对象（注意，都是同一个类型的游戏，而非全类型的排行榜的所有游戏）。除此之外，设计师平时也应该有所积累，对于已商业化的但是没有取得较大市场成功，不过在设计上的确有亮点的类型游戏也可以拿来当作分析对象（其不成功的因素也可以被当作反面教材予以规避）。

筛选和罗列

筛选是针对类型和品质的鉴别。所有分析对象都需要被设计师挨个进行试玩和深度分析。在这个过程中会发现有些产品和我们自己的产品定位差别非常大，或者干脆实际上是另外一个类型，抑或是品质极低。出现这几种情况时，都应该将分析对象予以剪除，并按照次序摘取新的分析对象。在筛选阶段完成后，将分析对象按照一定属性分类并进行罗列，形成视觉化的图表和数据列表以供下一步分析使用。这里罗列时所依据的排布属性并不固定，而是根据项目本身分析的关注点来确定。如果分析的关注点主要在于探索竞品对某一类型图形的使用频度，那么就可以把这个频度作为一个表单维度。如果关注的是界面的厚度，那么可以把扁平与否作为一个表单维度。

右图所示为根据"信息排布"和"操作排布"两个维度制作出的"Fexgame"项目的竞品分析类目表。通过这个表，我们可以直观地确定产品的位置。

同时通过竞品分析，我们可以总结出以下 3 点信息。

首先是市场上该类型产品的普遍状态。这些状态包括研发厂商，系统复杂程度，核心玩法的实际效果，市场营收状况，各自的细分方向差别。了解这些信息有助于我们在开发自己的游戏产品时绕开这些已有产品所掉过的坑，并以此为基准来开拓新的思路，想出有效的创新点。这对产品设计来说是很重要的事，对游戏界面设计来说也是同样如此。

其次是这些产品的界面所拥有的普遍特征和各自特点。同一个类型的游戏产品在界面设计上是有一定共性的，这些共性会表明被市场接受的设定。因此，发现这种共性有助于游戏界面设计师在接下来的界面风格设定中有一个基准，可以在此基础上做出自己的特性。不过，虽然市场可以被分析出规律，但它也同时具备没有规律的特性，这样的基准有时候也是可以被突破的，在设计师对市场有深刻认知的情况下，可以根据市场当下所反映出的审美趋势来定义新的风格。同一个类型的游戏产品中，必然会存在"一超多强"或"多强格局"的情况。无论是哪种情况，必然是一种类型多个产品的状态。这就表明，在同一个类型的产品中，必然有不同细分化方向的产品。它们专攻了某一个具备自己特色的细分化领域，在界面设计上就会有不同的特点。找出这些不同细分化方向上界面设计中的不同特点，可以分析出不同方向上界面设计的不同设计方式，对自己的游戏产品界面设计也是一种启发。在以市场普遍基准为基础做风格化设计的时候，这种细分化方向上的特有设计是做自己产品时一个非常有效的参照。

例如，在 MOBA 类型的游戏市场上就存在"一超多强"的局面，以占据市场份额 95% 的《王者荣耀》为"一超"，剩余份额的该类型游戏为"多强"。其中，作为"一超"的《王者荣耀》奠定了该类型游戏的普遍设计方式。这种设计方式体现在界面上时，以固有的界面布局和质感描绘方式为表现形式。如棋盘状的主界面布局（不同的 MOBA 游戏中有相似的棋盘状首页布局），水晶的界面设计质感和约定俗成的英雄页面展示方式。不管这种设计手法是否属于《王者荣耀》首创，其他同类型游戏或多或少都会向这种"头部产品"看齐，并将其作为最安全的设计方式进行延伸和模仿。这些特点可以被看作是它们所遵守的统一设计准则的体现。然而，在"多强"中也有这些游戏的特定细分方向的设计特点，这些特点是它们不同于头部产品的特色。这些多变的设计风格一方面可以作为新生产品突围"旧日霸主"的突破口。另一方面，它们也是为特定口味的玩家群体所设计的，所以必然会产生细分化差异。

最后是根据这些竞品的个性特点以及本产品的特性要求，找出对我们所开发产品的界面设计较有效的参照和基准。在以上结论的基础上，设计师至少应该明确两个方面的问题，一个是普遍的基准设计方式，另一个是特定细分方向上的设计方式。关于这两种方式，前者包括了我们所做的游戏产品中所有该类型游戏产品的界面设计所要遵守的设计准则。后者则是设计师赖以寻找特定细分化方向上的设计方式的参照。在这两个结论的基础上，设计师需要明确本产品的特性要求，再进行有效的风格设计。而本产品的特性要求就隐藏在背景建构和 CE 指标内。

从普遍特性发掘，到本产品特性定位，再到背景建构和 CE 指标修正的产品设计方向定位，一共分 3 步走。

⊙ 理解游戏背景建构

理解游戏的背景建构是做好游戏界面风格设定较重要的一步。这和"为心仪的女孩买礼物"有着相似的道理。在买礼物之前，你需要去了解对方所需要的东西，才有可能选出合适的礼物。对一个游戏项目来说，不同的背景建构就像每个人都拥有自己的特质一样，是需要不同的风格来搭配的。例如，给魔幻题材的游戏配上科技感风格的界面在大部分情况下都是不可取的。

理解一款游戏的背景建构，通常需要游戏界面设计师完成以下 3个方面的工作。

阅读相关的策划文档

一个专业的游戏项目团队都会有完整的策划文档。这些文档包括了游戏的剧本材料、核心玩法及具体的系统设计文档。

其中，游戏的剧本材料或游戏人物的对话材料是构建一款游戏完整背景建构的组成部分，大量阅读这些内容有助于设计师理解游戏的故事背景，以及玩家的游玩方式，还可以很好地为设计师提供设计方面的灵感。

不过在这里，设计师会面临这些材料在大部分游戏的开发早期并不那么健全的问题，毕竟游戏策划人员也需要从零开始构建这些材料。但是游戏的故事、剧情及世界背景都是一些基础的材料的。有些游戏在开发初期甚至只有几个关键词。例如，在"Fexgame"项目开发的早期，只有"近未来""真实射击"这样的概念性描述，更多的背景故事还在项目开发后期，需要对 PVE 玩法（PVE 指玩家对战环境，全称为Player VS Environment，即在游戏中玩家挑战游戏程序所控制的 NPC 怪物和 BOSS。PVE 有时候又称作 PVC，全称为 Player Vs Computer。这部分内容在大部分的游戏设计中跟游戏剧情相关，游戏设计者会把游戏要讲述的故事关联到具体的关卡来引导玩家完成 PVE 内容）进行完善后才进行补充和扩展。实际上，不管这些材料是否健全，都不影响设计师去理解一款游戏的背景建构。因为除了阅读这些有限的文字材料，设计师还可以从策划人员或制作人处了解更多的信息，虽然有些设定条件并没有形成文字，但是构想性的想法和方案都已经存在于相关人员的意识中了，通过深入地沟通和谈话也可以了解到很多内容，如目前的设想、未来可能会构想的方向等。

如此一来，团队沟通的重要性在项目开始时就已经很重要了，设计师在项目伊始阶段需要从策划人员和制作人处了解大部分的游戏设定内容，从而开展界面风格设定工作。

搜集已有材料，理解美术形象

项目早期会有一些探索性质的美术工作，如原画、概念图及参考美术资料等，都可以找来作为下一步工作的参照。这也是界面设计师对游戏整体美术氛围形象化认知的基础。这方面的资料会因为具体情况的不同而有多有少。有些项目可能进行过一段时间的预研工作，就可能积累相对较多的美术材料。也有一些项目在启动的时间点时并没有准备很多的美术材料，设计师可能只会得到一些模糊的参考。但是无论多寡，这些都是组成界面设计师理解游戏美术特征的重要信息。

在界面设计中，界面设计师需要理解游戏的美术特征，如色调偏向、美术氛围及时代特色等。这些可以从项目的美术人员那里知道，也可以从他们找到的美术资料中进行了解。

色调偏向 → 决定着 → 界面设计的色调是——还是

时代特色 → 决定着 → 应用在界面设计中的美术元素

美术氛围 → 决定着 → 界面设计的图形设计应该具备的情绪倾向

了解玩法

游戏的玩法可以说基本上是每个项目最先被创造的部分。有些游戏就是从一个玩法的点子上出发被创造出来的。由此可见，游戏的玩法作为游戏的核心部分是极其重要的，也是需要界面设计师去深刻理解的部分。游戏的玩法需要界面设计师去直接体现，界面设计师不理解或理解不透彻游戏玩法，会导致玩法无法被很好地体现。界面设计师可以通过理解游戏背景建构的设定方式来了解游戏玩法的设计，在项目持续进行的过程中，还可以逐步加深对游戏玩法的理解。

⊙ 通过游戏背景建构提取出关键词

对有经验的设计师来讲，从理解的文字出发，找到对应的图形是一件相对简单的事。但是人的思维总会有限制，我们需要一个工作方式来有效控制这种纯意识流的思维方式，从而让自己具备更大的创造力。这种工作方式就是被多次验证有效的"关键词"思维导图方式。

关键词的提取方式可以分为以下 3 步来进行。

第 1 步是从游戏背景建构中提取关键词。

以"LEgame"项目在此阶段的工作为例。这一时期它的完整背景建构尚未构建，设计师可以获得的信息包括 3 点，即游戏的年代为现代、游戏的玩法为角色换装，以及游戏的题材是轻松娱乐题材。这些信息是通过设计师阅读相关的设定文档，与相关人员沟通后确定无疑的内容。设计师可以凭借目前拿到的这些信息来开展关键词提取的工作。

关键词提取之前，设计师需要对已获得的信息进行分析和解读。例如，"现代"这个时间的设定含义是比照现实生活经验，是常人可以理解的时代设定。潜台词是"写实"，会有轻度的"幻想"。由此可提炼出的关键词有"写实""幻想"等。"角色换装"所包含的信息有两个：（1）女性化的主题，颜色设计上要更加的恬淡、粉嫩；（2）需要大量的衣物元素，如纽扣、布料等。

"轻松娱乐"题材所蕴含的信息使这种题材的玩法界面更多是在静止的背景上不停地变换服装，也就是说界面需要有长时间的停留，用户的大部分操作要依赖界面，那么界面的设计就不能太过于抽象和扁平，这里就可以提取出"质感""厚度"这类关键词。

对以上的信息进行整理后，可以在白板或便签上手写出可以引申的关键词。

类似的解读方式可以应用到所有风格类型的游戏中，其中的关键就在于对所获得的信息进行合理联想。这也是有些团队在这个节点上进行头脑风暴的基本原则。合理联想的方式可以分为 3 步，即"提取→扩散→收缩"。其中扩散和收缩可以多次进行，最终剪除明显不合理的部分。

右图所示为关键词拓展中"扩散→收缩"循环过程的一个单元。从原始的关键词联想到新的关键词，剔除不合适的词，进而联想新的关键词。在这个单元中，联想是扩散过程，剔除不合适词汇则为收缩过程。不断重复这一单元就构成了关键词拓展的循环过程（图中省略了一些关键词的拓展图示）。

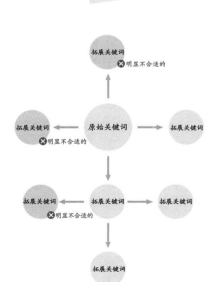

第 2 步是对关键词进行一定程度的扩散。

通过第 2 步的操作，我们可以从不同程度上规避思维盲区，这时候我们一般需要思维导图的辅助。先将第 1 步中提取到的关键词放置于白板的核心位置，然后将每个词进行扩散。利用线条发散的方式将相关词汇连接，形成网状结构。

以"衣服"为关键词扩展出的描述词

这一过程需要设计团队协力进行，目的是尽可能地避免遗漏，确定与游戏相关的所有元素都被考虑到。将单个人的意识规整于团队化的有规律可循的思维方式中。由于人脑线性的思维方式，设计师在单独进行工作的时候，很容易进入思维盲区，无法走出特定的思维角度，从而限制了自己的创造性。团队协作的作用之一就是提供更多的思维方向，而思维导图可以使得多人的思维方向得到有规则的整合，让团队的设计工作变得更加科学合理，并提高工作效率。

单个人的思维方式示意图　　　　　　　　思维导图工具的思维方式示意图

以上说到的这个方式在所有的游戏界面设计中都适用。在某些极其特殊的情况下，如一个小型的项目团队，项目风格极其明确单一，整个团队可能只有一个视觉设计师。在这种情况下，设计师就可能需要对流程进行精简，省掉关键词提取等环节。但是思维导图这样的工具依然可以被利用起来，以提高单个人的工作效率。总之，人的思维需要得到工具的辅导，不然会有很大的可能陷入误区，从而降低整体的工作效率。

第 3 步是筛选必要关键词。这也是"合理联想 3 步走"中的第 3 步——收缩。

这一步需要对扩散出的所有词汇进行收缩和精选。这是一个筛选合理化词汇的过程，基本的筛选原则包含 3 点：（1）排除明显不符合游戏认知的词汇；（2）将含义类似或图形映射类似的词汇合并，选取含义较精确且较接近游戏认知的词汇；（3）选择大部分人认可的分支趋向。

在有大量关键词的情况下，很可能会出现的情况是这些词汇可以按照一定的规律被归集到不同的集合里。不同的集合所表达的趋向不尽相同，如更卡通化、更暗黑化等。这时需要经过团队讨论后排除一些相对"错误"的趋向，从而找到尽可能接近游戏设定所要求的趋向。

在"LEgame"项目的这一环节中，我们对应着这 3 步所做的工作有：（1）针对上一步所扩散的词汇，排除明显不符合游戏认知的词汇（这些词汇在下面几张图中有列举）；（2）合并含义相似的词汇，并选择描述最接近游戏认知的词汇。在扩散的关键词中，出现了几种明显但不同趋向的描述，具体表现在以下两个方面。一是偏乙女向（乙女向游戏是专门针对女性玩家开发的一类游戏，属于女性向游戏中的其中一种，以女性为主人公，即玩家自己，以男性为可攻略角色的男女恋爱养成游戏），如"浪漫""心形"等词汇。二是偏抽象，如"璀璨""嗲"等词汇。经过团队讨论，认为"马卡龙"和"虚幻"出现在游戏中是不符合前期设定的，因为非常淡雅的色彩风格并非我们的主调性，游戏本身更需要与其他类似的产品在视觉上做出差异化。

经过类似的流程，最终就可以筛选出大致方向上没有问题的关键词。图 1 红框内所示为"衣服"引申出的词汇中被排除的词汇。图 2 红框内所示为"少女"引申出的词汇中被排除的词汇。图 3 红框内所示为"幻想"引申出的词汇中被排除的词汇。最终，我们提取并罗列出图 4 所示的关键词。

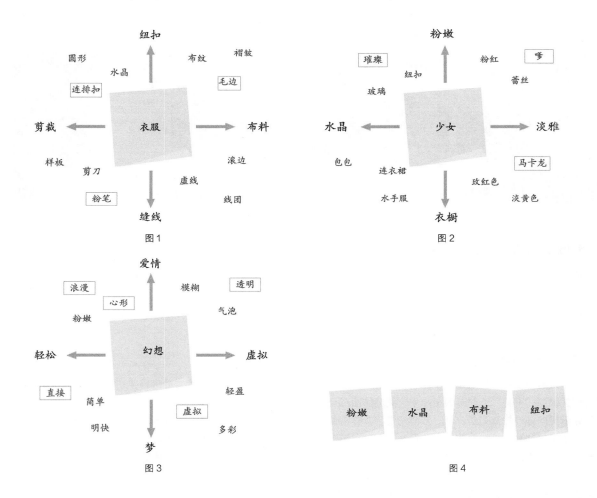

图1   图2   图3   图4

以上是项目初期提取关键词的方式和方法。该方法在项目目标不够清晰的时候是一个很实用的辅助性手段，但并非绝对手段。作为一种辅助手段，最主要的是辅助设计师寻找设计目标，在这个过程中起到主要作用的还是人，因此千万不能太依赖工具，而忽视人的主导权。

⊙ 形成形象化认知

在提取好关键词之后，将词汇所对应的含义转化为具象图形，这也是关键词提取的根本目的。这一步最重要的工作是将词汇与检索的图片进行关联，主要分两步操作：一是检索图片，二是筛选图片。

先说检索图片。将上一步中提取出的关键词用搜索引擎进行图片搜索。这一步需要设计师同时进行人为的先行鉴别，这样做有两点好处：一方面可以纠正搜索引擎对图片检索的偏差，另一方面也可以有所偏向地找到关键词所真实对应的图片。这里需要注意的是，设计师可能在意识中已经对关键词所描述的图片有所印象，在检索过程中依赖这种印象进行人为筛选，也会有新的发现。毕竟每个人的见识、知识都是有限的，依靠检索过程扩展对一个词的认知即是一种认知扩充，也是避免遗漏的有效措施。

对应每个关键词的图片数量应该控制在一定数量范围内。设计团队的成员在集合了所有的关键词所关联的图片之后，需要对这些素材进行筛选，可以依据对关键词筛选的原则对图片进行筛选。这一步的目的是将图片数量限制在既不影响设计师对关键元素的判断，又不遗漏边缘元素的范畴内。而且过多的图片也会增加这部分的工作量。

而在"LEgame"项目中，这一环节的关键操作对应如下。

以其中的一个关键词"布料"为例。设计师们检索到的图片大致上如图1所示。之后，设计师们对"布料"关键词检索到的图片进行筛选。根据"关键词筛选原则"相似的逻辑进行筛选后，成果如图2所示。

图1 图2

⊙ 提取关键图形元素和色彩设定

这是关键词提取后和设定稿制作前的一个中间环节。其根本目的是将关键词所对应的形象化图片进行概括，并提取关键美术元素——图形和色彩。

这一步所依赖的是上一步中筛选后的图片。针对单个关键词所对应的图片，我们可以按照以下两种方式提取出关键图形元素和色彩偏向。

图形元素的提取

单个关键词所对应的图片中，会有共性的图形元素出现，需要设计师浏览完图片之后进行手动提取。如"LEgame"项目的关键词"布料"所对应的图片中，关键的图形元素很好被找到（如下图中黄色箭头所示）。将这种显而易见的图形元素提取是一把双刃剑。从一方面来说，其非常便于设计师找到关键词所对应的图形。从另一方面来说，大量图片所显示出的这种共性也表明，在表现一个关键词所表达的含义时，图形化的表现方式实际上是有所固化的。如果界面设计师的最终目的是设计出独特的风格化设计，就应该对这种大量图片所表现出的共有图形元素有所警惕。通常情况下，一些固有的、惯用的图形元素是无法被规避的，但也是相对安全的设计。设计师如果想要做出独特的设计，那么需要除了能够分析出这些共有图形的规律，还要对此规律进行延伸和再创造。

💬 提示

在这里，"安全"的设计通常指设计师惯用的、约定俗成的、经过用户和市场考验的套路化设计方式和设计手法。它们通常可以被套用在多个具体的应用场景中。如在进行表示"保存"含义的设计时，安全的设计手法就是用软盘图标来表示。但如果在特定的风格设计中用了别的造型方式，就可能带来很多修改上的麻烦，最终让用户也有可能无法快速识别出图标，这就是"不安全"的设计。在实际工作中，"安全"更多代表的是保守常规但是好用的设计，"不安全"则更多代表的是冒险和创新式的设计。基于此，在实际设计中，设计师需要根据实际情况对这两者进行取舍。

色彩偏向的提取

色彩偏向的提取非常复杂，界面的色彩偏向不单独由关键词关联的图片所决定，甚至大部分都需要设计师去人为进行调整。不同的色彩本身也带有固有的情绪偏向，也可以对应到不同的设计风格中。如黑色和红色等带有警示、压抑情绪特征的色彩通常被应用于暗黑风格的游戏界面中，蓝色、亮黄色及紫色等带有冷静、神秘情绪特征的色彩通常被应用于科技风格的游戏界面中，红色、亮蓝色等带有活泼情绪特征的色彩通常被应用于卡通风格的游戏界面中。这些都是设计师应该熟知的色彩心理学和色彩风格理论。而在进行风格化设计时，通过关键词的认知，设计师就已经能对特定的风格做到心中有数了。

但是在实际工作中，总会出现找不准确切方向的情况。这时候就需要依赖一种叫"马赛克工作法"的方法。利用"马赛克工作法"提取颜色所依据的原理是，在特定关键词所对应的图片有颜色上的共性时，可以通过模糊或马赛克图片来抽象化这些图片的颜色特征，并通过颜色拾取工具来快速拾取色相。

具体方式表现为：（1）将主要关键词所对应的图片拼合到一张图中（见本节知识点 6 中的图 2）；（2）将拼合后的图片做马赛克模糊处理（见下图 1）；（3）用颜色拾取工具吸取图片中的主要色彩，并归置于图片一旁（见下图 2）。

图 1

图 2

经过以上这 3 步操作，基本上就可以提取到需要的色调了。需要注意的是，这种方式所提取到的颜色仅作为一种色相的参考。由于颜色拾取工具的工作方式是仅拾取鼠标所单击的像素的色值，并不能拾取到相对可靠的饱和度值和亮度值，因此关于界面设计最终要使用到的色彩，设计师还需要在后续工作中依据这里提取到的色相来做具体调整。此外，这一方法所依赖的必须是经过严格筛选的图片。不同的图片在同一关键词下可能会有完全不同的色彩表现，有些情况下能够表现某个关键词的物体在图片中占比太小，经过特殊处理之后就被忽略掉了。以这样的图片作为基准去提取色相是不准确的，而这一点更凸显了上一步中对图片筛选的重要性。

例如，右图中所示的黄色就并不是直接拾取的颜色，而是在拾取的颜色的基础上，手动选择了饱和度更高、亮度更高的黄色，以便和已选取的色彩相搭配。有时也会考虑到具体的情境对特定颜色的饱和度、明度，甚至是色相的影响，从而根据其做一些细微的调整。

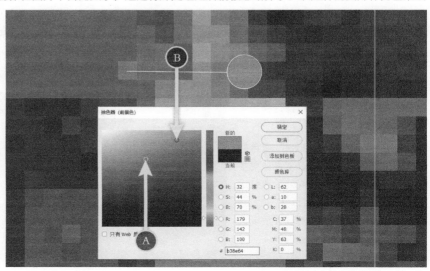

⊙ 配合 CE 制作设定稿

界面设计工作所需的基本图形和色相都已经被找到，接下来就需要着手进行风格稿的设计了。需要注意的是，风格稿的设计应该结合同时期的玩家 CE 和前期的相关市场分析报告数据来进行。从检索关键词到开始第 1 稿的设计稿工作，设计师一直处于与产品受众即目标玩家相隔离的状态。风格稿的产生，是设计师与目标玩家直接沟通的有效媒介。此时可以根据玩家的喜好来调整前期设定工作中的缺漏和偏差，从而降低后期修改的成本，也使得设计更符合玩家的口味，适应市场的预期选择。

右图所示为"Fexgame"早期的市场调研资料，这些数据资料对界面风格化的设计有很高的参考价值。

🤖 提示

玩家 CE 指的是在游戏项目开发的过程中，项目组邀请一部分种子玩家进行试玩或参加访谈活动。这些玩家的数量一般在 10~100 人，并且是从特定游戏的竞品游戏玩家或类似玩法游戏的玩家中通过一定的方式邀请到的。在这样的活动中，项目组通过让玩家试玩初期的 Demo，给玩家展示早期的美术风格稿、界面设计稿等，并收集相应的反馈来分析种子玩家对目前游戏进度的各个要素的满意度。游戏界面设计的风格稿会在此时展示若干个有所差别的版本供玩家选择，玩家会有"很好""看起来有点 Low""丑"等这样或好或坏的反馈，设计师可以通过这些反馈来确定风格稿的修改方向。

不过，并不是所有 CE 玩家的评论都是真实有效的。在这里，玩家的意见还需要设计师去根据反馈结论来分析其意见背后的真实缘由。如在一个新项目的玩家 CE 中，针对界面设计的感受，玩家可能会说"太萌了"，设计师在设计中就应该尽量迎合玩家的需求。如果发现其属于喜欢暗黑风格游戏的硬核玩家，只是因为个人原因无法接受过于圆润的图形设计和清新的色彩设计，那么这条意见就可以被忽略。但是如果该玩家本身就是该项目的核心玩家，那么这条意见就是有价值的，设计师就应该根据该意见去做有效的修改。

市场调研

调研目标

1. 玩家分类
2. 他们是什么样的人
3. 他们想要什么

玩家类型和需求是进行用户画像的基础

调研方式和基本状况

为摸清该类型手游市场情况，在 2 月份（2015 年）通过 QQTips 推送问卷的方式进行定量调研。共回收问卷 4229 份，筛选后剩余 3841 份有效问卷。

样本量越多，调研结果越准确

调研数据分析

- 随游戏操作性对抗性加重，男性占比上升，女性占比下降。
- 18~24 岁占 4 成，技术对战型低龄化。
- 高中生占 3 成，技术对战型高学历玩家较少。
- 学生将近 5 成，固定职业 3 成多。

年轻 低学历 男性化

科幻与写实较受欢迎

美术方向的初步调研结果

⊙ 形成最初的风格稿

界面设计工作从项目开始的风格探索阶段到后期的风格成熟阶段，是一个不断发展变化的过程。在大部分情况下，它并不是一个通过一场会议或经历一两个风格稿就可以快速解决的工作。作为游戏界面的设计师，一方面需要根据项目的特性来定义最主要的方向，另一方面需要考虑实际需求和玩家 CE 中反馈的使用感受来不断修正细节。这个动态的过程是需要数个设计稿版本的迭代来完成的。

右图所示为"LEgame"项目的第 1 版风格稿，图中标识了设计稿中对前步分析的对应，如 A 处的布纹设计、B 处的蕾丝纹理设计、C 处包括除此处外多处明显可见的玫红色设计及 D 处一些水晶质感的应用等。

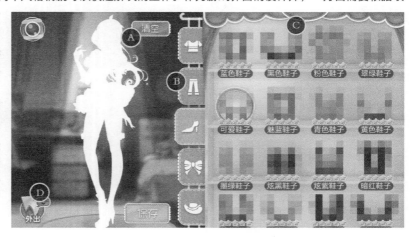

6.4.2 成熟游戏界面风格的所需要素

风格的形成只是游戏界面设计的初始阶段，后续阶段属于一款游戏界面的风格设计逐渐成熟的过程。对此，我们需要有一个理性而全面的认知。

⊙ 风格的形成是动态成熟的过程

游戏的界面设计从风格设定到风格成熟是一个动态过程。一个游戏项目的界面设计不可能在风格设定完成的时候就完整地呈现为成熟的风格状态。之所以这样，是由两个原因造成的。

第 1 个原因是游戏界面设计师对某一种特定风格的设计并不一定非常熟悉。如同对恋人的了解一样，风格设定完成之时的界面其实只是相当于见到伊人第一面时对彼此的浅层了解。情侣之间深入地了解，乃至走过一生，还需要漫长的接触和磨合。对一种风格或一个游戏的界面与设计师之间的关系来说，这种磨合和接触就是日常的需求处理，是和同事之间对一种具体功能的视觉化表现的争论等若干事件构成的。在长期的这种磨合过程中，设计师会碰到非常多的问题需要解决。在解决无数问题过程中，才构成了对一种设计风格的熟悉，进而把风格的设计做到成熟。

游戏界面设计的风格成熟时间轴和设计师对应的阶段示意如下图所示。

对所有的游戏界面设计师来讲，对细分化风格设计的熟练过程是大致相同的。但在不同工作环境下工作的设计师，又有着不一样的特点。这里涉及一个问题，那就是设计师应该熟悉更广泛、更多种类的风格，还是应该专精某一种类型的风格？

设计师的工作环境可以分为两种类型，并且这两种工作环境分别对应的是广泛与专精这两个范畴。

第 1 种工作环境是设计师所在的公司或部门本身是一种资源池的性质，需要承接或支持多个项目的开发工作，设计师的工作需要应对任何可能的设计风格。在这种工作环境里的设计师们所对应的技能是熟悉把握更广泛、更多种类的风格。这种技能的优点是可以把设计师培养成多面手，不管什么风格都做得来。同时缺点也很明显，每个人的精力和时间都是有限的，在有限的精力和时间内，广泛涉猎的内容往往会具备肤浅的特质。这种工作环境下的设计师也难免出现每种风格都可以做，但都做不到很好的现象。在支持项目时，这种设计师不管从客观上还是主观上，都无法在细分化的风格上去认真打磨。客观上，每个设计师在这样的部门里都是以一个人力的形态存在，对部门来讲，第一要务是完成所承担的多个项目的开发需求，就会在人力调配上更加追求效率，并且会在效率的重压下对品质做出一定妥协。这种情况下，从组织层面上讲，就不大可能会考虑到设计师个人的选择倾向，也不会花太多精力去考虑设计师的调配对具体某个项目的影响。

在资源池性质的组织里，设计师的工作形式示意如右图所示。

第 2 种工作环境是设计师所在的公司或部门本身就类似于项目组或多个项目组的组合形态。这种工作环境的客观现实是，公司或部门所开发的只是一个项目或同一个类型的若干个项目。设计师在这样的组织内承担的是长期支持某一种类型风格的设计工作。这种工作环境对应的就是专精某一种类型的风格。优点非常明显，设计师可以长期地沉淀在某一个或某一种风格类型上，熟悉、研究并且达到专精。这对设计师所在的组织来说也同样是优点，长期研发同一品类的产品对项目团队来说是一种专业化的淬炼。面对同一种类型的游戏，长期专精该类型的团队要比临时组建的团队效率高很多。对设计师来说，这样的工作环境的缺点是容易陷入舒适区。长期对某一种类型风格的设计，使得设计师的个人设计风格更加专精的同时，也容易使其失去对未知领域探索的动力和勇气。相对涉猎风格更广泛的设计师来说，失去目前设计风格的专精设计师将有一无所能的可能性。

项目组性质的组织里设计师的工作形式示意如下图所示。

提示

这里所谓的"舒适区"是指人在长期专注某一领域时，逐渐擅长这一领域的技能，从而更乐于待在这一领域所在的区域内。界面设计师如果长期专精于某一类的界面设计而不涉猎其他类型风格的界面设计，就很可能进入"舒适区"这一状态。设计师待在舒适区的原因不光是主观上的原因造成的，也有客观的原因。与舒适区所对应的概念是学习区和不适区。一个好的设计师应该是与时俱进的、视野广阔的。因而笔者不建议大家待在舒适区或待在舒适区太久。对设计师来说，不停地学习新的技能，接触新的想法，了解更多别的学科的研究方法，可以逐渐拓展自己的舒适区并缩小不适区。

对设计师而言，这两种工作环境都是各有利弊的，同时对于其弊端也都有一些解决的办法。例如，在资源池性质的组织里，有些部门会安排设计师长期支持某一个特定风格的项目，只会偶尔派遣设计师到不熟悉的项目里。这样做的好处是在一定程度上弥补这种环境下设计师不够专精的缺点，同时也保留了设计师有广泛涉猎的可能性。在长期开发某一个类型项目的组织里，设计师只要保持视野的广阔性，多去接触甚至是练习不同类型的界面设计，同样也可以在保持专业性的同时，还留有广泛涉猎的可能性。

第 2 个原因是一种风格乃至同一个控件在不同的适用情境下的外在表现是不一样的，有时甚至是大相径庭的。游戏界面应该依据功能的需求去设计，而不是靠设计师设计风格时了解的前设定来完成的。也没有哪个设计师能够预见到全部游戏系统设计的细枝末节，并提前为所有的情况设计好适用情境的设计。每一个新增细节和错误修复，都在为一个风格设计转化为成熟系统的界面设计添砖加瓦。

这里，实际上涉及两种设计方式，即预见性的设计和"遇山开路，遇水搭桥"的设计方式。

预见性的设计是在风格确定的同时，预见性地对将来的可能性设计进行统一设计。这在理论上并非不可能，实际操作中在一定程度上也是可以做到的。例如，通常手机游戏的系统设计都有很强的相似性，并且绝大部分的游戏都会有主界面、商城及背包等页面。在对某一个常见类型的游戏进行风格设定的时候，就可以预见性地确定这类页面的存在。有些类型化的游戏，在页面的排版设计上也都倾向于相似的设计。如此也就有可能在策划设计方案没有明确的时候，提前做出这些页面的设计。但是，正如前面所讲，谁都不可能完全准确地预见未来。虽然手游的系统可以如此类似，但各个游戏系统设计的细节还是有非常大的差别，表现在界面上更是如此。因此，这种预见性的设计只能做到一定的程度，这种程度除了这些常见的页面的设计，还有一些固有控件的设计。设计师可以在风格设定的时候，做好常见的控件类型的普遍形态。到落地可用的时候，如果有不匹配，就可以因地制宜进行修改。

下图所示为不同的 MOBA 游戏中的主界面对比示意图。其中左上所示为《王者荣耀》的界面，右上所示为《英雄行星》的界面，左下所示为《混沌与秩序之英雄战歌》的界面，右下所示为《小米超神》的界面。它们都有着相似的排版设计。

🌹 **提示**

"遇山开路，遇水搭桥"的设计方式很实用。它可以保证在风格设计之外不做任何多余的设计，等到具体需求明确的时候，再考虑界面设计风格的具体应用和扩展。这是效率较高、修改成本较低的一种做法。在游戏开发的过程中，这么做体现的优势有两点：一方面，在界面设计层面上，对未来预见性不够准确，容易造成窝工的现象发生；另一方面，基于因地制宜的界面设计思路，即使同种控件会在不同使用情境下发生很大的视觉演变，具体的页面设计也需要考虑具体需求和美术环境的搭配。不过，这种设计方式也存在一定的缺点，较明显地体现在没有任何预见性的设计，即在任何急于看到游戏全局视觉化印象的人（这些人可能是策划人员，也可能是制作人或决定项目命运的老板）面前，缺乏展示素材。

显而易见地，界面设计师在实际工作中并不会纯粹地只用两种方式的其中一种，实际上通常是混用这两种方式的。例如，设计师在进行一个新的游戏项目的风格设计时，需要凭借一定的页面视觉内容去让人认知新的设计风格，但此时具体页面的需求可能都还没有，甚至游戏的背景建构都并不明确。在这种情况下，界面设计师就需要利用手机游戏大概率会出现的几个典型页面设计方式来设计新的风格。正如在之前的内容中所提到的，设计师在初期的设计工作是没有足够的策划需求为支撑的，而是以风格的展现为核心工作内容，就会在虚拟的几个页面上去做最初的界面设计稿。每个设计师都知道，无论是虚拟性的需求，还是现实性的需求，想要全部都满足的工作量并不小。在没有确切功能需求的情况下，就虚拟出若干个页面去做设计，属于凭空捏造式的工作，并没有什么实际意义。在用虚拟页面做风格展示的时候，一方面我们可以不考虑或少考虑之后实际会存在的页面与目前风格设计页面之间的差异。因为风格设定阶段的工作内容就是寻找合适的风格，具体的细节表现是其次。另一方面，之所以考虑去虚拟大概率出现的典型页面而不是其他比较个性化的页面，是因为这么做本身就缩小了虚拟页面和实际页面之间的差别，为未来正式版本的设计做最安全（即效率最高、返工可能性最小）的保障。这种做法就融合了两种不同的工作方式，具体表现在用虚拟的典型页面去展示风格是一种预见性设计，但这种预见性设计并没有做得很彻底。同时为了考虑未来真实页面的设计效率，风格设定的时候也是选择大概率会出现的页面，这是"遇山开路"设计方式的思维体现。

下图所示为笔者在代号"PRgame"的项目中所设计的风格稿主界面（左）与经过后期实际需求调整后的主界面（右）。

我们讨论了很多风格设定和设计师工作习惯与风格逐渐成熟的关系，在这个关系里边，需要时刻去秉持的项目开发思想和无处不在的执行方式就是"小步快跑，快速迭代"。这种设计思想是受游戏项目开发思想的启发，较早来自腾讯对产品开发的思维方式，即及时响应用户的需求和市场的细微变化，快速迭代产品得以跟上用户的需求和市场的变化。后来被应用于腾讯互娱的诸多手机游戏开发项目中，也是腾讯游戏开发的一个基础指导性思想。区别于传统端游慢节奏的大型迭代方式，这种迭代思想的核心含义是快速响应、快速修复、快速迭代版本。将大迭代分割成若干个小迭代，每次更新一小部分内容，但每天可能会有至少两个版本的更新。这就意味着每次迭代时并不一定需要解决所有的问题，有一些问题需要被临时绕开，有一些则需要立即解决。对界面设计来讲，这种思想主要应用在界面风格维护和设计问题的解决上。可以说这两种问题是设计师每天都会碰到的，而且数量会很大。什么问题需要绕开，同时什么问题需要立即解决，这是需要设计师在"小步迭代"设计思想里明确和定性的。

下图所示为敏捷开发方式的优势说明示意图。主要表现为可以更迅速地解决重要问题，并且更敏捷地适应市场环境。

在这里，需要立即解决的设计问题有以下几点。（1）明显的设计缺陷造成的用户体验问题或设计方式不便于切图和实现；（2）明显偏离了主设计风格的设计，需要立即改正；（3）对于当前计划中的大版本有至关重要作用的界面设计，即优先级比较高的需求必须先解决。

需要临时绕开的设计问题主要有以下几点。（1）临时决定的设计方式可能需要应用在以后的界面中，会有实现同样功能的不同具体情境化的变种。这种情况需要配合以后出现的具体情况来进行修正，设计之初无法准确定位设计的具体方式或者无法预料多种情况的变化。可以先保留一种方案，等待别的情况出现后再进行多次修正。（2）对于一些明显需要应用到很多功能情境中的设计方案，当只有一种情境可供参照时是无法被设计得完整的，需要将一个首要方案先实现到版本中，等待后期各个功能情境都被实现出来后再对设计进行修正。这正是边跑边改的一种思路。（3）已经设计完成，但是整个需求被放弃，这种情况显而易见是需要临时绕开的。需求有时候会在特定的情况下被放弃，这些情况有时候是游戏系统设计的变更，有时候是受到开发进度的影响。但是一旦需求被放弃，其对应的界面设计也应该及时中止。在当前迭代中临时绕开以备未来重启或者永远放弃。（4）有争论的设计方案。在迭代周期内得不到一致结论的情况下，特定的设计方案需要被冻结，并启用临时方案。争论可以继续，但是迭代必须进行。一直到争论有结果的时候，再在当时的迭代中排期落地。

在一般的游戏项目中，界面设计都要经历"风格设定→修正→稳定的风格设计→铺量→修正→形成稳定的风格"这 6 个阶段。从严格意义上来说，一直到"形成稳定的风格"这个阶段，设计师对于"风格设定"的工作才算完成。在有些极端情况下，如对项目的定位没有准确的判断、项目本身的大方向可能需要数次的调整，界面设计也可能会受到影响，期间会经历多次的风格设定过程和无数次的"修正"过程。这对设计师和设计团队来说，无论是从心理上还是生理上都是不小的考验。但是只有抓住了项目的核心需求，懂得去挖掘玩家真实的反馈和需求，不管经历的修改有多频繁，设计师才能在每次修改中找到正确的方向，确保设计上不失误。

⊙ 具备丰富的视觉表现力

现下的游戏界面基本上都具备丰富的视觉表现力，我们似乎已经对此习以为常。经过对比我们可以发现，实际上这一点需要完成很多工作才可以做到。较极端的对比是 FC 游戏时代的界面和现代游戏中有相同功能的界面的对比。

💮 提示

FC 指的是任天堂家用游戏机 Family Computer，又称红白机，简称 FAMICOM 或 FC。该时代的游戏是电子游戏逐渐发展的代表性游戏，虽然时人并无知觉，但由于时代的不同，当时的游戏画面和界面相比现在的类似等级产品都比较"简陋"。特此拿来对比，以了解游戏界面的一些特点。

下面所示为游戏《勇者斗恶龙》的一组战斗界面，同样的战斗界面，在视觉表现上有很大的不同。在第 1 个界面中只能用文字来表现界面信息，在第 2 个界面中则增加了如头像、血条等界面设计元素，极大地丰富了界面的表现力。在第 2 个版本中因为人工技术和机器性能的进步，游戏画面的表现相对 1986 年版本有了足够明显的提升，但依然在界面上做了很多的类似表现，这至少说明无论游戏界面里是用文字对信息进行描述，还是用图像和界面组合的一组视觉化图像来展现，其根本目的是一样的，就是让玩家得知游戏中正在进行的事情，以及玩家的操作使得游戏发生了变化而产生的反馈。这其实就如笔者一直所强调的：游戏界面存在的根本目的就是作为一种媒介去实现游戏想要达成的功能。但是，若仅传达信息或具体而言的操作反馈、故事进度的话，所有游戏都制作成文字游戏就可以达到这个最基本的目的了。但为什么游戏不但没有被做成文字游戏，游戏界面反而充满了丰富的视觉表现元素呢？

这正是因为游戏界面、游戏画面等组合而成的视觉化元素想要达成另一个功能——给玩家以具象的沉浸感。游戏作为一种特殊的娱乐化软件，其最大的特点正在于此。它不仅需要让玩家知道发生了什么，还需要让玩家切实体会到这些事情发生之时细微且逼近真实的感受。游戏的界面正是基于此，才在设计手段上与其他软件的界面有着截然不同的表现方式和手法。游戏界面的视觉表现力直接承载着游戏本身想要表达给玩家更多沉浸式的情感化内容，也就从易用性的内核上外延出了另一个层面，即视觉表现力。

较早的电子游戏就是文字的形态，如《北大侠客行》等，而且玩家与游戏本体的交互方式也只能通过命令代码来执行。这种游戏里的每一个故事情节和玩家的操作反馈都需要玩家在阅读文字之后通过想象来达成。现在的游戏则不仅有游戏画面，还有操作界面，通过直观的视觉体验给予玩家这两个层面的需求功能。

例如，右图所示为《北大侠客行》的游戏界面。游戏的过程通过文字来传达，玩家通过输入指令来进行互动。

游戏界面的视觉表现力除了与游戏本身的要求有关，还在于相同的界面控件在不同的游戏情境中可能有着完全不同的表现形式。如手机游戏中常见的弹窗样式，会有常态和运营态两种样式。

不同情境中，相同功能的界面控件有着完全不同的表现形式，这是游戏界面视觉表现力丰富的另一层表现。例如，下图所示的是笔者为代号"PRgame"的项目所设计的两种弹窗，左侧为普通的弹窗，右侧为鼓励玩家分享游戏的特别

活动弹窗。同样是弹窗，它们的视觉表现通过不同的视觉元素呈现出完全不同的样子。两者差异如此之大，归根结底，还是因为特殊活动的弹窗需要有更强烈的刺激，而普通的弹窗则只需要承担表现游戏本身的风格与功能即可。

⊙ 对动效的依赖

在游戏界面中，动效的使用非常普遍，这也是游戏界面视觉表现力在动态维度上的一种特点。在大部分普通软件或者应用中，只有在特别需要情感化设计时才会用到动效设计。而在游戏中，由于特别而且丰富的视觉化表现，动效的应用极其普遍，使用方式也非常丰富。

提示

更广义上的动效包括所有的动态界面，窗口的打开和关闭也可以被认为是一种动效。但我们这里所谈论的动效则指代狭义的动效，即普通的界面切换之外的、特别的、有暗示含义的动态效果。

和界面视觉的表现目的一样，动效也包含了直接的视觉化展现功能和游戏功能性体现这两个方面的内容。

动效的动态效果多种多样，也可以表现不同的风格。例如，表现得比较有弹性的动作就会被应用在可爱活泼的风格里。缓慢优雅的动作则用于风格倾向更成熟稳重的风格里，如科幻、写实主义风格等。科技感十足的界面中使用到的动效大多会涉及闪动、灵活效果等。这些内容我们后续会在第 12 章和第 13 章中讲到，这里不再赘述。

综上所述，游戏界面设计是一个根据具体的游戏项目的背景建构推导出合理的设计方式的过程。对每一个游戏来说，游戏界面的重要性体现在它是游戏实现自身功能非常重要的一环。其风格设定、细节优化都会在项目存续期间不断被玩家和各种关心项目的人所关注，也会持续地被设计师维护和优化。作为游戏界面设计师，在项目的开头，就应该意识到这绝非是"一时一事"之功，而应是"深耕细作"的长期工作。

07

第 7 章

界面节奏感的把控

本章概述

所谓"文似看山不喜平"，在日常生活中，我们认为的好看的小说、电影及好听的音乐等都是建立在有良好的节奏感的基础上的。一篇好的文章就要像远处的山峦一样，有起有落，跌宕起伏；一部好的电影在叙事上也应该有激动人心的开头，有娓娓道来的铺垫，有扣人心弦的故事高潮，也有回味无穷的结尾。同样，一个好的游戏界面设计也应该是有节奏感的。本章将从节奏感的基本表现开始，到具体的游戏界面范例，逐步分析如何在游戏界面设计中制造出合理且令玩家感到舒适的节奏感。

本章要点

» 节奏感的基本表现与分析

» 界面节奏感的表现特征分析

» "LEgame"和"PRgame"项目中节奏感的把控与分析

界面篇 ▶

7.1 节奏感的基本表现与分析

针对节奏感的基本表现，这里主要从以下两个方面进行分析：一个方面是节奏感在生活场景中的表现，另一个方面是节奏感在游戏界面中的表现。

7.1.1 节奏感在生活场景中的表现

人类会对没有节奏感的事物感到乏味。想要一个人对某件事物保持兴致，需要对他进行持续的刺激，但是持续平稳的刺激会使人的神经系统产生自适应。而为了让人一直感到刺激，并且避免神经系统产生自适应，刺激水平需要不断提升。这种不断地提升刺激且在每两个刺激之间有一个小的低潮的处理方式有两个优势：一是可以提高神经系统对外界刺激的阈值，让人可以不断收到足够强烈的外界刺激；另一个是可以给予人适当的休息时间，不至于让这些刺激连续不断，使人的神经系统持续紧绷，甚至崩溃。如果把提升刺激设计成一个持续的过程，我们的神经就会变得像一根一直被施力的弓弦，随时会因为无法承受压力而断掉，如此一来就不会得到持续感受刺激的效果。

所以说，良好的节奏可以理解为合理的刺激，往往会有"高→低→更高→低→再高"的一个波动过程。节奏感曲线如下图所示。

下面，我们来简单地看一看节奏感在音乐、电影及美术作品中是如何发挥效力，使文艺作品能够具备强有力的吸引力的。

⊙ 在音乐中的表现

在音乐中，节奏是通过旋律的不断变化来达成的。以流行歌曲来举例，一首歌通常是由前奏、主歌、副歌、过渡句、流行句、桥段及结尾这 7 个部分组成的。其中，前奏起到启动整个旋律的作用。从前奏到主歌的部分，旋律逐渐过渡，节奏上升，到副歌时达到高潮。期间，流行句往往也被置于副歌部分作为记忆点，使歌曲朗朗上口并且有流行潜质。副歌过后，通常会经过短暂停顿并不停重复副歌部分，这部分节奏进入最激烈的阶段，并且不停地在高位波动。之后是桥段和结尾，节奏走向低落，直到歌曲结束。

下面，我们可以从一整首歌的节奏表现中看出典型的节奏波动规律。图1所示为某歌曲大致节奏感的第1部分，图2所示为某歌曲大致节奏感的第2部分。歌曲开头的0~06s是歌曲的前奏部分，这部分的音调较为平缓，没有人声歌唱。从 00 ' 06 " 开始为加入人声歌唱的主歌部分，这部分的节奏依然平缓，但是由于加入了人声，因此节奏上要比前奏强一些。从 00 ' 51 " 开始，主歌人声的音调开始提升，伴随音乐节奏的增强，从 01 ' 13 " 开始进入副歌部分。这部分的音乐节奏和人声歌唱都要比之前的所有部分强烈，是本曲的第1个高潮部分。这部分的歌词包含了歌名，是整个歌曲的记忆点。副歌在 02 ' 05 " 结束后，歌曲进入一个小的间歇期。这段时间由主歌的第2部分填充，节奏上和第1部分的主歌类似。02 ' 29 " 后再次进入副歌，内容和节奏都与第1次的副歌相同。这部分的副歌结束后，从 03 ' 22 " 开始节奏放缓，进入歌曲结尾部分。这首歌结尾部分的声音经过了特别的处理，听起来像收音机的音效，加之人声歌唱的速度放缓，情绪表现低落，使整首歌进入低潮期，并顺势结尾。反观整首歌，不仅音调旋律优美，唱词优雅，编曲和整个音乐节奏也把握得恰到好处。

⊙ 在电影中的表现

在电影中，节奏感通常表现为特有的故事矛盾的激发方式，这里以好莱坞电影为例来进行分析。在好莱坞电影中，除了一些穿插叙事、平行蒙太奇等奇怪手法或导演风格极其明显的电影，一般在开头 10~20 分钟就需要制造故事剧情的第1个小冲突，而后故事节奏趋于平缓，随着故事情节的进展，不停地激发矛盾，而且矛盾一个比一个激烈，矛盾激发之间都会有短暂的平稳过渡，到影片的最后一段时，总矛盾激发，进入故事高潮，然后结束故事，电影结束。

典型成熟商业化的好莱坞电影中的故事节奏曲线如下图所示。

⊙ 在美术作品中的表现

在美术作品这类静态类型的艺术中，节奏感是以视觉化的直观形式且瞬时地展现在一个二维面上的。一幅优秀画作的节奏感往往通过光线补偿、颜色对比和平衡构图来达成。平面艺术的节奏感最终所要表现的效果是视觉上的平衡。平衡并不是平均，而是将平面各处的元素（包括颜色对比、质感描绘和美术元素的数量浓度等）进行有节律的排布，以给人均衡的视觉感受，而这种感受只能通过控制良好的节奏感来形成。不平衡固然也是某一类艺术形式所追求的效果，但商业化的、大众化的美术作品在节奏上的追求依然应该是平衡的。

在这里，笔者以一幅名画为例分析一下在平面美术作品中节奏的分布规律。

下图左所示为英国水彩画家海伦·阿林厄姆（Helen Allingham）的纸上水彩作品《肯特郡韦斯特雷姆的收割场》（Harvest Fields in Westerham, Kent）。在看似简单的画面中，艺术家对色彩和构图节奏都有非常纯熟的利用。这幅画通过层次分明的色彩节奏，交代了整体画面所描述的氛围基调。不仅如此，画家以从上到下第 1 条青色线条标注的位置，即纵向的黄金分割线作为天际线，如标示图所示。中景的第 2 条青色线条则稍微向右下方倾斜，使原本以色块划分的整齐块面更加灵动。除此之外，画中的焦点、横向上黄金分割点处（黄圈）引人注目的一棵树，以及这棵树上方天空中不远处（紫圈）的飞鸟，都增强了画面的灵动感和自然感。

7.1.2 节奏感在游戏界面中的表现

节奏感在游戏界面中的表现可以分为视觉层面的表现和交互层面的表现。同时，视觉层面的表现又可以具体分为色彩和构图这两方面。

⊙ 界面色彩中的节奏感

视觉层面的节奏感指的是游戏界面中纯美术层面的节奏感。在一个功能完整且需要长时间"待机"（即需要长时间展示）的界面中，界面色彩的把控应当结合整个界面中的人物、场景等其他美术元素，以此呈现经得起考验的视觉效果，让玩家在操作上感到愉悦，并能自然感受到游戏想要传达给玩家的关于游戏的情感化内容。

在游戏界面设计中，将设计本身与游戏原画、场景及人物等其他美术元素结合的方式涉及游戏项目初始和迭代过程中的视觉研究、风格规划及迭代优化等内容（后面对此有详细描述，这里不做重点描述）。我们应该把一个游戏内的界面作为一个整体去考虑。这要求视觉层面的节奏感需要保持合适的平衡。这种节奏的平衡通常表现在 3 个方面。（1）颜色的合理分配和均衡。需要平稳的色彩分布时却使用了某种色彩进行突出表现，或者在需要突出某种功能时却使色彩分布过于平均，都会导致失衡。（2）界面设计中用到的标准色和辅色有合适的应用，如果在功能要求的情况下导致某种色彩使用过多，使整个画面的色彩失衡，那么应该通过一定的方式去补救，如围绕核心适当添加辅助色。（3）不能教条式地认为色彩是"死"的，或者认为功能是交互的合理要求，就直接放弃对界面平衡感的把控。

图 1 所示为网易游戏《永远的 7 日之都》中出现的充值活动界面，图 2 所示为这个活动界面的颜色提取处理示意图。通过这两张图片我们可以看出，设计师在这个界面的设计上充分利用了颜色对比的方式来突出主体部分，形成了比较合适的界面节奏。这个界面内最重要的信息包含 3 个：一个是标题"黄金伞祝福"，另外两个分别是充值送钻石的"150%"和右侧的"黄金伞"大图片。从三者整体的分布情况来看，其布局为上下结构；单独从后两者来看，其布局又为左右结构。这符合玩家的阅读顺序，即先看标题，然后看内容和图片。同时针对这三者设计师也运用了高对比度的色彩使之凸显，主要表现在 A 处的两个淡黄色暖色调、B 处的两个暗红色调及 C 处的两个撞色色调。它们都通过色调的冷暖从 D 处这样偏冷的大背景色中抽离了出来。同时，A、B、C 各处也各有两个色调对比，从而与环境色产生了一种切割关系。

图 1

图 2

⊙ 界面构图中的节奏感

在游戏界面设计中，界面的构图同样需保持节奏感。当然，界面的构图设计应优先考虑功能的体现，在功能的基础上设计出构图合理的界面。同一界面内的界面控件分布的构图失衡，如果是交互设计导致的结果，就需要交互设计师和视觉设计师结合去研究是否有合理的解决方案。如果是视觉上的考虑欠妥，应该从视觉层面上去解决，这种解决方式非常多，不管是界面元素的替换使用，还是将界面和原画、人物等相结合考虑，都是思路的一种，需要结合具体情况具体分析，并寻找合理的解决方案。

例如，在下图所示的《QQ 飞车》的商城界面中我们可以看到，按照功能性的层级，这个商城界面整体上是以"左中右"的布局进行的设计。这种构图方式的合理性在于以下 3 个方面。首先，从左到右是一个逻辑上逐层关联的操作结构，左侧的页签为第 1 层级，决定着中部显示的商品类型，中部被选中的商品则决定着右侧人物的预览效果。此逻辑构图较为合理。其次，三者在本界面内的重要程度并不与层级完全相关，作为商品选择载体的中部区域，需要放置大量商品信息，包括图标、价格及活动标签等，并且从构图上来讲其区域范围是最大的。商品的视觉冲击力对玩家的购买行为有很大的影响，这也是右侧构图区域成为第二大区域范围的原因。同时，为了进一步提升视觉效果，右侧的预览被设计成了无框模式，而且为真 3D 实时预览的效果。最后，这种布局也是这款游戏界面设计规范的一种，在其他界面中都可以看到类似这样的布局。总的来看，这个界面的设计遵循了功能性优先的视觉构图设计思路，因此保证了界面的可用性、可读性和视觉节奏的均衡。

同时，对于节奏感在游戏界面构图中的表现，需要从整个游戏系统的所有界面去考虑，而不应局限于某一个具体的界面中。在一些典型的游戏界面系统中，节奏感的分布是有一定规律的：主界面最为突出，它的色彩和布局都比较吸引眼球。其他一些重要的界面也有着类似的视觉强度，如商店、表现段位和品阶等能够凸显玩家价值的界面。其中有些界面的视觉强度甚至要强于主界面，如重大的运营活动界面、一些特别的排行榜等。与此同时，一些信息列表类型的界面相对重点系统界面来说要设计得平缓一些，如邮件列表、好友列表、个人的战斗历史详情及设置界面等。各个界面之间的节奏感对比，可以使界面整体给玩家一种有轻有重的感受。如果全部界面的视觉表现都保持一样的效果，那么玩家在潜意识中反而不知道哪里是重点了。

例如，下图所示为《楚留香》中出现的 3 种弹窗的普通形态和特殊形态对比示意图。这款游戏和其他所有手游一样，都在整个系统层级上为各个界面设计了特定的视觉层级，这些层级很好地吻合了各个界面在系统中的位置和各自的功能性需求。

这里，我们具体以该游戏的几个层级弹窗的设计为例进行分析。图中从上到下列举的分别是 3 个尺寸，且分别对应 3 个层级的弹窗设计。其中每行对应的分别是左侧的普通形态弹窗和右侧的特殊形态弹窗。在这里，我们可以非常明显地看出以下几点。（1）弹窗承载的信息量、功能重要性与它们的尺寸相对应。例如，系统化、集成式的信息如"衣柜"这样的系统被设计在了如左上那样的大尺寸的弹窗中，需要快捷操作的信息则被设计在了"珍宝阁"这样中尺寸的弹窗中，提示类信息被设计在了"容纳"这样小尺寸的弹窗中。（2）弹窗的设计样式会根据功能类型来区分。这款游戏中的活动类型弹窗有很多种，如本图右侧一列所列举的这几个看起来异于

其他通用界面风格的界面。它们仅是这款游戏诸多运营活动中的同属一个活动的系列弹窗，它们都遵循着"异于"系统规范的设计，使用了完全不同的色调和设计元素，视觉上的表现特别亮眼，配合动效设计和音乐氛围更显特殊。

💡 **提示**

> 需要注意的是，这样的设计虽然较特殊，但它们仍然在整个游戏界面设计风格的范畴内，并且依照了类似普通形态弹窗那样的设计规律，按照功能在尺寸上从大到小进行了有序的节奏设计。

⊙ 交互层面中的节奏感

交互层面同样需要节奏感，而且这种节奏感甚至还更重要一些。交互层面本质上考虑的是界面的易用性。节奏感对人感知的重要作用使得交互设计层面的每个细节几乎都在体现节奏感，这种体现具体表现为以下 3 个方面。

首先，同一界面内操作的重点不是均匀分布的，而是需要遵循操作习惯进行合理的疏密分布。就手机游戏而言，以横屏界面为例，其操作的热区往往分布于画面的底端及两侧。之所以会这样分布，是因为人在双手持握（横屏的操作特点使玩家需要双手持握，竖屏则不一定）的情况下，以拇指的操作最为频繁。手机屏幕显然要大于拇指的活动范围，这就局限了拇指的活动范围在屏幕的底部区域，而最活跃的区域则是屏幕底部两角的扇形区域，这也是拇指可以最便捷操作到的区域。在动作、射击等类型的游戏的战斗界面中，这种布局的体现最为明显。这就是一种很典型的将操作重点分布在操作习惯区域内的设计方式，可以试想一下忽略这种操作习惯，将操作控件平均分布在界面内的糟糕效果。

下图所示为需要双手持握且在横屏状态下的拇指有效触控操作区域示意图，又被称为"拇指法则"。按照常人的手指和普遍的手机屏幕尺寸，我们可以大致推测出：在这种情况下，拇指所能触达并做出比较舒适的操作的区域为"易达区"，其余的则为"过渡区"和操作起来不方便的"难至区"。针对横屏状态下需要双手持握操作的特点，界面设计需要以此为依据来设计界面控件的布局结构。

下图所示为一些主流类型（如 RPG、FPS 及 MOBA 等类型）游戏的战斗界面中控件的布局示意图。从图中可以看出，分属不同类型的游戏但都需要双手横屏持握操作的手游界面的布局结构设计都严格遵守了"拇指法则"。

其次，单一界面内的操作不能过多。在操作需求比较多，已经在视觉层面无法得到解决的情况下，需要从交互层面去思考新的解决方案，如跳转至新的界面，或者收起同一类操作控件。这一点的本质是节奏感在操作细节上的体现。一般来说，人更容易接受更简单的事物，但复杂的事物如果不可避免，则需要考虑规律性的问题。就笔者而言，对有规律的复杂事物和简单的事物的接受程度是差不多的。如果单一界面内的操作非常多且不可避免，需要通过易懂且易习得的逻辑去组织好这种复杂的操作集合。跳转至新的界面是一种阻断性非常强的操作，而规律和逻辑性则一般是在这种操作结果差异比较大的新系统中使用。例如，单击主界面中的商城按钮可以跳转至商城界面，这是可以被接受而且现实中被大量应用的操作。其根本原因在于，商城界面本身就是执行商城售卖的功能的界面，界面内的内容是逻辑一致、属性相似的物件或控件，玩家从认知上是接受的。收起同一类操作控件，也是在解决大量操作集合时常用的一种逻辑，其本质上也是属于树状思维的模式，类同于桌面操作系统中的文件夹功能。但是这种收起逻辑主要需要考虑的是被收起的那些操作控件是否有属性上的类似特征，如果有，则可以将它们归为一类。

　　下图所示为《神都夜行录》的功能操作逻辑示意图。这款游戏的主界面里设置了不少功能操作区，但是它们仍然保持了良好的界面平衡和节奏感。最重要的一点原因在于这些功能的操作逻辑被按照一定的设计目的进行了区分。图中列举的操作逻辑可以分为两种类型。一种是主界面内的替换型，如进入副本时，主界面内的控件全部替换为与战斗相关的界面控件，和点击"主菜单"后从右部边缘伸出来覆盖在主界面上层的"主菜单"磁贴集合框体。另一种是直接切换新的界面，直接在新的界面内详细布局，主界面的对应操作区只承担"入口"的功能（如主界面上两个大系统的操作流程：点击"玩家头像"即打开"人物属性"系统界面，点击"周年庆"则打开相应的活动界面）。这两种操作逻辑本质上的差别仅在于各自系统所容纳的信息量不同，也会有各自重要程度及操作路径是否需要足够短的考虑。和当下其他的手机游戏相比，这个例子里的这些操作逻辑上的设计方式并没有什么特别之处，而且也被玩家及游戏设计者所熟识。但由此可以明显地看出，这些因为常用而显得平常的设计方式对单一界面内操作区及操作跳转程度的控制思维：哪个重要程度的功能需要被设计在当前界面，什么体量的信息量该设计为跳转到新的界面。对这些操作浓度的控制，直接影响着界面设计的节奏感。

　　最后，注意操作空间的节奏感。重要的操作要么是对应的操作控件的尺寸比较大，要么是其对应所在控件的空间比较大，反之亦然。表现在视觉上时，也是通过两种大小对比的维度来体现的，如重要的图标会比较大，即物理空间的大。重要的操作控件，其质感比不重要的控件要强，且色彩鲜明，这是美术层面的大。但单一界面内的空间有限，色彩和质感的均衡，以及界面整体的构图，都限制着一个界面内重要操作的数量。因此，单一界面内的重要操作需要在交互层面上加以严格限制和取舍。从整个游戏系统去考虑，也要有相似的规律，那些重要的界面需要更多的重点信息，不重要的界面则要平缓很多，并没有很多操作。通过这种单一界面内的思维和全局考虑的思维去合理分配重要操作的分布点，是交互层面节奏感的重要体现。

例如，下图所示为游戏《万王之王》中 4 个比较具有代表性的界面的横向节奏对比示意图，从左到右分别是主界面、新地点播报界面、获得物品界面和商城界面，包含了操作频度和视觉强度两个维度的对比。这 4 个界面分别承担了游戏中比较重要的功能，但无论是操作频度，还是视觉强度，都并非均匀地分布，而是经过全局上的横向对比后，进行了合理分配，具体表现在 3 个方面：（1）主界面承担了大部分的核心玩法实现，以及功能入口承载的功能，因而在操作频度和视觉强度上都要强于其他几个界面；（2）新地点播报界面则为游戏背景建构展开的重要节点，因而视觉上的设计较为特别，此处我们判定它在视觉强度上属于"强"的程度。但这个界面的特殊性在于，它并不需要被操作。获得物品界面是一种典型的"激励"性质的界面，这要求它在视觉强度上要优于一般的界面，但由于出现的频次不会非常高，因此整个界面的效果在这几个界面中只属于"中上"的视觉强度；（3）商城界面直接影响游戏的最终营收，可以说是除了游戏核心玩法之外最需要被视觉强化的界面。同时，琳琅满目的商品也自然地被附加了频繁的操作。

以上就是关于节奏感在游戏界面中的体现的一些基本解析。对这些方面进行表现，可以使游戏界面更容易被使用，也增强了游戏体验层面的流畅感。

7.2 界面节奏感的表现特征分析

一个节奏感好的界面应该具备 3 个特征，即均衡的色彩配置、均衡的信息排版和合理的节奏分配。

7.2.1 均衡的色彩配置

在这里，色彩配置均衡并不意味着颜色上的完全平衡，而主要在于功能性的适当强化。当所有的色调、明度及饱和度都保持在合理的范围内时，适当地对比和突出化的处理不失为一种好的做法。颜色在人眼中的特征性非常明显，因此做好色彩的均衡是整个界面设计中的首要任务。

下图所示为游戏《恋与制作人》的活动弹窗界面（左）和游戏《奇迹暖暖》的换装界面（右）。这是同一家公司出品的两款玩法模式不同的手游产品，但它们使用了非常接近的界面设计风格和色调。这两款游戏针对的玩家群体都是女性，因此颜色都使用了淡淡的粉色。在这里，这种被称为"马卡龙"色调的淡粉色的使用本没有什么问题，但是设计师将一些对比设计得有些弱了，如此也就导致了 3 个问题的出现：（1）在 A 处，淡色背景上的图标被设计出同样淡色的外发光，导致"首充有礼"这样的图标无法很好地从背景中凸显出来；（2）在 B 处，活动弹窗的色调和当前的背景色调过于一致，导致活动弹窗无法很好地从背景中凸显出来；（3）在 C 处，右侧过于透明也过于明亮的窗体底图并没有起到严格的区分作用，导致衣服的名称文字与透出来的人物衣服交错在一起，识别度极低。

这种显而易见的问题并不是设计师的疏漏，反而是因为"讨好"特定的玩家群体而损失了易用性。毋庸置疑，这款游戏面对的玩家群体是女性，这种对比度较弱的色彩方案可以说就是为女性而设计的。在早期人类文明史上，男性和女性因为性别和各自不同的生理差异而承担了不同的职责。男性因为拥有较为强健的体格，同时不需要长期妊娠的特点，更多地承担了狩猎的职责，而女性体格上的弱势和需要专门的时间哺育后代的特点则决定着她们需要承担相对较轻松的采集的职责。这种长达几百万年的分工导致了男性和女性在很多方面的差异，其中一种就是对色彩的偏好差异。擅长采集活动的女性，会具备更敏锐的观察力，对静态细节的观察要敏锐很多，在众多色彩中可以迅速识别所需的目标。相比男性，她们会更喜欢对比度偏低、色彩柔和的配色方案，这种配色方案中的"重点"并不突出，但对拥有较高观察力的女性来说，这不是问题。

这些类似的色彩问题在这两款游戏的界面中还有很多，都是由过弱的颜色对比造成的。同样使用这种淡色调，但是如果能在对比度上做出合适区分的另外一款设计，就可以规避这样的问题了。

例如，在韩国 Layerlab 设计工作室为项目 *Tap Tap Memory* 所设计的部分界面中，虽然所设计的题材不同于右图所示的游戏界面，不过两者都以淡雅的色调作为最基本的色彩配置，呈现给玩家的则是完全不同的视觉感受。该界面中的设计会给人清晰明确的感受，但其中《恋与制作人》（图左）和《奇迹暖暖》（图右）的界面就会有一整片区域分不开的感受。同时，该界面中的设计虽然在整体上的基调是淡色调，但在关键处却使用了对比较强的色调，如左上界面中的白色面板和大面积的黄色背景的对比、右下界面中左侧的黄色面板与蓝色背景的对比等。

7.2.2 均衡的信息排版

在游戏界面构图中，所谓的信息排版均衡并不是说界面中的信息都需要被设计成完全均衡的状态。作为界面的一部分，信息这个概念包括了文字、图片、图标及动效等元素。从严格的意义上来说，色彩也是信息的一部分。传达这些元素给玩家是设计师进行界面设计的初衷。

在游戏界面设计中，不同的信息排版和布局会直接影响着界面信息传达给玩家时的感受，保持排版布局的合理均衡可以保证界面信息可以被恰当地传达给玩家。一般来讲，在同一个界面中被排放展示得较大的元素会被认为是界面中比较重要的元素。

例如，游戏《永远的 7 日之都》的神器使开始界面中的 PLAY 按钮被设计得较大，也是界面中的主要元素。

在游戏界面中，通过留白可以让一些重要信息达到聚焦的效果，让信息表现更明显，并起到强调的作用。

例如，下图中站立在界面横向黄金分割点位置的人物毫无疑问就是这个界面的重点信息。在它的周围有大片留白，强化了它的视觉聚焦能力。如果这个界面中的所有元素都以均匀的方式被设计和布局，那么没有人能辨别出哪个是重点。

7.2.3 合理的节奏分配

在这里，我们认为的合理的节奏分配主要是针对横向维度上来说的。游戏界面是由一系列的界面有机组成的，在前文中笔者有强调，这些界面之间的视觉强度也应该以合适的节奏进行分配。一个节奏感良好的界面绝不仅限于单界面内的节奏控制，还在于整体界面的节奏控制。就笔者而言，整体节奏控制的方式主要通过整体界面的规划和具体界面内的规划这两个层面来达成。

首先，整体界面的规划需要基于以下两个原则来进行。

第 1 个原则是有预期的规划。通常来讲，大部分游戏内的界面系统是相对固定的。一个成熟的商业化游戏中总会包含一些固有的系统，如主界面、主城、主要玩法界面（有些游戏中的主界面即为主要玩法界面，也被称为战斗界面）、设置、邮箱、战队（公会）、背包、活动公告及英雄（人物）详情页等。同时，这些系统的视觉强度的表现也是相对固定的。这种现象本身证明了这种系统设计是被市场验证的行之有效且较具合理性的设计。在一个游戏项目的初期，虽然设计师在这时还并未全面展开所有系统界面的设计工作，但是需要对设计的界面有一个默认的心理预期：什么样的界面应该被设计为怎样的视觉强度。这在动手之前就应该有一个模式化的预期，如此才能确保最终设计出的界面整体的节奏分配是合理的。

商业化游戏的固有系统节奏模型示意如下图所示。不同的游戏大致都会吻合这样的界面横向间的节奏感对比。当然也有一些特例，例如，在一些 RPG 类型的游戏中，主界面就是战斗界面，此时就不会存在主界面节奏感要比战斗界面强的情况，而且在此情况下也能保证这个模型的普遍适应性不受影响。游戏界面设计师在游戏项目尚未全面铺开所有的系统界面时，心中应该对应着具体的项目来应用这样的模型，对全局界面的节奏感进行有预期性的节奏设计。

第 2 个原则是界面之间的视觉节奏区间尽量大，以便为未预期到的新增界面预留足够多的节奏区间。在日常设计工作中，我们接触到的项目虽然都有固有的系统界面节奏，同时在设计中设计师也会有一个相对清晰的预期规划，但是，在实际操作中也难免出现预期之外的内容。这时候，我们应当秉持"有备无患"的设计思维理念，在有固有模式的界面之间，如果存在节奏差距，就应该做出合理的尽量大的节奏差异。如此即便未来在两个预期节奏之间增加界面，也有足够的节奏区间以供使用。

其次，具体界面内的规划需要基于以下两个原则来进行。

第 1 个原则是具体界面的节奏规划应该遵照系统界面节奏设计的统一准则。如果将系统界面的节奏划分为 10 个等级，在规划具体界面的节奏等级为 5 时，该界面内最强的视觉元素的强度不应超过 10。反之，最弱的视觉元素的强度不应低于 1。

游戏单界面设计的视觉节奏应该尽量保持在"安全区"内，如下图所示。假设将同一个游戏的界面内所有的视觉强度划分为 10 个等级，那么任意一个单一界面内的任何控件都应保持在"安全区"内（即被划分了的 10 个视觉强度区内）。如果有任何控件超出了"安全区"并进入"危险区"时，会导致两个问题：（1）整个系统的视觉强度被持续扩展，发展成为没有边缘的视觉系统，会造成节奏上和视觉语言上的紊乱；（2）过强或过弱的视觉表现，都会导致具体的控件设计打破整个系统的风格化设计。换句话说，就是会出现明显不属于风格规范的元素，从而造成风格上的混乱。

接下来看一个具体的例子。如下图所示，在游戏《铁血刺客》的 PVP 模式胜利结算界面中，单界面内的视觉元素在节奏控制上表现得是较为失败的。其中 A 处的胜利结算图标跟随主要系统界面的扁平化轻薄风格，不过"胜利"字样显然是未经设计的程序字，且字号被设计得很大，因此它突破了界面整体的扁平界限。这处表现本来应该用类似 B 处和 C 处那样更有视觉表现力的手法（如增强质感、对胜利文字进行字体设计等）来体现。从 B 处写实化的图标和其后的光效上能显然看出，设计师这么做的设计意图是想突出获得的奖杯，但失衡的节奏感使得整个界面看起来非常混乱。

再举一个例子。如下图所示，游戏《梦幻花园》中获得物品界面的处理方式相比上一个案例的设计就更为稳妥。美术字"REWARD！"通过厚度、颜色渐变和描边，使其视觉强度得到了很大的提升。同时底部的"Tap to Continue"字样通过采用系统字体和默认色值，使其视觉强度得到了弱化。配合上中下结构和对称的构图，构成了一个节奏均衡、重点突出的界面。

第 2 个原则是整体节奏相对平缓的界面并不排斥节奏强烈的元素，反之亦然。从系统上看，节奏趋于平缓的界面内依然有可能会出现比较强的节奏。同样地，在一个整体节奏很强的界面中，也需要平缓节奏的元素进行搭配。平缓节奏的界面本质只是平缓节奏元素占比较大，强烈视觉节奏的界面同理。

例如，游戏《飞刀又见飞刀》中"强敌来袭"提示界面的整体视觉强度都表现得较强，但其存在的元素并不都是视觉强度很强的元素。在这个界面中，视觉强度强的元素包括一个渐变色的橙色底图、大尺寸的人物原画、相关的纹理和字体设计。但右侧区域中同时也存在类似列表信息一样的元素。这些元素被设计出来，一方面是因为它们是该界面内的必要信息，另一方面是因为它们的出现起到了均衡左侧强视觉元素的作用。这样的界面内容构成，使得这样的界面能体现出良好的节奏感。

下图所示为代号为"P-game"的项目中"好友 - 最近组队"的界面截图。这是一个总体节奏处于低位的列表型界面，但这个界面中依然会因功能性的需要而存在一些节奏处于高位的视觉元素，表现在每行表单最左侧的玩家头像部分，表单最右侧的"加好友"按钮和界面右侧的页签选中态都是视觉强度很高的元素。一些在整个系统里都处于极强视觉强度状态的元素在这个界面内起到了"画龙点睛"的作用，同时也意味着它们承载了游戏设计者期望玩家去重点关注的操作性或展示性的功能。即便是看起来弱了很多的列表项，彼此之间也是有节奏差距的，表现在位于列表顶部的标题区域的文字，无论从字号表现上还是色调表现上都要比表单内部的文字要弱很多。这些并非完全平均的设计，不仅优化了视觉上的易读性，还满足了特别的功能性需求。

节奏感的设计可以被直观地传达给玩家。界面之间随意配置的视觉强度设计会让玩家认为这是一个随意拼凑起来的游戏，游戏界面设计师应该尽力避免做出有这样问题的界面设计。失去节奏感的设计会直接导致玩家失去进一步深入体验的信心，从而丧失对游戏的兴趣。

7.3 "LEgame"和"PRgame"项目中节奏感的把控与分析

视频名称："LEgame"和"PRgame"项目中节奏感的把控与分析.mp4

设计师在设计一款游戏的界面时，节奏感的控制是一种非常底层的要素。但界面内的节奏感关乎玩家在复杂的操作流程中对游戏界面传达信息的直接感受，也是设计界面时非常重要的一环。如何更好地把握游戏界面中的节奏感呢？在这里，笔者主要从以下 4 个方面进行讲解与分析。

7.3.1 设计之初的节奏韵律的规划

节奏设计是界面设计的底层要素，需要在设计伊始就加以考虑。这就像绘制一幅绘画作品一样，先是勾画草图，将画面的构图、元素的布局等都提前规划好。在界面设计开始之前，也需要基于节奏感做一些前瞻性的规划。这种规划有时候并不是刻意的。一般来说，一旦设计师形成了对节奏感的一定感知并能够频繁利用它，在设计过程中自然而然会产生对节奏感的控制。但是作为新手设计师，刻意去培养在界面设计里的节奏感则是必要的。

这里，我们用代号为"LEgame"项目中的一个界面为例，做一个小型的游戏界面设计练习，并以此来说明在设计之初我们应如何考虑具体界面内的节奏感设计。在这里，笔者将其分为以下 4 个环节来完成。

首先，确定游戏界面的颜色基调。这将决定着整个游戏界面的色彩基调，也将作为视觉节奏上的一个基准。与之关联的是风格基础，包括了界面细节的纹理和图案表现方式。在颜色基调的基础上做凸显和弱化，加上对纹理图案在不同位置上的取舍，可以产生最初的视觉节奏预期。

游戏界面的颜色基调一方面要从游戏背景建构中去引申。另一方面，如果有一些早期的美术材料可供参考，对设计来说帮助也很大。下图所示为项目中使用到的一些主要的美术材料。这款游戏的界面色彩基调的提取在上一节中已经提到过一部分，界面上的纹理和图案则直接与游戏的主题相关。这款游戏的主题是"少女""换装"，界面中的美术元素最终可以定位为纽扣、布纹等与服装相关的一些纹理和图案。

其次，根据所获得的美术材料和相关的设定，可提取到一系列能用于界面中的色彩。提取顺序如下：（1）提取决定界面基调的基准色调。基准色调可分为主色和辅色两种。此例中的主色即淡红色是传统的、偏警示色彩的颜色，如果在界面内大量应用主色，会使玩家产生不适感。这时候就需要有一个对应的色相来进行平衡。而这里就用了下图左所示的"主要对比色"来降低这种主色所可能造成的不适感。大量用这种接近肤色的颜色进行辅助设计，使得整个界面从色调上不至于显得过于"焦躁"，色彩基调上的节奏感得到了均衡；（2）提取特定功能的色彩，如表现肯定情绪的色彩，提倡情绪的色彩及辅助性质的中性情绪色彩。这些色彩的提取方式需要遵照两个准则，一个是通用性准则，即以传统习惯上对色彩的认知来提取对应色彩。如针对肯定情绪就可能会使用绿色等颜色，针对提倡情绪就可能会使用橙色、黄色等颜色，另一个是在基准色的色调内进行提取。我们注意到，基准色的明度和饱和度都不会太高，相应的其他色彩也都需要在这样的基调内去进行选择。

接着，对于界面中的纹理和图案的选择和设计，应按照游戏背景建构和相关的概念来进行推导。

如上图右所示，"LEgame"项目的界面设计选择了与服装概念相接近的元素，如"缝线""黄色包装纸"及"纽扣"等图形元素。结合前期提取的色调进行了界面控件的设计，但是这些元素的设计仅是对游戏背景建构的一种收敛展示。这意味着这些元素并不需要处处都用到，而是需要根据具体的功能信息布局来进行有限的使用，这是对纹理图案维度的节奏控制。

最后，需要进行功能性上的操作节奏规划。照前文所述，设计师需要在功能要求和交互准则的基础上对单界面内的操作节奏进行合理布局并着手设计。

这里，我们以该项目中商城界面的"试穿预览界面"为例，分析一下其功能性的节奏规划。主要表现在以下 4 个方面。

第 1 个方面是进行界面整体的布局设计。这类界面中为了增强商品的展示效果，从而增强玩家的购买欲望，其设计方式一般都是在一侧放置 3D 人物，以便预览诸如服装、道具的实际穿戴效果，如下图所示。这类界面的布局在横屏的情况下就会被设计为左右或者左中右结构。具体到这个示例中时，将其划分成了基本的两个区域，即左侧的效果预览区域和右侧的物品选择区域。各自区域分别负责承担相应的功能，在操作上和视觉效果上都是一种节奏均衡的体现。

第 2 个方面是在上一步整体布局的基础上，进一步地在各自区域内划分出更细的操作控件布局。左侧的详细控件布局规划区域被标示成红色，右侧的则被标示成绿色，如下图所示。在各自区域内排版设计的节奏性也需要根据具体控件的重要性和功能性予以确认。如左侧的左上角红色正方形区域内是被规划来放置"返回"按钮的，这个位置比较难被操作到，但却容易被注意到，是放置返回操作的较佳位置。与此同时，右侧左边缘是规划来放置物品分类页签的，这符合传统的页签放置规律，也因位于屏幕中间线的位置而凸显了商城中"物品繁多"的感觉。

　　第 3 个方面是在前边两步的规划基础上完成设计执行。这一步应注意，大局的规划和详细的布局规划在执行过程中会有小的调整，但这些调整不应在根本上改变最初对整个布局设计的预期，从而影响基本的平衡。"LEgame"项目的商城界面完成稿如下图所示。在完成稿中，视觉节奏的均衡性除了布局上的四角加中心构图，还有色调和图标美术风格的比重来辅助体现。具体表现在"外出"按钮用基本色表示，"清空"按钮用警示色表示，"购物车"按钮和"加入购物车"按钮采用的是较为写实的风格，凸显功能的同时，也在比重上保持了界面上的均衡。右侧为模仿展示架的整个物品选择控件。其内部底图上使用了接近辅色的底板，既模仿了现实家具的木质材质，又为上层的物品提供了视觉上容易凸显的底色。底板外围则是以基准色调为基础绘制的页签和模拟现实的衣橱帘，这也与整体界面所设定的基准色调和主要辅色的比重保持了一致。这种一轻一重、一大一小的交相使用方式也保持了色彩比重的均衡。

第 4 个方面是在完成了基本状态的设计之后，还需要考虑多种操作状态下其他控件的布局。这种布局也影响这个界面在节奏上的合理性。图 1 所示为 "LEgame" 项目商城界面提示控件的设计方式示意图。图 2 所示为 "LEgame" 项目商城界面搜索功能的设计方式。其中，图 1 右侧顶部弹出的半透明控件是与其下侧的物品强相关的，但是这种提示信息不能太过显眼，也就产生了这样贴在物品附近，并且半透明的设计方式。图 3 所示为 "LEgame" 项目商城界面轻提示的设计方式。图中的提示弹窗设计是基于 "搜索" 操作的强功能性来进行的，适用于玩家的某些操作

引起的警示信息或提示信息，在 "阻断性" 上需要弱于弹窗，但并不具备操作性功能。因而需要被设计成自动型的 Tips 类样式。这 3 种提示方式在动态上构成了这个界面的一部分，属于完整操作链的一部分，完善了这个界面的节奏感。

图 1

图 2

图 3

7.3.2 设计迭代中紊乱节奏的修正

游戏界面设计是一个比较长的过程，伴随游戏版本和游戏系统的逐渐完善，各个系统界面逐渐铺开，最初始的一些界面设计会经历很多版本迭代。随着界面版本的迭代，界面节奏感会遭到一定的损害。设计师在迭代过程中应始终注意这个问题，有些节奏问题在一开始解决了，但随着迭代后会重新出现，有些则是在迭代过程中不断产生新的问题。

例如，在代号为 "PRgame" 的游戏项目中，早期的主界面设定稿总体上是比较干净、整洁的，所有的功能性控件和入口控件都依照重要性和操作习惯，有序且符合节奏感地进行了设计排布。但是到了后期，游戏开始运营，陆陆续续增加了很多功能和活动，导致在主界面上增加了许多功能、活动入口。如果没有经过这一时期同步进行的图标风格的统一规划、图标排布规划，这些入口将会极大地影响主界面初始状态时整齐且干净的排布次序，同时还会影响主界面的视觉节奏设计。经过对这些入口的次序调整，以及对图标本身的统一化风格设计，它们被重新有次序地安排在了主界面上，且效果较为理想。

右图所示为"PRgame"项目早期的主界面设计稿。在早期主界面设计中并没有考虑上线后增加的运营活动相关控件的设计。因此，整个界面的节奏感设计只能表现出对已有功能的区分。如界面左上角的玩家头像是尺寸最大的图标，其他的控件则依次降低视觉上的节奏强度，以底部主菜单和"派对"按钮为最重，顶部代币栏为最弱。但是一旦增加了后期运营活动的相关图标，在未经规划的情况下，这个界面的节奏感就会被打乱。

下图所示为"PRgame"项目晚期的主界面设计稿。在该界面中，通过统一规划新增功能和活动图标的风格，统一布局这些图标的排布方式，对界面整体的视觉节奏给予了修正，避免了后期添加的额外功能影响原先对于整个界面的节奏规划。

提示

规范后续可能额外增加功能入口图标的排布规则是一种未雨绸缪的设计思维，即预料到风险时，提前进行扩展性设计规划。这种规划既是对类似问题的一种规则化补救，也是在纵向的设计迭代上为未来可能增加的类似问题规避风险。既然遇到这样的问题，并且有了相应的解决方案，那就应该把眼光放得更长远，做出如果未来继续添加运营活动图标，会造成怎样的风险等假设。再具体到这个例子中来讲，我们规范了活动图标的设计风格和摆放位置，在可预想的情况下尽量避免了同类问题的产生。

7.3.3 设计复盘中整体节奏的调整

前两条涉及的是单一界面内节奏控制的方式。前面我们提到，游戏界面是成系统存在的，单一界面的控制需要达成一个整体性的效果，否则就不能称之为一个合格的设计。控制游戏界面系统层面上的节奏感主要在两个时期：一个是设计还未成型的规划时期，这时设计师应该有一个大纲性的规划；另一个时期就是整个游戏界面系统相对较完善的时期，对整个游戏系统的所有主要界面进行复盘，检查是否有影响整体节奏感表现的个体界面或系统。

例如，在一般情况下，主界面、商城界面、个人信息界面、战斗界面及激励性质的界面（如段位、排行及结算）等主干界面都会在节奏感上处于高潮位，一些处于辅助性质的界面如设置、邮件、聊天及好友列表等都会在节奏上处于低潮位。虽然每个界面内部也有节奏感，但是两种界面的表现形式却不尽相同。在主干界面中，节奏感的高低潮落差会更大，辅助性质的界面的节奏感则会平稳很多，甚至可以几乎没有节奏。这里列举的都是在大部分游戏中普遍会存在的一些界面。在一些非常特殊的游戏中未必会一一对应，但也可以划分出主干界面和辅助界面的区别，其对应的节奏特征也无外乎于此。

下面两张图所示的分别是游戏《神都夜行录》中的"登录奖励"弹窗界面和"好友申请列表"弹窗界面。这两个弹窗有着明显不同的视觉强度，如此形成了这款游戏中主干界面和特殊界面的节奏感。在"登录奖励"弹窗界面的设计中，游戏需要传达给玩家的是带有激励的感受，因此被设计成特异的弹窗，融合了剪纸元素，色彩鲜亮。不仅吸引眼球，而且操作上也具有一定的趣味性。反观"好友申请列表"这一类通用类型的弹窗界面，它的设计中就不需要太跳脱的元素，只需要提供足够的相关信息即可。

提示

在游戏界面设计逐渐展开的过程中，这种细节在整体上的表现是需要时刻进行复盘、整理和修正的。其中，主干界面的平稳节奏需要持续保持，视觉强化的界面则需要按照强化的程度合理安排。针对"获得物品"和"升级提示"界面是否在同一个视觉强度上、商城界面和活动弹窗又是否是同一种视觉强度等问题，则需要在渐次展开的若干个界面中仔细对比，再做出合适的处理。

下图所示为"PRgame"项目中部分有关活动的界面对比。在该图中，笔者列出了 4 个与游戏运营活动相关的界面。实际上，这些界面并不是同时被设计出来的，也并不是在同时期的规划中产生的，但是它们各自在系统中都保持着合适的视觉强度，组合在一起便构成了全局完整的界面设计节奏，具体表现在以下两个方面。首先，甲和丙属于同一类型的活动界面，因此界面的结构设计显得极为相似，但两者的重要程度、细节功能却有所不同。在丙中增加了带有视觉强化元素的列表，底部的操作按钮也比较多，这些因素使得丙的视觉节奏要比甲强一些，但它们之间同属一个大的强节奏界面。其次，乙和丁也同属于一个类型的活动界面。同样地，丁中所展示的是活跃度更高的春节活动，而乙中所展示的是活跃度相对较低的万圣节活动。同时，由于春节本身的主题色彩强度要比万圣节更强一些，两个界面直接形成了视觉节奏的强弱对比。但由于这两个界面采用了同种设计样式，两者依然同属于一个大的视觉节奏。如果缺乏全局化的思维，在设计过程中没有及时复盘全局，就会造成游戏界面系统层级上的视觉节奏混乱。

7.3.4 设计节奏感的时效性把控

按照理想的设计思路去做整个界面系统或个体界面的节奏控制是相对比较稳定的一种做法。但是游戏项目的整体设计、市场规划等都是非常复杂的系统，涉及多个维度的设计和迭代修改。同时，在修补某些设计之初未曾想到的问题时，因为新增或去掉了某些系统或界面，所以会导致在实际工作执行中，被很多始料未及的因素影响最初的规划，甚至会出现系统性的变动。例如，在某款游戏项目开展之初，我们最初设定这款游戏为休闲类型的游戏，但在游戏开发的过程中，由于市场发生了变化，开发这种类型的游戏不再具备好的市场前景，对团队来说这无疑是一种得不偿失的工作。在这时候，设计团队往往会采取两种措施：一种是直接放弃项目，另立新项目；另一种是对游戏系统进行非常大的改动，以适应市场的变化。

如今，腾讯公司开发的游戏《王者荣耀》几乎家喻户晓，但是如此成功的游戏也曾经历过类似的阶段，仅游戏的名字就有"英雄战纪""王者联盟"和"王者荣耀"这3次大的变动，其游戏系统和玩法上的细节更是经历过非常大的调整。针对这种巨大的调整，在游戏的设计，尤其是游戏的界面设计上相应的调整就显得非常重要。

相应地，这些改变对整体界面节奏的影响也是非常巨大的，需要设计师以非常专业的态度和极强的心理素质去应对这种变化。在理想的游戏开发流程（关于游戏项目的开发流程分析详见后文）中，需求从策划人员流转到设计师之后，是一种固定的状态。但是市场需求也是随时变化的，如果想要让游戏一直被玩家所喜欢，同时不轻易被淘汰，设计师要做的，就是将其即时修正到最理想的状态。

这种日常的修改累积起来后，实际上对整体节奏的影响是巨大的。在经历每一个大强度的变更时，设计师会更加注意这种变化对游戏界面设计节奏的影响。但在日常工作中，由于每一个微小的改变对设计节奏的影响往往很小，因此很可能不被设计师所重视，这是需要避免的。因为如果设计师在累积到一定程度的时候才发现这种变化，更改成本将会比每一个细节的改变要高很多。

好的设计自然具备节奏感。无论是一开始就刻意去设计，还是已经可以潜移默化地去做到有节奏感的设计，这个客观存在且非常必要的要素都是好的游戏界面设计所必备的。

08

第 8 章

界面功能需求的强化处理

本章概述

游戏界面设计是为游戏本身所服务的。而游戏本身就是可以实现一定玩法，给玩家以情景化感受的软件系统。不管是什么软件，都需要有一个能够实现自身功能的界面去实现它的价值，因此界面功能需求的强化处理就显得极为重要了。

本章要点

» 游戏界面设计的本质与目的
» 如何通过设计体现界面本质
» 影响界面好坏的因素
» 界面功能需求的分析方法
» "LEgame"项目中界面功能需求的强化设计与分析

界面篇 ▶

8.1 游戏界面设计的本质与目的

想要处理好与游戏界面设计相关的需求，就需要追根溯源地去寻找游戏界面设计的本质。理解了游戏界面设计存在的本质，才能更快速地理解与之相关的工作内容。

一个软件需要通过可交互的媒介来完成使用者和软件本身的沟通。游戏具备软件的基本功能，也就需要有实现交互功能的界面。在此基础上，界面也需要表达情感化的内容。可以说游戏的界面有着双重功能，即实现交互功能和进行情感化展示，如右图所示。这是一个游戏软件的结构示意图，其底层为实现逻辑，底层之上为逻辑表现层的界面，通过与界面的互动，最终可实现顶层的玩法。

游戏软件三层级结构

游戏玩法本身是一种不可见的抽象化概念，需要通过一定的外现载体去让玩家感知到。现实中的很多规则和现象也都不是直接展示在我们眼前的，很多概念都是通过一定的数据和类似"界面"的表征或外延、或直接、或间接地传达给玩家的。这些外现和外延所代表的具体事物则通常是由人脑根据接触到的数据和"界面"想象得来的。

例如，"公司"就是一个不存在某个具体的实体的概念，它是一种共同想象物。"公司"这种共同想象基于它存在的证据实体，包括公司的数据（如财报、公司内部的规定、上司对下属的管辖权力）和公司的"界面"（如员工的工牌、公司的硬件设备、办公室及各处的公司 VI 等）。虽然"公司"本质上是一个共同想象物的概念，但是这不代表这个概念并不存在。以上的这些表征和外延都是公司存在的具体细节和证据，也是被刻意设计好了的。把这些表征和外延贯穿起来，就能使人感觉到一个实体的公司概念的存在，但客观上并不能找到一个叫作"公司"的确切实物。办公室是公司吗？并不是，办公室只是公司得以运转的场所。财报是公司吗？也不是，财报只表现了公司的某项数据。这些现实存在的物体和那些不存在的概念都不是公司本身。但是公司的确又是存在着的，这是因为办公室、财报及上下级权利结构等事物都是构成我们对公司这一概念想象的一部分，它们通过有规律地结合，并在参与公司运转的每一位成员身上发挥出实际效用而共同形成了公司的概念。人就是通过这种对概念的想象才达成了社会化的协作，而游戏就是社会化协作衍生出的一种娱乐工具，它是社会化协作的产物，也是一种微观表现。在游戏中表现玩法和在现实中表现公司存在的方式如出一辙，不管它们是否是实体存在，这个过程的本质都是一样的。实体、表征（外现）和受众的关系示意如下图所示。

游戏界面作为游戏功能的外现，本应以交代功能为先，并在此基础上额外增加情感化视觉表现的部分。但是，游戏界面的设计师常犯一个错误，就是将游戏界面的情感化展示过度，而忽略了界面被设计出来的根本目的，即体现和实现游戏功能。之所以会出现这种错误，原因有很多，归纳起来有以下 3 点。

第 1 点是不同成长环境的设计师对设计的理解是不同的。

通常情况下，人们对文科生和理科生产生的印象是不同的，会认为文科生多感性，而理科生多理性。虽然事实上不见得必然如此，但是常年学习某一个学科的确会使人具备对应的思维模式。假设不同学科的人理解各自的学科可以被认为是使用不同的语言去认知世界，那么美术生认知世界时会倾向于使用图形、图像的语言，而一个学物理学的理科生，或者学习计算机的程序员认知世界的语言就是公式、逻辑或代码。

夕阳在艺术家眼里会被解读成不同颜色的组合，他们会赞叹大自然配色的造物天成。而在物理学家眼里会将其认知成日落时太阳光的折射和散射，或许还会从光线分析云层结构，从而推断所处的地理位置和时间。两种学科的人认知世界时使用的"语言"不同，面对同一个工作的思维方式就有很大的不同。语言学的一个假说"沙皮尔－沃尔夫假说（ Linguistic relativity ）"就认为不同语言里所包含的文化概念和分类会影响语言使用者对现实世界的认知。也就是说，不同语言的使用者会因语言差异而产生思考方式、行为方式的不同。这个语言结构影响语者认知结构的说法涉及人类语言学、心理学、语言心理学、神经语言学、认知科学、语言人类学、语言社会学及语言哲学等多个领域。这个假说所假设的是人类语言，而非我们此处谈到的认知世界的方式这种"语言"，但作为认知与表达的途径，可以认为这两种"语言"的概念是一样的。那么我们可以把这种假说放在此处作为一个论据。因此，文理科的差异或许并没有那么大，但对事物的认知方式一定是有差异的。

对游戏界面设计这一混合了美学与逻辑的专业来讲，只秉持美学的眼光去看待和处理一定是不合适的。专业艺术门类毕业的设计师们和非科班但从事这一行业很久了的设计师们，会不自觉地在工作中只使用美学的眼光去看待游戏的界面设计，就容易在界面设计的"情感化"表达层面上过度设计，从而忽略了界面的易用性和交互性。为了避免这样的问题发生，设计师尤其是科班出身的设计师们需要在设计的过程中刻意避免潜意识中的用美术语言解读世界的方式。人和人之间是不可能达到彻底沟通的，虽然如此，但我们仍然可以试着去了解别的思维方式，并尝试用那种方式审视自己固有的思维方式，从而找到更多解决问题的途径。用美术语言去解读世界可能是潜意识的，但如果能用逻辑性的语言去理解界面设计，将使游戏界面设计本身更能实现它被设计出来的目的。一个好的游戏界面设计师，应当是能把形象化和逻辑性相结合的设计师。

下图所展示的是艺术工作者和科学工作者对同一张图片的不同认知。这源于他们长时间使用不同的工作语言，从而使自己的思维方式受到了不同的影响，甚至改变了大脑结构。

第 2 点是由于职业细分化，很多设计师对自己的职责理解是有限的。

在具体的工作过程中，界面视觉设计师大部分情况下只需要负责自己眼前的工作，因此很多时候无法顾及除了视觉设计之外的内容，如易用性和功能设计。这些工作一般由对应岗位上的人来负责，如易用性由专业的交互设计师来承担，功能设计则是由策划人员来负责。这会造成一些界面设计师产生认知上的错误，以为交互设计的问题不是自己的问题，自己的工作只是按照交互设计稿做美化工作，这种认知实际上是大错特错的。

在界面设计的工作流程中，交互和视觉在理论上是交织在一起的。尤其是在系统设计、玩法设计都较为复杂的游戏界面设计工作中，两者的工作内容更是盘根错节的。界面设计中的交互设计部分和视觉设计部分被专门分拆出来作为独立的内容。这种分拆是为了提高大团队协作的效率。但这并不代表界面设计的交互部分就不再属于视觉设计的一部分。客观地说，交互设计和视觉设计依然是密不可分的。做合适的设计和做好看的设计实际上是两回事。只有理解了交互设计的目的，才有可能做出合适的界面设计。仅从按钮的色彩对功能表现的影响就能说明一点，即一个按钮的不同颜色可能代表着完全不同的含义。通常来说，游戏界面设计中表达"完全不提倡玩家去点击"的按钮会被设计成警示含义重的红色。如果在表达这种含义的按钮上使用的是绿色，即便这个绿色的按钮很漂亮，也是不合适的设计，甚至是完全相反的设计。总而言之，一个界面的整体节奏感需要在考虑易用性和游戏设计目的的基础上进行设计，只基于美感去设计的界面只是一个好看的作品而已，对整个项目来讲并没有什么价值。

下图所示的各个按钮的颜色不是随意指定的，而是有着充分的交互逻辑考虑的，没有涉及这种考虑的设计，再好看也没有用。

好	购买	邀请	退出
中性	提倡	正面	警示

第 3 点是对于需求的理解不充分，而在错误理解的基础上对美术层面进行过度的表达。

界面设计师接到具体的需求时，需要考虑的事情包含 3 个方面。首先，这个需求的根本目的是什么。其次，这个需求在整个游戏系统内处于什么地位。最后，这个需求有多少种视觉上的表现方式，如何确定哪种方式是可以被接受的。

以上需要考虑的若缺少其中任何一个，都会导致界面设计师在设计界面时出现偏差。这就要求界面设计师去做 3 件事。第 1 件事是充分理解需求，并找到策划人员进行沟通。第 2 件事是理解交互设计师是如何去实现策划需求的，并找到交互设计师进行沟通。第 3 件事是交互设计有没有相对真实准确地实现策划需求。如果没有，就需要考虑交互设计师和视觉设计师需要做哪些调整才可以最大化地实现策划需求。当确保以上 3 件事都做到之后，再开始具体的界面设计工作。如果这些准备工作做得不够好，却在美术层面过度进行表现，最终只会是南辕北辙的结果，同时将面对惨烈的修改过程，不仅让设计师感到烦闷，而且还降低了整个团队的工作效率。

右图所示为界面设计的环节示意图。由此图可知，视觉设计只是界面设计中的一环，需要考虑的绝不仅是"好看"等这一类情感化的需求。

例如，下图中列举了设计师在落实具体需求的视觉工作之前要考虑的 3 件事。这其中的每一件事都关乎视觉设计和功能设计，主要表现在 3 个方面：(1) 理解了需求目的才能按照功能设计的最初想法实现视觉化；(2) 找到需求的位置有助于在视觉风格上找到具体细节设计上的精准定位；(3) 视觉表现方式是视觉方案有没有准确表现功能、视觉风格，具体控件有没有保持在应有的范围内，以及功能性强调或弱化的综合体。

理清一个设计师会做出偏差的界面设计的原因之后，也就好理解整个游戏界面的开发过程及过程中需要注意的一些问题了。一些在这方面做得比较好的设计师未必是视觉表现上最强的，但一定是最合适的。如何做出合适的界面设计，是一个游戏界面设计师的必修课程。

8.2 如何通过设计体现界面本质

通过设计去体现游戏界面的本质不是一项简单的工作，并且在这个过程中也很容易模糊"作品"和"设计"之间的关系。

在一些比较大的团队中，界面设计师往往会以一个团队的形式存在，这种团队通常是由一个主设计师加若干个辅助设计师组成的。在游戏项目的早期需要对界面设计进行风格上的尝试时，整个团队都会参与进去。这项工作也就是通常所说的"比稿"，如下图所示（该图为笔者参与代号为"Fgame"的游戏项目时为项目早期风格探索所做的一部分试稿）。这时候，部分游戏界面设计师总可以快速且合理地完成设计，并受到团队成员和领导的一致肯定。

> 🐾 **提示**
>
> 但如果只考虑设计完成度、美观程度等这些美观层面的因素，做出的设计又未必是好看的。

在项目的中期，个别系统的界面表达总是不到位，大家都找不到合适的视觉表现去体现这个系统的设计时，也总会有设计师拿出合适的方案，令旁人佩服。然而，这时候设计的作品也有可能并不是严格意义上的"好作品"。这是为什么呢？是没有选择最佳的方案，还是总过稿的设计师有了"独门秘籍"呢？事实上，排除那些在技术上并没有做到严格匹配项目风格的设计做法，这些每次都能过稿的设计师实际上只做对了一件事，那就是做合适的设计，而不是一味地去追求视觉情感上的表达，又或者是一味地去追求交互体验。

那么什么是好的游戏界面设计呢？设计是基于产品功能的，要适合产品，既能体现游戏界面的本质，又能在技术、细节表现力上有更好表现的就是好的游戏界面设计。

例如，通过对下面 3 张图的观察，我们可以明显感觉到"作品"与 "设计"之间的差别。同样作为科技感风格的界面设计作品，前边两张图是为某些特有的艺术作品，如电影和某些特殊的视觉效果所做的 Fictional UI ，此即常说的"FUI"。这种作品的首要目的是表现视觉上的"高科技感"而非传统意义上界面所具有的基本使用功能，因此其看起来很漂亮但并不实用，甚至会出现一些无法使用的界面。相对地，最后一张图则是真正被应用在游戏当中的界面。它们首要的设计目标是"实用"，因此其更多照顾到的是具体功能的体现和使用流程的设计，而对与此矛盾的视觉化表现做了取舍处理。

Brouno William 设计的一款 Fictional UI 作品

| Davison Carvalho 设计的一款概念界面设计作品 | 《无尽空间 2》界面 |

提示

通常情况下，我们见到的大部分设计都只是合适的设计而已。由于项目进度紧凑，处理需求的时间有限，因此能在合适的基础上做到优秀的设计师或团队，则少之又少。

针对"作品"和"设计"之间的差别，所有的界面设计师都应该意识到，游戏产品首先是一个产品，然后才能讲求技术和艺术上的提升。做到了满足产品且美术成就很高的产品也有很多，但这对绝大部分人来讲是非常难以达到的。即使想要达到这样的高度，也需要先从满足产品需求开始，这和"在学习跑之前先要学习走"的道理是一样的。

针对界面设计可提升和达到的高度，我们可将界面结构分为 3 个部分。最底层的是界面的功能，也可被认为是易用性的表现。中层则是达到好用层级的易用性的表现。顶层主要表现视觉上的好看（如漂亮的界面外表、特别的风格特点等），如右图所示。界面设计师在界面设计的过程中即是如此，简单地说就是追求好看又好用的理想界面。如果只做到能用，只能达到原型的程度，但它依然是界面。但如果只能做到好看，它就不能被称为界面，而只是某种美术作品（如前面所列举的"FUI"）。这即是我们所讲的好作品（好看）和好设计（好界面）的差异。在实际的游戏界面设计工作中，好看和好用这两种描述都比较偏主观化，好与坏之间的界限并不明显。不过，界面设计师在进行界面设计时，首先理应考虑的是好用而非好看。

8.3 影响界面好坏的因素

评判一个界面设计稿的好坏，是否可以单纯地看它是否足够"好看"呢？是不是所有人都可以从某些维度上达成一致，去探索到底哪一款设计才是最好的？笔者就此做一下分析。

理解了什么是好的作品和好的设计之后，对于上面的问题，我们就很容易得出结论，即好的界面不一定是最好看的。虽然可以通过一些方面的提升，如细节更完善和美术层面更加考究等，来达到视觉效果上的"好看"，但是由于现实条件（如项目周期紧张、单页面内过多的信息打乱了合适的页面设计节奏及设计风格的修改等）的限制，"好看"的界面效果不是每个项目和每个界面都能做到的。"好看"作为一种理想的状态，是游戏界面设计师的一个目标。客观事实也持续地提醒着界面设计师，不能以美为唯一标准来衡量"好的界面设计"。界面的设计合适与否，是不是一个好的设计，影响它的因素有很多，但总的来讲可以归结为以下 3 个方面。

首先，游戏的系统设计不是一蹴而就的，而是伴随着游戏项目的进展逐步迭代完善出来的。游戏界面设计虽然在某种程度上可以不受这种迭代的影响，但总体上还是依附于游戏系统设计的，因此也是有着与游戏系统设计迭代相关但相对较为独立的迭代过程的。在项目伊始，界面设计师通常会按照客观的设计原理去合理地规划界面设计。当游戏系统逐渐完善后，界面中会追加很多设计之初未经考虑的元素，设计就可能会经过很多次修改，甚至是推翻重来。在迭代的过程中，游戏界面设计本身会发生良性的演化。例如，设计师长期进行某一种类主题化元素的设计后，可能会因为对它们非常娴熟而设计得更加到位，随着时间的积累，对它们的理解也会愈加深刻和准确。但游戏系统设计的迭代所推动的界面设计元素的堆积过程相对于界面设计本身的迭代来讲，会显得比较"暴力"。这种现象客观上是受到了游戏项目的总体时间规划、功能设计的要求与美术要求的矛盾的影响。

例如，一个原本比较复杂的系统，却可能要求设计师在很短的时间内交付上线。这种情况下大概率地会产出一些品质相对较低的作品。一些明显不符合游戏背景建构主题的商业化运营活动页面也会打乱整个界面设计的节奏，使它们之间显得格格不入。因此，很多商业化较重的界面看起来并不那么漂亮。游戏系统设计的完善和界面设计的关系示意如下图所示。

其次，参与游戏项目的人有很多，游戏界面设计的效果并不完全由界面设计师自己决定，而是会受到很多人的影响。这些影响主要来自大家对界面设计的意见和建议。而这些意见和建议都是界面设计师做出准确设计和有用界面的辅助信息，有时候会起到正面作用，有时候则未必。这也是有些商业化游戏界面设计中会出现丑陋界面的原因。设计师几乎总会遇到这样的问题，所以需要有合理的化解措施。

在设计界面的过程中，界面设计师会接收到两个方面及若干个类型的意见和建议。一方面是由专业的人士提出的专业意见，另一方面是由非专业的人士提出的非专业意见。这些来自非专业人士的意见往往是绝大部分界面设计师的"噩梦"，尤其一些具备极大话语权的人是设计师眼中的非专业人士时更是如此。当决定游戏界面设计的人员是非界面设计专业的美术人员（原画、3D 等）时，也可能会指定在界面设计师看来是不合理的方案。甚至，少数出身于界面设计的人士也不一定能提出适宜当下设计风格的意见，他们"脱产"太久，可能会有很多有用的经验，但审美乃至观念可能往往停滞在某个旧时代。美术人员也如此，作为非美术人员的策划人员或者程序人员乃至 PM（产品经理）就更会提出基于自己所理解的意见。这种是设计师所面临的比较特殊的情况。设计师的产出是直观可见的，而且人人都有审美，所以理论上人人都可以对你的设计提出意见。这是设计师们在工作中较为苦恼的一个问题。

而事实上，设计师未必需要因此而苦恼。需要明白的是，设计师和非设计师的差别正在于设计师能够想别人所不能想，做别人所不能做。不能因为别人做不来就完全不接受意见，也不能因为人人可提意见而妄自菲薄。具体情况还是需要具体分析，这些人提出的意见，可能在界面设计师看来不那么合理，但设计师认为的这种"合理"对游戏来说也不一定就是合理的。或许提出意见的人审美不够好，说自己更喜欢蓝色而不是设计师提供的更专业的配色，但他对颜色的意见或许是由更深层次的原因引起的。例如，是原本配色的对比度并没有使得界面中的某个元素得到强调而让他感受到自己所期待的功能无法被体现。但因为没有专业的素养，无法直接提出问题的本质，总觉得哪里不符合预期，就在颜色上挑一挑毛病。设计师需要客观看待这种意见，并分析原因，提出合理的反馈意见并对自己的设计做出适合游戏设计的修改。最不可取的方式是采取极端的反应，要么认为对方专业修养过低，不采取意见，要么完全顺从对方字面上的建议，陷入"修改→接受意见→修改"的死循环。在此时，设计师主要需要做的就是透过现象看本质，从表面上专业或不专业的意见中提取出其中的核心需求。尤其对于不专业的意见，更需要仔细、耐心地倾听和分析。

各种岗位上的人对界面的理解方式的差别如下图所示。在该图中，笔者以绿色的浓淡变化来表示不同岗位上的人在视觉设计上的专业程度。

意见的表象与实质的关系示意如下图所示。

最后，有些游戏系统的设计本身就很难让设计师做出"美"的设计。例如，有些界面在有限的空间内堆积了很多信息，使整个页面信息过载，显得臃肿杂乱。这在国内的游戏设计中极为常见。例如，下图所示为游戏《贪玩蓝月》的游戏界面。该界面中展示了过多的信息，这种使人"窒息"的界面设计没办法使人感觉到"美"。还有一些不合理的美术元素的组合设计，如一些背景建构是现代科技感的游戏，在一些节日活动中加入了明显不属于科技感范畴内的活动元素，但是相关的活动却可以使游戏本身的用户活跃，使充值等商业化的数据得到提升。

游戏界面的设计在整个项目进展过程中受到的各种干扰，以及界面设计本身的设计规律，都使游戏界面设计师要面对很多挑战。虽然不能做到面面俱到，但至少需要在客观分析的基础上对自己的设计负责，切实地服务到项目的需求中去。而较不可取的做法是以自己为中心，只考虑作品而不考虑设计。那样不仅对项目无益，还不是设计师工作开展和推进的过程中所应该持有的态度。

8.4 界面功能需求的分析方法

游戏界面设计师的日常工作就是对一个个具体的功能性需求进行处理与设计。作为游戏开发团队的一员，能够高效地处理需求是界面设计师应具备的基本素质。

针对界面功能需求的分析，我们主要从以下两个方面来进行：一是从人的角度分析，二是从事的角度分析。

8.4.1 从人的角度分析

从"人"的角度分析，游戏界面设计师需要面对的衔接性人员有策划人员、交互人员和主美术人员（或设计方案的其他决策人，如设计组长、制作人等，后文简称主美）。在这些人中，策划人员主要负责提供策划案，这是游戏设计的某个具体细节的需求。交互设计师主要负责提供交互稿，通过理解策划案，将策划案这样的文本转换为直观可见的交互稿，以便界面设计师进行后续的界面设计工作。有的项目组成人员中可能并没有专门的交互设计师，策划人员直接负责输出交互稿。无论具体是怎样一种情况，这些人员的工作核心都是负责将具体需求转化为界面设计师可以接受的形态。而主美一般不会干涉具体界面的品质审核，这种日常的审核工作是由项目中专门组成的"UI 组"里的主设来负责的。主美对设计的审核一般是有节点性质的，这些节点包括审核频次比较多的项目初始时期的风格设定阶段和日常的阶段性汇报。这种阶段性汇报因公司和项目而异，有日报、周报和月报等形式，通常是主设（搜集相关材料后）直接汇报给主美。界面设计师需要面对的都是在同一个需求流程上的，应和这些人做好沟通，并互相理解。因此在人的方面，设计师最大的挑战就是如何做好沟通（关于沟通的问题，可参照 1.3.4 小节中的相关描述）。

下图所示为界面设计师在游戏项目工作流程中与其他人的关系示意图。其中较重要的关系就是视觉设计师与交互设计师的关系及视觉设计师与策划人员的关系。视觉设计师与交互设计师的关系涉及视觉设计中较基本的界面视觉和交互易用性的问题，重要性自然不必说。而视觉设计师和策划人员之间信息流动的好坏则决定了界面设计最终能否实现策划人员所构想的功能性设计。在其他两种关系中，与程序员的沟通决定着设计稿落地还原的程度和效果，设计师需要能够让程序员理解设计稿中的层级结构，具体细节上切图的布局、拉伸等。程序员也需要及时让设计师看到版本还原的内容，以便及时纠正一些程序员看不出来的设计还原问题，如图形模糊、变形及错位等。视觉设计师和视觉决策人的关系则更多地决定了设计大方向上的问题，视觉决策人有时候决定了视觉风格，有时候可以利用自己丰富的经验去指导设计师少犯低级错误等。

8.4.2 从事的角度分析

从"事"的角度分析，界面设计师面临的挑战是对需求的理解程度，主要表现为 3 个方面：一是理清需求的根本目的是什么，二是明确具体需求在项目整体中的位置，三是理清具体需求的视觉表现方式有哪些。

⊙ 理清需求的根本目的是什么

这个根本目的需要从交互稿甚至是需求文档中寻求答案。一般来说，产品的需求都会在交互稿中非常明确地表现出来。如界面的基本结构、实现什么功能、什么区域是需要设计师加强视觉表现的，以及整个页面是通用性质的界面还是需要特殊设计的界面等。而界面要实现的根本目的如果没能从交互稿中体现，同时影响设计师理解需求时，就需要设计师从需求文档中寻找答案。需求文档是记载和描述需求较详细、要求较根本的文档。如果文档中的描述不够准确，有引起人误解的可能，或者使用了不好理解的概念、词汇及难以理解的图表等，设计师就需要找到策划人员并让策划人员口头表达清楚需求的目的。

例如，有些商城或经验获得类型的需求中可能涉及一些数值策划的配表，为了保持策划之间的概念一致，或者让需求的说明更明确，策划人员会将一部分数值配表插入需求文档中，从而起到一定的说明作用，但是这类图表在界面设计师看来可能是不好理解的，而与此同时又是对理解需求很有用的一部分，这时候就需要界面设计师与策划人员进行沟通，让策划人员用容易理解的语言对数值配表进行解释，如类似"这就表示我想把经验的获得设计成阶段性的，做一个任务得到的经验可能只是做两个任务得到的经验值的1/50"这样的表达方式。通过这种简单描述的语言表达方式，建立一个常识性的模型，设计师可以避免花费多余的时间去理解真实的配表。如果策划人员不知道如何解释，那么使用生活经验中的模型来进行解释也是一种可取的方法。

总之，界面设计师应该在理解需求上花费足够的精力。为什么说理解需求如此重要呢？前面我们说了，界面设计应该基于游戏功能性的需求来完成，抛开这点去做设计，只能是白费功夫。界面设计师只有深刻理解了需求的设计和根本目的，才能从本质上做好界面设计。

下图所示为视觉设计师理解需求的递进方法示意图。图中列举的设计师在理解需求时的递进方法实际上是一步步接近需求本质的过程。需求作为一种抽象的信息集合，较原始的表现方式就是需求文档。界面设计师在理解需求时，一般情况下使用交互稿就可以了。但是当设计师认为自己对需求的理解并不准确，或者认为会有误解时，一定要向上回溯，追根溯源地去找到较原始的要求，并对资料进行解读（如看交互稿或需求文档）或和相应的人进行直接沟通（如电话、面谈等），这是寻求更多信息、完善理解的过程。

⊙ 明确具体需求在项目整体中的位置

对具体需求的处理离不开"整体性"的思维方式。这种思维方式在日常设计中需要成为设计师的一种工作心态，从整体出发去理解具体的需求，可以避免出现不必要的"窝工"（指因安排不当，工作人员无事做或不能发挥作用）现象。

之所以要这么做，原因有以下两点。

第 1 点是界面设计师在明确具体需求处于游戏系统中的位置时，首先能被明确的就是需求的出口和入口，即这个系统的界面是从哪里来，将要到哪里去。这对于做好页面之间的界面设计衔接、动态预留接口设计都具备非常重要的意义。寻求具体需求在游戏系统中的位置的思维方式就是"整体性"思维的表现。无论做什么工作，都需要在理解全局的思路上去完成局部细分工作。就像拔河一样，只有先明确了自己所要施力的方向，才能为整个队伍贡献自己的力量。没有全局观念，对自己的部分不够明确，反而会对团队协作效率产生影响。

第 2 点是界面设计作为一个整体，需要保持风格上的相对统一（关于游戏界面设计中风格统一的问题在本书第 9 章中有详细描述）。根据游戏系统的重要性，各个子系统的界面风格在整个游戏界面风格保持统一的情况下可以适当保留子系统自己的特色，即游戏界面的细分化风格。明确具体需求在游戏系统内的位置，有助于界面设计师确定该使用什么样的细分化风格，如下图所示。

⊙ 理清具体需求的视觉表现方式有哪些

视觉化和情感化的内容在大方向上是确定的，尤其是在游戏界面的整体风格确定的情况下，每个具体需求的视觉发挥空间是被限制在一定范围内的。而好的想法总会在受限的情况下迸发出来。

假设限制一个具体的需求和视觉表现的因素是一个舞台，而需求本身是舞台上的演员的话，那么舞台的宽度就是游戏界面整体的风格方向，舞台的长度就是需求本身的实质需要。界面设计师在彻底理解了一个具体需求的情况下，就相当于给需求设定好了舞台的长度。在已有舞台宽度的条件下，需求就具备了起舞的完整舞台。作为"舞美"，需要做的就是在这样的舞台上设计出各种舞姿表现。如果对需求不求甚解，这个"舞台"将失去长度，"舞蹈演员"将无法根据舞台的空间发挥出最佳的能力。界面设计师针对具体需求的设计也就成了无源之水，没有依据，设计也将无法展开。

假设我们的游戏界面需求如在舞台上起舞的演员，尽管受到舞台的局限，但依然有很多的表现形式，如下图所示。

再来举一个实际的例子，如下图所示。这是三消游戏《梦幻花园》中的一个版本升级奖励领取界面。其需求的本质是"需要给玩家一个领取奖励的入口"。这个需求触发的具体形式就是"游戏开发团队来信"。因此 "信件"是一个不错的视觉表现形式。那么"舞台的长度"就基本明确了，即设计一个长得像信封的控件。接下来，设计师需要开始考虑"舞美"的问题，如这个控件的类型应如何选择？因为是一个特别的触发，那我们就可以得出结论：这个节点属于玩家完成某个事件之后自动触发的，需要给玩家营造一定的惊喜感。基于此，这里选择了弹窗这一符合这种功能表现的控件类型。表现信件的方式有很多种，信封参照哪种样式？是中式的还是西式的，是古代的还是现代的？这些疑问的答案很容易在游戏界面的风格中寻找到。由于这款游戏设定的年代是现代，风格上更加偏休闲，从视觉表现上看属于美式卡通的一个分支风格，界面细节的描绘方式多是使用"花园"中的元素，如木头、泥土及糖果等。在这样既贴近生活又处于休闲模式下，就划定了舞台的宽度即游戏界面的整体风格的范围，总结可为现代的风格、美式卡通、略显饱和的色彩，以及细节不宜过多等。到了这一步，设计师可得到结论，即需要设计一个长得像信封的弹窗，视觉表现应为现代风格的信封，带有真实质感的信纸。当然，信纸上需要有必要的留言内容和相关的操作按钮。

8.5 "LEgame"项目中界面功能需求的强化设计与分析

视频名称："LEgame"项目中界面功能需求的强化设计与分析 .mp4

关于功能需求分析的方法，这里笔者以"LEgame"这个项目为例做一下具体的分析与说明。

针对"LEgame"这个项目，在对其需求进行分析时，我们需要明确 3 个要素：（1）这是一款换装类游戏，玩家群体设定为女性，且为养成类游戏。因此界面设计相关的关键元素选取了马卡龙色、服装装饰等元素；（2）这个需求的名称为"任务系统二期"，是基于该项目中的"任务系统一期"内容的一个完善，但是一期任务只完成了非常少量的内容，因此这个需求可以被认为是完整版的"任务系统"需求；（3）这个需求的目的是建立完善的"LEgame"任务系统，该系统是这款游戏中玩家熟悉玩法和沉浸游戏系统的重要环节。

下面，我们通过一些需求文档来分析项目的功能需求。

首先，笔者针对"任务系统二期"需求文档的第 1 部分进行分析。

在该页面中涉及了比较多的内容，它们的功能在需求文档里被描述得非常清楚，如右图所示。从这个图中可以看出，需求文档的第 1 部分叫"玩法规则"。交代了这个需求要达成的"战略目的"和需要实现的大概功能。第 2 部分是"具体流程"，是这个需求的主干内容，按照操作流程详细地描述了需求细节并勾画了简单的交互图（对这个需求来讲，这些交互图是足够用的）。在"具体流程"部分里描述了一个主界面中的"通告"按钮（即为这个需求功能"任务系统"的入口）。

需求文档 1

提示

> 这里有一个比较特别的情况是，在提出这个需求之前，"通告"按钮就已经存在，这个需求只是将该按钮的内容进一步丰富，这要求设计师对按钮的样式进行更改和进一步设计。

右图所示为本案例中需求较早的主场景界面，在界面中我们可以看到旧版的"通告"按钮。在进行"通告"按钮的重新设计之前，设计师需要明确这个按钮将要有的功能属性和设计样式。从需求文档中和附加的交互稿中可以看到，这个按钮被扩展为一个小面板的模式，在面板中需要加入任务文字和相关图标。同时，设计师需要除此之外的其他信息，如为什么这个作为任务系统入口的按钮叫"通告"而不是"任务"。它所承载的内容和目的是什么？这些在需求文档里并没有写明，需要设计师和策划人员进行口头对接。

通过和策划人员的进一步沟通，设计师最后明确了以下信息。其一，"通告"的名称来自游戏背景建构的设定。玩家在游戏内需要操作自己的人物去做"经营明星"的故事任务。在明星的经营过程中，将现实中明星"接通告"的形式套用到游戏内的"任务"中去。也就是说，"通告"一词实际上就代表着游戏内玩家需要完成的一个个"任务"。其二，其所承载的内容是一个任务的两个完成进度，因此需要在主界面的"通告"按钮上看到至少两个不同的项目任务状态，如需要区分出完成和未完成两个状态。

对"通告"按钮来讲，其基本的功能信息已经明确，接下来就是对它进行设计。前文已经明确，这个项目已经确立了一套自有的视觉风格，可以直接拿来应用在此处，即"纸张"加上特别的质感描绘组成这个小控件的视觉设计特点。

右图所示的界面中，图标和控件相较上一版本经过了尺寸优化。将原版的图标衬底进行扩展，增加了一个小面板来构成整个控件的底框。在其上设计了这款游戏界面风格中常用的纸张元素，以此来形象化地说明"通告"是一个个文件的视觉化语言。"通告"按钮里边包含的文字信息也有完成状态和未完成状态的对比。为了增强这种对比的识别度，笔者还为不同状态增加了图标的设计。

其次，笔者将针对"任务系统二期"需求文档的第2部分进行分析。

右图所示的页面中描述了任务场景表现。这种表现的目的是完成和NPC之间的对话流程。其涉及的内容包含3个方面。一是对话界面，这是此需求提出之前已有的。二是NPC的头像列表，这里可以直接复用已有的头像。三是长按NPC头像后弹出的名片，它的作用是对NPC的身份进行比较详细的介绍，也是游戏背景建构完善的一个环节。这些内容都简单直接、容易理解，设计过程中需要注意的是名片需要根据策划人员提出的需求设计男性和女性两种样式。

也就是说，这两种名片的设计就是这个需求点上最重要的内容了。考虑到这款游戏的整体概念设计，可以通过衣服或布料的纹理设计来表现卡片上的美术元素。除此之外，还需要考虑到名片上内容的排布。什么样的内容最重要，需要玩家以什么样的顺序来观看和阅读上边的信息，这些问题在内容设计中是需要慎重考虑的。美术元素和内容信息两者之间的相互影响，如纹理太重导致文字的识别性降低，是这个需求点上的高风险考虑点。基于这种思维方式，我们就可以展开一些实际的设计了。

需求文档2

下面两张图分别展示了NPC对话界面附男性NPC名片设计和附女性NPC名片设计。在名片设计中还需要注意对主次信息的区分，主要表现为姓名最重要，其尺寸最大，颜色也最明显。其他的信息则根据重要性依次进行排布。

接着，针对"任务系统二期"需求文档的第 3 部分进行分析。

该界面衔接了主界面"通告"按钮点击之后的界面。根据相关的信息，可以提炼出这个界面的基本含义——这个界面包括的内容实际上是游戏系统的任务和关卡。它们作为以下两个层级存在。其中第 1 个层级是关卡，它包含了数个任务内容，在文档中被叫作"任务包"。第 2 个层级就是任务。通过对游戏背景建构的包装，这里的关卡被称为"故事"，任务则被称为"工作"。玩家的人物就是通过一个个的通告来进行着游戏内的故事，故事的进展则是一个个工作的完成。相应地，每个故事都会按照玩家的表现来进行评级，还有相应的完成度等游戏任务常见的属性。

需求文档 3

以上所述为这个需求的基本功能性内容，那么在界面上如何进行相关视觉化的表现呢？这时候设计师需要根据这些内容的具体属性来进行判断与分析。主要表现在 3 个方面：（1）对"故事"一词的解构。在这里，这个词可以传达给设计师两个方面的内容。一个是游戏背景建构的包装。玩家的人物在游戏故事里完成了一系列艰难的任务，最后达成了一个完美的结局，本身就是富有传奇色彩，有可纪念性质的经历。这些经历作为"故事"，就可以作为"书"来进行表现。另一个则是"包"的概念，一个任务的集合。因此，用书、相册这类吻合游戏人物经历的，也具备"集合"概念的实物来表现这里的"故事"任务包是非常合适的。而且整个的"通告"界面可能需要被设计得比较特殊一些，才更能表现出这是一个"核心"且"重要"的系统；（2）对工作列表来讲，一方面它出现的频次要比"故事"更多，几乎每次点击"故事"都会出现。另一方面，它相对其他的功能概念来讲更轻，也显得更平凡，所以用游戏通用型的弹窗就足够了；（3）任意点击工作列表中的单个任务，会弹出一个"任务详情"的界面（由于这是任务一期的需求，在这个需求文档中并未提及，为了展示完整的操作流程，这里一并列举出来）。这个界面自然也顺延主要系统的风格来进行设计，只是在一些细节设计上凸显了一些特别的需求功能。

例如，在下图展示的"通告"界面中，用类似于"相册"的写实物品来表现任务包，未解锁的"任务包"则是封存在塑封里未开启的"相册"。配合这个实体表现手法，整个场景被绘制成在一个暗背景下的实木案头。这种视觉表现假设了一个情节，即游戏人物在繁杂的工作事务之外，实际上有一个专属自己的案头来存放那些经历过的和没经历过的事件。这些事件就像相册一样，一本一本地放在桌子上，无论是作为回忆（任务完成度展示），还是作为继续工作的资料（未解锁状态），似乎都合情合理，而特别的视觉表现也表明这是一个比较重要的系统。

下面两张图分别展示的是"工作列表"界面和"进城打工"界面。这两个界面中使用了通用弹窗和控件这两种元素，也有一些因为特别的功能需求而产生的特别的设计。在第 2 个界面中，"工作报酬"是对玩家进行奖励的一项功能设计内容。目的是为了促使玩家进行更多的尝试以便获取更好的奖励。在这里专门罗列展示了玩家完成任务后不同任务评价所对应的不同奖励，并且将"S"级任务评价应该获得的奖励与"合格"级任务评价应该获得的奖励之间的不同展示出来，两者在视觉表现上有明显的不同。

最后，针对"任务系统二期"需求文档的第 4 部分进行分析。

这也是需求文档的最后一部分内容，这些内容大部分属于策划人员配表的一些扩展内容，并无确切的界面需求，设计师一般并不需要特别关注这些内容，如下图所示。

有一些需求并不会完整地形成文档和交互稿，但也是构成一个完整系统界面的一部分。在这里笔者主要想说的是评级图标，主要表现在"换装任务"的评级图标和右上角的"总分"评级图标，如下图所示。

需求文档 4

在玩家完成某项任务之后，系统会根据一些属性信息来对任务进行评分。评分会涉及评分级别，因此在设计过程中，设计师需要与策划人员确定这类图标的详细信息，包括评级、名称都是什么，以及它们需要按什么规律来排序。该项目总共包含了 S、A、B、C 及 F 这 5 个评级。从右到左表示越来越棒，并且应该参照传统，按照游戏自己的特色来设计颜色表现，最后设计出了按照"紫""红""绿""蓝""灰"来表现的一系列评级图标。

以上是整个项目需求的分析过程。游戏界面设计师在整个需求处理过程中绝不仅是视觉执行的角色。要想做到既符合游戏功能，又不失视觉表现的设计，就需要深刻理解需求。想要做出符合需求的设计，就需要认真理解需求，耐心地与相关部门沟通，并做到踏实输出。

09
第 9 章

界面视觉的统一化处理

本章概述

游戏界面是玩家可以直接接触的层面,承担了游戏中绝大部分的操作反馈。因此,通过游戏界面视觉去表现游戏的特点和体验感非常重要,它直接决定了玩家对游戏的直观印象。在游戏界面视觉的统一化处理中,有 3 个要素是我们特别需要注意的,包括准确性、唯一性和一致性。本章将围绕这 3 个要素给大家讲解如何完成界面视觉的统一化处理。

本章要点

» **界面视觉的准确性**
» **界面视觉的唯一性**
» **界面视觉的一致性**
» **"PRgame"项目中视觉的统一化处理分析**

界面篇 ▶

9.1 界面视觉的准确性

在实际生活中,一款游戏的背景建构、玩法乃至以游戏为中心的文化和现象都不是通过直白的方式去告诉玩家的。这些系统化的、抽象的认知需要以具象的东西为媒介传达给玩家。

无论是系统应用,还是一款游戏,都会有自己的核心价值。核心价值指的就是一款产品能够提供给使用者的使用价值。应用提供的是某种功能性的使用价值。例如,美图秀秀提供给用户的是修图、美照等使用价值,微信提供给用户的是沟通、阅读及社交的工具价值,知乎提供给用户的是细分化的知识分享价值。而整体来说,几乎所有的游戏产品给玩家提供的都是"娱乐"价值。

游戏的类型非常多,每款游戏提供给玩家的都是细分化的娱乐价值,如游戏《王者荣耀》提供给玩家的是组队、多人竞技的娱乐价值。每款应用和游戏面对的用户或玩家群体都不尽相同,它们提供的体验也差别很大。这些体验较本质的差别,用户只有使用后才能感知。用户使用一款产品接触最多的就是界面,正如临街商铺一定要有一个自己的招牌和特色的店铺装修一样,每款软件产品都必然需要通过视觉化的外观来表现自己的特点。因此,我们在日常生活中所接触的各个应用和游戏在界面风格上几乎没有一款与其他产品完全相同。这意味着游戏界面风格设计的准确性是一件极其重要的事,它关乎着游戏是否能够在视觉外观上给玩家准确传达出独特的背景建构、玩法和感官体验。也基于此,一款游戏的界面风格设定是一件非常必要的工作,也是在项目伊始一直到项目开发收尾的整个过程里,游戏界面设计师需要投入大量精力去做的工作(关于游戏界面风格的设定方法可参详 6.4.1 小节,本处讲解从略)。

9.2 界面视觉的唯一性

游戏界面风格的唯一性需要在准确性的基础上去实现。一般情况下,由于每款游戏在各项设定上都不尽相同,理论上是无法出现完全相同的两款游戏的。

关于设计作品的相似度百分比的处理,这里我们仅从风格设计的技术角度进行讨论与分析。

例如,由为数众多的国风游戏与和风游戏组成了特定风格的集群。在这些集群里,虽然都使用了同一种类型的风格,但是它们都有着各自的唯一性,原因就在于相似设计风格中美术元素的同种应用方式占比不同。这个占比很难量化,但从直接感受上讲,通常认为在同一个风格的不同游戏界面中,会有 40% 的元素应用是类似的。其他的美术元素如颜色的应用、描绘图形的线条的走向风格等都表现出了各自的差异,并且拥有一些自己的辨识度,如下面 4 张图所示。

《镇魔曲》属性弹窗界面

《择天记》属性弹窗界面

《轩辕传奇》角色弹窗界面

《烈火如歌》角色弹窗界面

在做一个游戏项目界面的风格设定时，可以通过一定的方式规避唯一性的风险，这些方式有且不限于以下 3 种，即美术元素的应用方式、颜色色调的差异及材质风格的差异。针对这 3 种方式，笔者将以游戏《疯狂动物城：筑梦日记》和《梦幻花园》这两个案例为例进行分析与说明。

9.2.1 美术元素的应用方式

同样作为写实卡通风格的三消类型游戏，《疯狂动物城：筑梦日记》和《梦幻花园》中对卡通元素的应用就有很大差别。《疯狂动物城：筑梦日记》的界面主要使用了"动物"元素，且为特有 IP 中的动画形象。而《梦幻花园》的界面虽然同样有类似的卡通设计风格，但是使用了与"花园"这个根本游戏设定相关的"果实"元素。

《疯狂动物城：筑梦日记》游戏界面

《梦幻花园》游戏界面

9.2.2 颜色色调的差异

《疯狂动物城：筑梦日记》的界面中使用了亮度较高的蓝色为基本色，饱和度相对《梦幻花园》而言要低一些，整体的色调都比较亮丽。同时，《梦幻花园》的界面色调相对《疯狂动物城：筑梦日记》的界面色调则要暗一些，且同样的绿色在《梦幻花园》的界面中呈现为翠绿色，而在《疯狂动物城：筑梦日记》中则为淡绿色，这是因两者使用的色彩亮度不同而造成的。

9.2.3 材质风格的差异

《疯狂动物城：筑梦日记》中应用了很多该游戏 IP 的动物形象，构成其界面的基本材质。《梦幻花园》中使用了与《疯狂动物城：筑梦日记》不同的材质设计，如木材、草地等，且大部分构成界面的材质都是花园中会出现的物品。虽然两者都有使用木材，但是因为不同的色彩调性，玩家并不会因此认为它们用的材质雷同。这些材质的不同使用，使两款游戏在视觉观感上有很大的不同，主要表现在《疯狂动物城：筑梦日记》界面整体呈现偏现代都市风格，且颜色偏明亮的迪士尼卡通风格，而《梦幻花园》界面整体呈现的则是恬静舒适的田园风光的场景效果。

布料材质在《疯狂动物城：筑梦日记》界面中的运用

布料、木纹材质和笔记本在《疯狂动物城：筑梦日记》界面中的运用

木纹材质在《梦幻花园》界面中的运用

9.3　界面视觉的一致性

这是游戏界面风格化设计中较为重要的一个要素。在一款游戏的界面风格定位精准，也做到了唯一性的情况下，若没有做到稳定统一的风格设计，则可能会前功尽弃。

游戏是一个整体性的软件，作为游戏的重要组成部分和游戏本质外现的重要视觉体现的游戏界面，如果做不到整体的风格一致，将直接导致玩家对游戏的认知产生紊乱，使其认为游戏并不是一个整体。这种体验如同当我们进入一座装修混乱的别墅时，看到大门是西式古典风格，大厅却是简约北欧风格，进入卧室后感受到的又是原始田园风格，实在令人抓狂。在实际工作中，同一个游戏的界面设计在风格的差异上不可能达到这种程度，它们往往不那么明显或不好辨别。正是由于不好辨别这些差异，风格设计的一致性才成为设计师在项目进程中需要额外注意的事项。

要做到全局界面的风格统一，与上面 9.2 节中讲到的如何对同种风格做出差异化的方法是类似的。在具体工作中，设计师可以按照同样的方法逐条对比、验证各个系统界面中的设计问题。

9.3.1 美术元素的一致性

使用同一套美术元素去表现设计风格是在游戏界面设计中经常会采用的一个基本方法。其中，图形元素是一种辨识度非常高的视觉化元素，设计师在对游戏界面进行风格化设计的时候经常会用到。

使用图形化元素来体现特定的风格是一种非常好用且直接的方法。图形化元素可以分为显性和隐性两种。显性的图形化元素顾名思义就是有明显的造型方式的美术元素，是界面中非常明显的组成部分。它以一定质感成为界面的控件元素或以非常明显的轮廓图案修饰在重要功能和操作控件的附近。隐性的图形化元素则通常是显性图形元素的辅助，以浅显的修饰和图案纹理为主要存在形式，有的作为界面面板的底纹，有的作为背景的平铺图案，在界面中分布的范围非常广。隐性图形元素的特点决定着它通常不会被玩家直接注意到，但是它和显性图形元素一起构成了一个特定风格的视觉化氛围，是形成游戏界面设计风格氛围的重要组成。

以上说到的这两种图形化元素都不是以单个形式存在于场景中的。游戏界面中有大量的应用场景，因此图形元素都是以数个图形组成的成套的图形集合存在的。在数个图形元素组成的集合里，这些图形的造型同属一种风格类型。因此，美术元素的应用是否足够统一，需要考察以下 3 个方面的问题。一是图形元素是否为同一元素的合理延展，二是隐性的图形化元素和显性的图形化元素是否在一个风格内进行搭配，三是游戏中所有界面内应用的图形化元素是否属于同一个风格。

同时，使用统一的图形化元素可以防止因为功能上的巨大差异而导致的界面设计风格不一致的问题。在游戏界面中，会有一些比较极端的情况存在。有些页面的功能比较重，会倾向于被设计成视觉表现强烈的样式，同时也会有一些页面因为功能比较轻而被设计得很没有"存在感"。维系这两种界面在同一个风格内的方式有很多种，其中一种必要的方式就是在设计中使用统一的图形化元素。

以下图所示的游戏《镇魔曲》中两个差异比较大的界面为例。从图 1 和图 2 所示的通用型弹窗设计来看，并没有感受到两者的统一性有什么问题。但两个页面无论是从功能上来说，还是从具体的细节设计上来说，差别都比较大。而在这种比较大的差异下依然能做到风格统一的最主要原因就是统一图形化元素的使用。主要表现在 3 个方面：（1）甲处使用了这款游戏界面设计中常用的灯笼图形。对比两个界面来看，图 1 中的灯笼图形除了更细、辉光更多之外，整体的造型、色彩和结构都与图 2 中的灯笼图形一模一样；（2）乙处为框体的顶栏，被赋予了深色调且带云纹浮雕样式的设计（这是本款游戏中界面控件设计上最典型的特点）。除了整个顶栏的造型不同，纹理有所差异外，两者毋庸置疑使用了同一种材质；（3）丙处也是同种差异化表现，图 1 中丙处的造型是在图 2 中丙处的造型基础上做了更多的夸张化处理。

图 1 《镇魔曲》任务换装预览界面

图 2 《镇魔曲》人物属性弹窗界面

在游戏《虚幻争霸》中，有统一的正菱形图形元素的使用（如黄色箭头所示），这种使用方式和游戏内特别的图形进行了组合变换，在统一性的前提下也做到了唯一性。这款游戏对菱形的使用很大程度上来自游戏 Logo 本身。这种做法是一种非常典型的品牌延续的设计手法，正因为这种从品牌标志上延续而来的图形应用，才能将游戏界面设计的特点很好地保持下来。

《虚幻争霸》匹配界面 　　　　　　　　　　　　　　　　　《虚幻争霸》战斗界面

9.3.2 配色体系的一致性

界面配色的统一指的是界面内使用的色彩遵守统一的配色方案，同时基色调没有出现方向性的错误。

颜色搭配在界面中的表现是非常明显的。在定位一个游戏界面的风格时，首先需要做的事情就是确定主色和辅色，以及界面的主要质感的描绘方式。其次是遵守统一的用色规范，界面中的文字色彩、重要的图案色调和商业化运营时使用到的宣传图的色调，原则上都应该和界面风格设定时规定的色调搭配风格保持统一。这种统一是相对的统一，不需要将所有美术元素的色调都保持绝对统一。

对于颜色体系的一致性处理，可以着重从以下3个方面入手。

⊙ 整体配色与元素保持一致

关于整体配色与元素保持一致，这些元素包括但不限于原画、场景、人物及道具等。在项目初期，界面的风格设定与美术资源的准备通常是同时进行的。当然，有时候是美术先行，目的是在既有的游戏背景建构的基础上对项目的整体美术基调进行一些探索。同时在此期间，设计师也会进行一些草图性质或概念设定性质的原画设计。这样一方面可以起到逐步确定游戏整体美术调性的作用，另一方面可以凭借这些直观材料去预想游戏未来可实现的画面效果。

界面的设计往往可以从这些美术元素中找到可以参照和使用的部分。随着项目工作的逐步展开，美术资源也会一步步地进行调整和优化。整个游戏所要采用的美术风格、色彩基调都会在这个过程中逐步明晰。与此同时，界面设计师的工作也会同步进行。在进行界面风格上的协调处理时，一般情况下不会出现界面设计和其他美术资源的颜色使用偏差较大的情况，而主要问题出现在项目迭代、界面风格改进和迭代过程中。

💡 提示

有时候，设计师也会遇到项目的大改版，甚至是方向上的调整等情况。这种情况不仅会影响整个美术风格的方向，也会影响界面与其他美术元素的协调一致。避免出现这个问题的方法有两个。首先，两者要注意随时协调进度，时刻关注对方的进度并依据合理的走向进行修正；其次，对美术资源中可利用于界面中的元素和图形有一个科学的设计方法论（具体方式参照6.4.1小节中的相关描述）。

下面，笔者以游戏《女神异闻录5》为例做一些具体分析。该界面中的色调有比较清晰化的体现。这款游戏的画面还原了日式动画的风格特征。其画面是赛璐珞风格的色彩调性，但是界面中基本上只出现黑、白和红这3种颜色。

配合具备冲击力的图形设计，这款游戏的界面设计有非常强烈的风格化特征。如果这款游戏的界面设计使用了过多的色彩，那么这种具备强烈对比观感的界面色彩设计将失去原先的强烈张力，就没有办法强化表现漫画式画面的夸张感了。

《女神异闻录 5》任务介绍界面

⊙ 对色彩的使用方式进行规范

在界面设计中，对色彩的使用方式进行规范是指制定合理的颜色使用规范。颜色的使用规范应该包括指定主要控件的颜色和搭配方案、字体颜色的色值表及指定动效中出现的部分颜色。

主要控件的数量是固定的，色彩使用方式在数量上也是基本确定的。这里的控制点在于新增控件的颜色的延展方式，要么根据已有色值进行同饱和度或明度的色向调整，要么是严格使用已有色调。

在游戏界面中，按钮的颜色是一个非常明显且可以说明问题的要素，如第 233 页的左图所示。该图展示的是笔者为代号为"PRgame"的项目所制定的按钮规范。从图中展示的按钮设计规范中我们可以看到，不同的按钮颜色实际上代表了操作它所预示的不同的含义，是一个好的操作，还是一个需要谨慎的操作，在按钮的颜色上都有明确的表现。这种色彩设定通常会比较固定，唯一的不同是，在不同的游戏界面中，按钮需要根据具体的界面色彩特征去进行相应的颜色改变。

文字颜色是与具体的界面环境相匹配的，如下图所示。图中展现了某项目的气泡规范及标注信息，这个规范包括了气泡内文字色号和色值的规范。文字所要表现的信息是重要的还是平淡的，都需要依赖它的颜色和字号来进行表现。其中标题和强调字体的字号会比较大，且颜色比正文更显眼。特别的数字会有不同于两者的色值和字体选择。警示色通常会被设定为偏红的颜色。这些颜色的设定自有它们自成一体的逻辑，但前提是适配了所在界面的色彩。从图中我们可以明显地看到，这些字色无论是表示强调、警示还是正文，都被控制在了橙色和黄色色调内，并且其饱和度和明度也基本上被维持在了一个固有的区间内。这种设定的前提正是由这些文字所在的界面环境（即气泡的淡黄色）所决定的。这种既受到所在界面环境的限制，又自成体系的文字颜色规范，可以帮助设计师更加直观地延展出实际情况下需要的更多的功能性色彩。它提供了所在的色域、明度及饱和度等信息，也明确规定了其所在界面环境的条件限制。

这样的色彩规范才是有效的规范。

　　动效中出现的色彩应该基于涉及动态的控件颜色和逻辑颜色。同时，动效的色彩控制既需要考虑静态设计稿中具体控件的色彩，也需要考虑控件的功能性。

　　这里，笔者以代号为"P-game"的项目中的获得物品弹窗界面为例来说明这一点，如下图所示。图中截取了一个弹窗的入场动画中的几个关键帧。在从左至右、从上到下浏览的过程中，我们发现整个动态中出现的文字标题、背景及界面中的其他控件都是可以在静态视觉稿中找到的，但那些动效中的光效是不可能在设计稿中找到的。也就是说，呈现在我们面前的整个动效是需要动效设计师额外增加一些元素才能得以完善的。这些元素包括文字的辉光、文字"砸入"画面后的环状波纹光线，以及入场动画完成后"恭喜获得"文字后方的光辉循环动画。在这个界面中，我们可以看到动效设计师是如何控制动效里额外添加的元素色彩。具体表现在3个方面：（1）界面的色调是暗黄色，这意味着使用黄色系或互补色蓝色系是合适的；（2）作为"获得物品"这样的弹窗，它提供给玩家的应该是较强的正向刺激，这也是整个动态过程中有"摔进来""强烈光线""像炸开一样的刺眼光线"这些动作元素的原因；（3）涉及用光时，很少会出现黄色调之外的光色。综合来看，在该界面中使用与界面色调接近也符合事实逻辑的黄色调光线是一个很正确的选择。这些光线效果的颜色就是我们所说的"逻辑颜色"。

⊙ 确定色彩规范的适用范围

色彩规范需要有明确的边界，并且这在不同的风格里有不同的要求。如果游戏界面极具个性化，则其边界将非常明显，且存在有大量不适用的颜色，这时候就需要有严格的色彩规范。如果游戏界面的风格比较平淡和普适，则其色彩规范的边界将比较模糊，很多色彩都将可以适用于界面中。设计师需要依据游戏界面风格的趋向来针对具体情况去判定色彩的使用是否符合预期。在这里，笔者主要就以下两个方面进行分析。

首先，具有别具一格的风格的游戏界面，其色彩规范是相对比较狭窄的。

以游戏《混乱特工》为例。这款游戏有独特的美漫风格画面，界面中的颜色设计几乎完全限定在橙色和紫色两种色彩范围内。并且显而易见的是，在这样的场景风格和界面色彩模式下，使用超出这种基调的色彩都明显会不合适。

其次，几乎每款比较风格化的游戏界面都会限定色彩的使用范围，即便是那些看起来色彩比较斑斓的游戏界面。

以游戏《守夜人》为例。本款游戏的界面乍一看使用了特别多的色彩来设计界面，但实际上它的色彩也被限定在特定的调性范围内，如下图所示。虽然界面中出现了诸多色彩，但仔细分析后会发现，界面中的色彩基本上是围绕基准色的辅助色或对比色来设定的。

9.3.3 图形设计的一致性

在处理界面风格的一致性时，保持图形的一致性是界面中表现相关游戏背景建构元素的基础。在保证界面风格的一致性时，需要检查图形线条的描绘方式是否一致。例如，有没有出现整体都是硬朗的直线却在某一处大量使用了圆角或圆润的线条的情况。图形的线条描绘方式是体现图形风格的一个关键要素。图形的风格决定了界面中美术元素的风格，美术元素的风格体现由图形的线条描绘方式和质感描绘方式两个维度决定。其中质感的描绘方式有写实风格、扁平化风格和介于两者之间的风格。另外，颜色在质感的体现上也起到了非常大的作用。作为图形元素较直接的体现，形体是图形表达风格较基础的成分。从写实化逐步简约到扁平化的过程中，质感甚至颜色都可以被清除而不影响风格的体现，但是如果脱离了形体，图形元素的风格化将无从谈起。没有形体，图形也不能成为图形。因此，以线条构成的图形是体现界面风格的基础。

右图所示为美术元素风格化体现的若干个重要组成部分。该图中列举了类似图形在不同线条风格、相同图形不同颜色和相同图形不同材质的情况下会表现出的视觉风格差异。通过这张图我们可以明显得知，决定图形风格的最根本因素是线条的勾勒方式。

图形元素的形体是由线和面来构成的，面可以真实存在，也可以通过线条的勾勒从视觉上补充出来。也正因为如此，线成了图形元素形体中较基本和决定性的因素。线条的走向风格也就直接决定了形体的风格。因而，图形线条的描绘方式直接决定了图形的风格，也由此依次决定了美术元素的风格和游戏界面的设计风格。

下面来看下一组图。图1所示为魔幻风格的游戏界面，带有较多弧线和锐角结合的线条，为凸显提取出的黄色线条，画面做了压暗处理。图2所示为科幻、写实风格的游戏界面，其含有较多的直线和折角构成的图形。同上一个界面一样，为凸显提取出的黄色线条，该画面做了压暗处理。图3所示为休闲、可爱风格的界面，界面内大量使用了比较多的曲线和圆润夸张的线条。图4所示为中国风的游戏界面，该界面中出现的云纹多由曲线构成，很少出现锐利的尖角。图5所示为西方古典风格的游戏界面，界面中的图形大多使用了金属、石材等材质。在金属材质上也存在多弧线条，不过在一些关键位置上使用的弧线会显得硬朗一些。在石材上更多使用的则是具备力道的短线条、楔形折角这类风格的线条。图6所示为魔幻风格的游戏界面，该界面中使用了很多直角和较硬的线条，金属材质的圆形线条辅以玻璃材质组合使用，体现出欧美古典风格中材质的耐久性特点，与中国风游戏界面中出现的水墨、纸张、竹子及砖瓦等材质相比较，其更多的是体现厚重而轻盈缥缈的效果。图中标示了界面中材质和图形的特征点，其中A处所示为金属材质和直角，B处所示为石材材质和圆形，C处所示为金属材质和特有的魔幻风格纹理。

图1 《奇迹MU：觉醒》活动弹窗界面

图2 《自由之战2》胜利结算界面

图 3 *Line Rangers* 成立公会弹窗界面

图 4 《大唐无双》主角弹窗界面

图 5 《龙城逃生 2》战斗界面

图 6 《暗黑破坏神 3》战斗界面

9.4 "PRgame"项目中视觉的统一化处理分析

视频名称："PRgame"项目中视觉的统一化处理分析 .mp4

本节将通过"PRgame"这个真实的游戏案例，来具体分析整个游戏项目是如何做到界面设计统一化处理的。

"PRgame"是一款模拟经营类的游戏。这款游戏的界面设计简约扁平，但是依然具备统一而鲜明的设计特点。它的界面风格设定基于页游版本的界面风格改进而来。虽然如此，但在该项目的开发过程中，界面的设计也是从头开始的一个完整过程。在这个过程中，通过一些方式和方法确保了游戏界面的统一性，其主要表现在以下 3 个方面。

9.4.1 准确性的处理

一款游戏的界面设计风格的确立需要一个基准，那就是它的准确性。

该项目界面设计的准确性本质上就是界面设计风格的确立。与一般的项目设计不同的是，其风格的确立方式主要有两个。首先，该项目的界面设计风格来源于原版的页游，需要在一定程度上继承页游版本中界面设计的"基因"。因为页游版本的界面设计是很多年前的设计，所以小程序版本的界面在继承的同时需要有与时俱进的设计，以确保它拥有当下玩家可以接受的设计风格。其次，小程序平台的用户与页游用户的操作习惯略有不同，因此新的设计还需要考虑吻合微信小程序平台用户的操作习惯。

⊙ 前期分析

在前期分析过程中，需要考虑两个方面的问题：一个是旧版本的"基因"延续，另一个是新版本的重新分析。整体思路示意如下图所示。

按照这个思路，最先需要做的就是对玩家群体进行分析。根据以往的页游数据，以及重新采集到的玩家信息，我们得出以下结论，如下图所示。从该图中我们可以看出，根据提炼出的玩家特性，可以对应分析出这类玩家所对应的视觉特点。我们得出了新版本界面设计前置的重新分析所需要的关键性描述信息：轻度视觉重度信息、高度易识别性、时尚、特有审美和简易直达。

社交 + 休闲 ——→ **轻度视觉 重度信息**
社交休闲重视游戏玩法信息传达和轻界面视觉传达。

年龄小 ——→ **高度易识别性 时尚**
强调新鲜感，过度符号化的东西不易被玩家理解。

学历低 ——→ **特有审美 简易直达**

同时，这里有一个很重要的点，即要延续旧版本界面设计元素中的一些"基因"到新的设计中。

该游戏的旧版本是基于网页平台的游戏，即平时我们所说的页游。这种游戏界面的设计特点是按照 PC 平台的操作体验去设计的。具体控件的设计尺寸、分辨率都与小程序平台中的要求不同。

因此，这里对旧版本的界面进行了分析，并得出一些关键的信息，如下图所示。

水晶质感

更小的触控区域

远古图层样式

多种纹理使用

深蓝色系

较小的设计尺寸

更密集的信息

平台也是必须考量的因素。不同平台的设计上的一些差异是设计师在进行旧有设计延续时对设计元素进行取舍时一个很关键的参照依据，如下图所示。在这张图中，我们对平台差异进行了一个直观的对比和分析。根据分析，最终得出以下改版策略：（1）对原有的设计基调进行继承。如贴近原有色彩的颜色基调设置、个别纹理的继承等；（2）改善设计手法，适应新平台，凸显时尚及轻量化的特点。一些旧的设计手法会显得老旧和过时，需要在新设计中对这些老设计手法进行改善。相应的平台操作也需要因地制宜地去设计，如按照移动平台界面进行设计，应该有更大的按钮和触控区域及不同于鼠标操作的一些交互习惯等。同时，需要在图形、色彩和质感设计上更加轻量化，更凸显时尚性。

新旧平台差异

网页端：设计尺寸（相对）较小 游戏系统复杂 无流量压力 交互模式为鼠标点击

微信小程序：设计尺寸（相对）较大 游戏系统简化 流量压力大且包量有限制 交互模式为触控

小程序特有——轻量化

⊙ 风格稿的迭代

有了上一步的分析结论和最终的指导原则，就可以开始进行风格稿的设计了。这一步需要进行数次迭代，在每次迭代的过程中都会产生一些新的问题，解决好这些问题后，才能确立最终的风格设计。

接下来我们来看一下第 1 版风格稿，如下图所示。

设计思路。 继承原有的水晶样式和色调，改进因应平台变化的细节设计，如按钮的样式和尺寸变化、简化交互模式并通过分离式的设计，使视觉感受更通透和更舒服。

存在问题。 色调的完全继承无法凸显"时尚"。大量使用的水晶高光使整个设计稿有过亮的感觉，没有体现场景的神秘氛围。

根据以上分析，我们在第 1 版的基础上对界面风格进行了优化，得到了如下图所示的版本。这个版本通过两个方面解决了上一版本的问题：（1）减少水晶样式表现，调整色调使其更加暗沉，此时以蓝紫色相为基准色调。而同时产生了新的问题，色调表现过于暗沉，没有对比和提亮点；（2）质感设计仍然不够轻量化，此后设计师再按照出现的新问题去解决以优化设计稿。

⊙ 风格的最终确立

按照以上类似的迭代方式，经过数轮优化后，风格稿被最终确立，如下图所示。

风格稿的确立，意味着我们已经解决了准确性的问题。当然，风格稿并不代表着界面设计风格的完全成熟，在项目的后期进展过程中，设计师依然需要按照项目的具体情况去解决新的问题。在解决新问题的过程中，界面的设计风格会最终成型和成熟，如下图所示。这是"PRgame"项目风格稿（上）与后期成熟阶段效果图（下）的对比分析示意图。这种风格上的成熟，包括以后设计规范的逐步建立，都会一步步地增强本游戏项目中界面设计风格的准确性。

9.4.2 唯一性的处理

建立新风格的过程中，做出符合自己特色的设计，能对建立界面设计风格上的唯一性起到很大的作用。在这个项目的界面设计上，我们通过使用轻薄化设计和独有的色彩组合设计来达成界面设计的唯一性。

⊙ 轻薄化设计

在该项目中，轻薄化的设计以初期设计目标中关于"视觉轻量化""时尚"等内容为目的。在实际操作中，本项目的界面设计做了大量的关于轻薄化的尝试与优化。这些优化最终体现在界面中时，会体现出独特的设计风格，也就达成了本项目界面设计在质感塑造上的唯一性。

右图所示为这款游戏的界面设计通过大量的1像素描边、直角的框体及轻微的渐变来构建整个界面的轻薄化设计语言。在不影响功能表现的基础上，对材质的表现有极强的克制。

⊙ 独特的色彩组合

在旧版的设计延伸下,本项目探索出了一套自有的色彩搭配方式,如下图所示。这套色彩由主色、辅色和点缀色组成。主色、辅色和点缀色是实质上的异相色彩延展,是根据特定色相搭配出的颜色体系。同时,各个色彩分别依据相应的应用条件,在同色相上进行了延展,这些色彩自然地构成了一个依据功能划分的有机整体,配合轻薄的形体设计,成为这款游戏界面设计唯一性的基础。

9.4.3 一致性的处理

该项目的界面设计一致性通过 3 个方面来达成,分别是美术元素、配色方案与图形风格。

⊙ 美术元素的一致性

在这款游戏的界面中,点阵图案(红色圆圈所示)和辉光效果(绿色圆圈所示)无处不在。在基础的框体和重要的按钮上,都可以看到这些美术元素的使用。在功能体现与色彩表现非常不同的界面中,这些相似的表现手法,使界面的风格保持了一致。

⊙ 配色方案的一致性

在独特的色彩组合基础上,对界面配色进行了一定程度上的规范,使得所有的色彩应用都有据可循,而不是随意进行延展,有效地控制了整个游戏界面的色彩基调。

这其中较为典型的就是按钮色和文字色的规范,如下图所示。通过该图,我们可以看到有据可依的按钮色彩与应用方式。

按钮共有 3 个样式,文字样式和按钮底图样式各自相关联,应根据所表现的功能而进行使用。

样式甲
作用:表现中性和否定的情绪。

> 好　　取消

样式乙
作用:表现倾向性明显和肯定的情绪。

> 购买　　确定

样式丙
作用:表现稍微强于中性或甲和乙都不适用的情绪。

> 邀请

请保持按钮的文字样式,字号不变。按钮底图宽度可自由变化。极端情况下文字字号、按钮底图均可自由变化,以适应特别的界面空间。

按钮上可以附带其他的信息,如购买价格、代币及其他图标,功能性的图标需要遵守与文字同样的样式。

> 调酒 8000　　按钮上有代币和价格的样式参照:功能文字保持原样式;代币通用;
> 　　　　　　　价格使用专用色值。

> 解锁　　　　按钮上有功能性图标的样式参照:功能性图标保持和文字同样的样式。

> 调酒 8000　　按钮置灰样式参照:无其他附属时直接将饱和度降为零;
> 　　　　　　　有表示价格且价格表示有特别功能体现时价格
> 　　　　　　　文字使用专用色。

221

再看右图。通过该图我们可以看到几个常用的功能性文字的色彩。这些色彩在功能表现上有着不同的含义，和按钮的颜色相似，在文字信息上使用不同的色彩，会使其功能表现的含义有所不同。

这些都是在色彩的层面上对玩家潜移默化的影响，也是反向控制文字色彩的方式。一旦玩家形成了对游戏界面中特定颜色的认知习惯，设计师在使用了错误颜色时，就会造成玩家的认知紊乱，这反过来就要求设计师控制好既定的色彩方案。

⊙ 图形风格的一致性

这款游戏的图形风格设计采用了一种典型的简约化处理方式。该游戏的轮廓图标和界面的框体都应用了一种通用型的设计。但是通用型的设计无法体现出一定的风格，因此在这款游戏界面上，也有一些比较独特的处理，主要表现在以下 3 个方面。首先是在框体和按钮边角的细节处理上都使用了固定的圆角。这种整体上非常接近矩形的圆角处理方式使得整个界面给人一种"平展"和"干净"的视觉感受。这是对设计目标中"建议""快速识别性"等特点的呼应。其次是独有的美术字风格。在整体简约的基调上，这款游戏的界面设计中的美术字其实是做不了太多质感化设计的。但在套用了个性化字体的情况下，对其进行倾斜和叠加微渐变等处理，也可以充分达到风格化设计目的。最后是对分离式框体设计理念的应用。在微质感和轻薄化的整体视觉语言环境中，栅格化的设计起到了支撑整体界面的作用。但是过于板结的界面会导致整个界面缺乏灵性。其具体的视觉感受就是不够通透，没有对细节设计上"平展"和"干净"的相关呼应。此时，分离式框体的应用不但可以避免类似的问题，还会在适配上有非常大的优势。

这些细节处理使得本游戏界面拥有了自有的一套图形处理方式。但是在单独的界面中应用这种处理方式并不足以使其形成风格。在下面 3 张图中，我们可以看到多个界面中分别应用到的处理方式。正是这种多处一致的图形风格，才使得界面整体成为一个风格一致的整体。

总结性地说，一款游戏的界面设计的统一性建立在各种因素复合的基础上。应注意的是，单独的颜色配置、单独的美术元素使用及单独的图形风格使用都不足以构成一个同时具备准确性、唯一性和一致性的界面设计。前面提到的任何一个因素都不足以单独构成界面设计的统一性，它们需要被综合使用才能够体现出作用。

10

第 10 章

游戏界面视觉系统的创立与分析

本章概述

游戏界面的风格是体现游戏气质的重要组成部分。找到游戏界面风格的精准定位，设计出具有唯一性的风格，并在整个游戏项目中贯彻这种风格的统一性，是游戏界面设计师在统筹整个游戏项目的界面设计工作时的重点，而统一的视觉系统是维护界面品质的工具。

本章要点

» 界面规范系统的划分
» 制定视觉规范的方式和方法
» 视觉规范的边界
» 视觉规范细分化的指定

界面篇 ▶

10.1 界面规范系统的划分

维护统一的视觉系统主要依赖于游戏界面设计规范。游戏界面设计规范是为游戏界面设计师提供的可视化、易理解和易上手的"工具"。

游戏界面设计规范对应的是一款游戏内的所有界面。这在之前笔者已经提到过，在对内容比较多和复杂的信息进行管理时，规则化梳理是必要的手段。这时可以用功能性分类方式去进行管理。在每个功能分类下可能还需要划分出对具体控件的规范，具体到每个规范里，都应该包括规范说明、规范分解、情境示例与扩展规则这4个部分。

下图所示为笔者为代号为"Fgame"的游戏项目所做的底部一级功能按钮规范，对应了设计规范的4个部分。将游戏界面中的控件按照类型进行严格定义并梳理之后，可以确立一套关于游戏界面控件设计的规范化系统。界面控件系统因具体游戏的系统设计差异而有细微的差别，但都可以套用到一个划分模型里。

🐵 **提示**

划分模型包括6个子系统，即普通系统、新手引导系统、奖励系统、战斗系统、图标系统和按钮系统。在不同的游戏中，都可以找到这个模型里对应的子系统，一些设计上比较特别的游戏可能会比较简单，或者额外增加一些子系统。

10.1.1 普通系统

普通系统包括了界面中普遍存在的框体，这些框体包括所有类型的弹窗、浮层及 Tips 等。它囊括了所有的核心系统界面，是游戏界面的主干，也是游戏界面设计风格的主要体现和支撑，包括了 90% 以上的界面。

下图所示为笔者为代号为"Fexgame"的项目所制定的界面规范中针对普通系统控件所列举的一部分控件。

10.1.2 新手引导系统

新手引导系统是一个比较特殊的系统，普通玩家通常只能接触到一次，视觉上会比普通系统更显眼，需要在普通系统存在的基础上进行视觉上的突出设计。具体的表现形式通常有 NPC 气泡、特殊提示的线框及手指或箭头指示等。

下图所示为笔者在为代号为"Fexgame"的项目所制定的界面规范中针对新手引导系统控件所列举的一部分控件。

10.1.3 奖励系统

奖励系统包括界面中所有带有激励性质的界面，如升级、升星、升阶、获得物品、奖励及结算等界面。这些界面最主要的特点是被设计成视觉上较有冲击力的样式，并且这些样式往往是整个游戏界面系统中视觉强度较大的。在这种视觉强度较大的控件中比较常见的包括"成功升级"的美术字、道具的品阶及"BOSS 来袭"预警等这些特殊的控件。

下图所示为笔者在为代号为"Fexgame"的项目所制定的界面规范中针对奖励系统所列举的一部分控件。

10.1.4 战斗系统

只要是游戏的核心玩法界面，都可以被称为战斗系统界面。在休闲类型游戏的战斗系统中，玩家在执行核心玩法时无须大量切换场景，其战斗系统与普通系统差别不大，会被合并在普通系统中。但对于需要大量动作操作的RPG、MOBA及FPS等类型的游戏来说，游戏的核心玩法都需要在一个具体的场景中进行，战斗系统界面需要避免出现遮挡、干扰画面的情况，因而在风格上与普通系统有较大的差别。无论是从功能上，还是从应用方式上，都与普通系统有很大的不同。

例如，下面图1所示为游戏《烈火如歌》的技能弹窗界面，这是一个比较能代表其普通系统界面控件风格的界面。图2所示为游戏《烈火如歌》的战斗界面。通过这两个界面我们可以明显看出，两者在材质和颜色的应用上都有比较大的差别。除了战斗界面中出现的"获得成就"Tip是普通系统的一个延伸元素外，整个战斗界面都比普通界面更轻薄、更通透。之所以采用这样的设计方式，其中很大的原因是战斗界面需要在战斗画面中尽量为游戏画面让位，并不造成干扰。

图1　　　　　　　　　　　　　　　　　图2

但并非每款游戏都会出现与普通系统界面的设计风格差异比较大的情况。轻薄化的设计方式更多地存在于画面经常发生变化，且玩家需要更多注意这些画面变化的游戏中。这类游戏包括大部分的RPG类型和FPS类型游戏。在一些核心玩法界面上不会发生画面表现上剧烈变化的情况，"战斗界面"的设计则与普通控件的设计保持高度一致。

例如，游戏《梦幻水族箱》战斗界面的游戏画面几乎是静止的，玩家只需要专注于画面中可以转移连接在一起的小物体就可以了。整个画面并不会发生剧烈的变化。界面设计上只需要在页面布局上为核心玩法区域做适当让步即可，而不用在风格上进行轻薄化的让位。

10.1.5 图标系统和按钮系统

图标系统和按钮系统是界面中特别于其他控件的元素，它们不仅在功能上比其他同等级的界面控件更重要，在具体应用情境下也比较复杂多变。例如，按钮可能需要在风格设计之初就确定好层级，以区分不同重要性的操作，在统一风格的基础上设计出不同的视觉表现。图标在不同的尺寸、不同的应用场景上都会有很多具体的划分，因而将其单独从控件中划分出来，以便风格的统一。

右图所示为笔者为代号为"LEgame"的项目所做的玩家交互图标规范。该图上半部分展示的是这些图标的应用场景，下半部分展示的则是图标的规范系统。

无论是图标还是按钮，在游戏界面中都有极为复杂的应用场景。它们的设计规范涉及设计环节和程序实现环节中的很多问题。例如，右图所示为一个图标规范示意图，笔者对这些图标的规范设定做了一个比较详细的设定。除了图标本身的切图尺寸和设计尺寸需要保持一致，"托盘"大小也需要保持一致。该图下半部中的灰底就是图标的尺寸规范，所有这类图标都需要被设计成这一尺寸。由于它们都被设计在一个圆形的"托盘"上，因此"托盘"的大小也决定着图标的设计是否规范，在灰底尺寸区域内也就另外设定了白色的"托盘"大小规范。通过这种细致的规定，才可能将某一类图标的设计控制在可接受的范围内。

界面控件系统下的几个子系统的划分方式依据是其功能性的不同。虽然按照所有商业化游戏的典型结构进行划分会因为功能性的不同而拥有自己特有的风格，但这种风格应该以游戏整体风格为基准。各个系统之间通过玩家的视角，在操作上会形成一个闭环。具体表现在玩家通过新手引导系统进入并熟悉游戏，而后进入普通系统，接着进入游戏核心玩法区域即战斗系统，每局结算完毕即接触到奖励系统，再返回普通系统，接着进入下一个循环。

游戏界面涉及的内容非常多，对应的规范也非常多。按照功能性的划分方式，可以有条不紊地对所有规范进行整理和更新。不管具体的规范对应的是哪个部分，都应该包括规范说明、规范分解、情境示例与扩展规划这 4 个内容。建立规范的根本原因就在于使一个游戏界面的风格不会因为某一个人为的原因而出现问题。设计规范应该有这样的效果，即一个基本功能没有问题的界面设计师在拿到游戏界面设计规范之后可以很快上手，并输出合格的需求设计稿。让设计师可以完成由主设牵头的项目，这才是设计规范所起到的根本作用。

设计规范除了功能的完整性，还应该具备生命力。一个好的设计规范需要能够不停地演进和补充。要具备这一点，设计规范必须在订立之初就留足接口，即扩展方式。建立设计规范时无法预知所有的情况，但是可以按照设计规律为未来设定合理的开放式空间。例如，在一个手游项目制作初期，所订立的设计规范中只有关于横向页签样式的规定，这时候一般可以预想到未来基本上一定会有纵向的页签样式，在设计规范中就可以按照已有的界面控件搭配方式预先设定纵向页签样式。但这也不是绝对的，在一些极端情况下，需要出现极小尺寸或极简单（复杂）风格的页签，这时候应该怎么设定规范呢？较好的方式就是将目前页签的设计方式进行拆解说明，并写明在极端情况下，这些组成部分哪些是可以缩放的、哪些是可以舍弃的，以及哪些是在任何情况下都必须存在的，如此可以在为未来的设计提供依据的同时，留足设计空间，这样的设计规范才是合理的设计规范。

例如，在游戏《烈火如歌》中出现的主要页签样式的划分就比较明确，非常明显地表现了设计师在该游戏界面设计过程中对页签设计的扩展思路。该游戏中出现的主要页签样式可以划分为两个层级四个样式。其中除了一种样式为特别设计之外，其他样式可以被分别归入"一级页签"和"二级页签"的范畴。两者都有明显的由普通到特殊的设计思路。在"一级页签"中这种渐进式设计思路最为明显。

图1所示的页签是普通样式的"一级页签"，奠定了游戏界面内页签样式的基础。它以带有速度感的云形图案为基础，以暗紫色为基调，以带有橙色渐变和同色系外发光的轮廓化图标为主要内容。图2所示为设计比较特殊的页签，从"相册"这一概念出发，结合整个弹窗"折子"的实体化概念，将此处页签设计成古典木碟的样式。图3所示为强化版的"一级页签"，将原本的暗紫色调转换成暗红色调和淡黄色调，在视觉表现上差异巨大，同时保持了与普通的"一级页签"同样的造型、结构和纹理，是一种典型的强化型控件延伸。图4和图5展示了两个"二级页签"，这两个页签采用了改换色调但造型纹理不变的方式，保持了设计语言的一致性。图6所示的聊天面板里的页签则比较特殊，适应了聊天面板信息量大的特性，几乎刨除了普通页签样式中的所有特点，仅保留了界面统一的用色和纹理。

图1

图2

图3

图4

图5

图6

综上可以看出，如果这个游戏有界面设计规范，除了会对普通和强化两种页签设计方式进行说明外，这一设计思路中还会对色调和纹理有较基本的规范设定。

提示

> 在实际工作中，这种设计思路并非一开始就形成的，完善的设计规范也不一定是最开始设计普通页签时就能考虑得这么周到的。但秉持这种对影响界面风格最基本元素的坚持，是这一设计思路得以成形的根本保证。

设计规范是设计师在项目进行过程中逐渐建立和完善的系统，不是一次性可以建立的。那么从项目的开始到成熟，一个完整有效的设计规范应该如何制定呢？关于这一点，在下一节笔者会给大家讲到。

10.2 制定视觉规范的方式和方法

视觉规范的制定是伴随着游戏界面逐步完善的过程而逐步发育的。这个过程按照时间线可划分为 4 个阶段，即积累阶段、梳理阶段、完善和补充阶段及持续维护阶段。

10.2.1 积累阶段

这个过程在游戏界面风格设定完成后开始。在游戏界面风格设定的阶段会先选定一个或多个界面进行尝试。项目初期会遇到材料缺乏的情况，没有完善的玩法和游戏系统设计，也就很有可能没有完善的交互稿。设计师在进行风格设计的时候通常选定几个典型的界面结构来虚拟，但这不代表着随便什么界面都可以拿来作为风格设计的素材。这些界面中需要有构成游戏风格的较基本界面控件。在通常意义上，一个游戏的主界面、战斗界面和内容丰富的弹窗界面都是比较理想的候选。根据时间和人力的限制也会只选很少的几个甚至只有主界面来做风格设计。这些界面中基本上包含了几个能够体现游戏界面风格的重要控件，即图标、按钮、框体及涉及基础操作的页签、弹窗等。风格稿需要经过多轮的尝试和筛选才能被确定下来。在此之后，那些将风格稿里的控件拆分出来集合成一个最早期的界面控件库，并作为后续界面设计过程中可参照和直接利用的重要元素。随着风格确立之后界面铺量阶段的积累，

不断会有新的界面控件被设计出来，使得控件库越来越丰富。这一阶段的视觉规范实际上以界面控件库的形式存在，是界面规范的一个早期雏形。

右图所示的是笔者为代号为"PRgame"的项目所做的部分风格稿，这些界面中包括了比较常用且能凸显界面设计风格的控件，可以被拆分出来作为视觉规范的雏形。

10.2.2 梳理阶段

游戏界面工作铺量到一定程度后，会产生大量的游戏界面。界面风格的偏差大部分会出现在这个阶段。一方面，最初建立的界面控件库因为具体应用情境的增加而新增了非常多的界面控件，如多种尺寸和颜色的按钮、各种质感的图标、不同尺寸的框体和图形元素及好坏不一的弹窗等；另一方面，设计团队也有可能会进行扩充，越来越多对项目陌生的设计师加入界面设计队伍，并迫切需要在较短的时间内建立起对项目界面风格的准确认知。大家会多次在不同的应用情境下纠结图标该使用哪种风格、按钮应该如何摆放及使用哪种尺寸等。这些纠结和讨论进一步催生了规范化文档的诞生。但是规范化文档的诞生需要建立在界面控件库有条理的基础上，而不是仅堆积了很多控件就可以称为规范。这时候，需要对之前建立的界面控件库进行梳理和拆分。有了足够量级和实际使用情境的参考之后，设计师就可以有依据地对界面控件库进行类型划分，建立新的控件库，并套用规范模型，将这些控件划分成普通系统、新手引导系统、战斗系统、奖励系统及图标按钮系统。由于这几个系统的划分依据是功能性的区分，因此也从功能性的方面让设计师对具体的控件性质有了理性的认知，为后期的进一步优化和发育做准备。

下图所示的是代号为"Fexgame"的项目中按钮规范的演变情况：左侧是早期控件的堆积，右侧是后期经过整理的详细规范。

10.2.3 完善和补充阶段

在上一个阶段中划分好控件库的基础上，随着游戏界面量级进一步的增加和完善，设计师逐步开始对具体控件库进行严格定义，并形成成熟的界面规范。在这个过程中，可能会发生一些反复的情况。较常出现的就是规定好的一种规范方式，在大量的实际应用中出现问题。如设计之初设定的比较厚重的第一层级按钮，在所有的系统界面中承担主要的操作功能，但是大量的界面中都使用了轻薄的设计风格，这种厚重的按钮过于强调，并有干扰玩家视线的隐患。这种情况就需要及时修正，把原先过于厚重的按钮打薄或弱化颜色，让它以一个合适的面貌存在于界面之中。这是一种对界面反复打磨的行为，也是一种正常的、反复性的工作。在这个阶段中，设计师在设计规范上需要对每个规范进行定性，合理拆解和定义扩展方式，如按钮可以进一步划分成几个层级、重要的按钮和次要的按钮应该如何表现、是通过颜色的不同还是通过尺寸的不同来区分等。图标在什么情况下使用什么质感、什么尺寸等，这些都需要确定好。在大量的控件中寻找或建立规则，并进一步维护这种规则。这些林林总总的规则构成了风格的稳定性。

10.2.4 持续维护阶段

这个阶段处于游戏界面设计的晚期，这个时期游戏的功能基本完成，已经可以完整地运行。对界面规范来讲也是如此，可以完整地运行并且很少出现适应性的问题。设计师应该在这个阶段进一步修正上一阶段遗留的问题，并对规范进行更细致的划分和拓展。新的细节化的规范也逐步被建立起来，与已有的规范构成一个完整的游戏界面的设计规范体系。此时，设计规范就可以达到指导设计的目的了，一个完全不熟悉设计风格的设计师进入团队，拿到设计规范之后可以迅速开展工作。

游戏界面的设计规范就像一棵大树的生长过程一样，从一棵幼苗开始，不断堆积养料（控件）。养料的增多使得大树越来越高，分权（控件分类模型）也越来越多，如下图所示。成熟的游戏界面设计规范并不是在一朝一夕建立的，而是像大树一样，慢慢生长起来，是呈体系的、有规律的、系统化的信息集合。

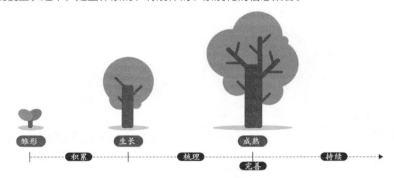

总的来讲，设计规范具备 3 个特征：（1）游戏项目的生命周期不可预知，但是游戏界面设计永远没有终点。设计规范也是如此，在持续设计过程当中应该持续维护和修正。游戏在停止开发之前，游戏的界面设计规范就没有停止发育的一天；（2）规范是人制定的，人会犯错误，规范也会犯。好的设计规范应该在留足开放式接口的同时具备自我完善的可能性；（3）规范制定的统一性是相对的统一，而不是绝对的统一。一个使用圆角的控件，并不能因为规范的存在而严守规范并无视具体的使用情境，从而拒绝可能是合理的直角使用表现。只要在视觉表达上忠于整体的风格化特征，就是合理的设计。也可以说，设计一开始就是为了功能而做的。

10.3 视觉规范的边界

视觉规范中最重要的部分就是扩展规则。这是因为规范是在已有控件的基础上进行的规则提取和定义，目的是使已有的设计风格在新的设计中得以延续。

游戏的界面设计是一个非常复杂的系统性工程，涉及很多不同岗位的人和海量需求的处理。同一种界面控件的具体表现在复杂多变的情境下有着非常多的可能性，这种特性决定了游戏界面的设计细节无法完全被设计规范所覆盖。设计规范所能规定的范围是普遍意义上的风格，对于特殊情境下控件的扩展应用，设计规范并不一定需要对其进行定义。视觉规范所定义的是风格化所要求的基本要素，而设计师需要做的，是在扩展规则的开放性接口里展开设计。

例如，在一般情况下，针对一个整体素雅的界面设计，设计师不允许界面中出现饱和度极高的颜色。但是通过一定的颜色对比，却允许出现视觉效果比较强烈的控件，这是功能所需，所以不应该局限在设计规范里。

在下图中，我们可以看到一些因为运营活动的需求而颜色被设计得很不同的页面。左侧的一列界面可以被认为是界面规范所规定的界面设计风格。对比来看，右侧的一列活动界面则显然不属于设计规范，而且只会在这一特定活动时期出现。然而我们可以发现，这些颜色上显然不同的界面并不会给人以"出戏"的感受，最大的原因就是活动界面使用了与普通界面相似的美术元素和相同的界面元素造型特点。这就是一种突破设计规范但保持了原有风格的做法。

例如，下图是代号为"Fgame"的游戏界面规范中的按钮规范。我们对按钮上的矢量图标（右）和个别并不需要严格遵守该规定的图标设计（左侧红圈内）做了严格的定义：所有图形原则上需要使用4度圆角，需要用面片式图形造型，并保持相交图形的缝隙为2像素。这个规范在普遍的扁平化图标中都是适用的。但是如果突然出现一个复杂图形的图标，而且这个图形无法通过设计手段进行简化，若过于简化，将失去原有图形要表达的信息，若严格按照规范制图，相交图形的2像素缝隙可能就会使得复杂图形被镂空到无法识别出原有的造型。这时候就需要跳出规范的定义，明确表现出这个复杂图形的主体形体即可，在复杂图形的内部结构上，可以不遵守"相交图形的缝隙为2像素"的规定。

💬 提示

类似的情况在实际需求的处理中还有很多，这些都表明视觉规范的边界是模糊的，并不是全部都限定在明确具体的界限内。但是，不管如何"跳出"规范的具体条文，在这些具体的事例中设计师都没有因为不遵守设计规范或在设计上进行退让而失去了对界面风格的控制。这正是视觉规范在实际工作中所起到的作用。

10.4 视觉规范细分化的指定

按照前文所述，完善的游戏界面设计规范应该被区分为普通系统、新手引导系统、奖励系统、战斗系统、图标系统及按钮系统这 6 个系统。

在每个系统下需要根据小的分类给予其细分化的规范，细分化的规范应该包含规范说明、规范分解、情境示例与扩展规划这 4 个部分。根据这个模型，笔者将对以下游戏界面设计规范进行分析。

10.4.1 第一层级系统划分

笔者在代号为"PRgame"的项目的界面设计中做过比较完善的界面设计规范的系统划分，正好对应了划分界面设计规范系统的模型，即普通系统、新手引导系统、奖励系统、战斗系统、图标系统及按钮系统。它们以界面控件库的形式存在。界面控件库的目的是将同类型控件归集，避免多人团队协作时重复输出同一个控件，同时便于控制同一个类型控件的风格化。

下图所示为"PRgame"项目界面设计规范中的一部分规范系统。依次为按钮和图标、普通系统中的面板及弹窗设计规范。

"PRgame"按钮和图标设计规范

一、按钮

按钮共有 3 个样式，文字样式和按钮底图样式各自相关联，应根据所表现的功能而进行使用。

样式甲
作用：表现中性和否定的情绪。

样式乙
作用：表现倾向性明显和肯定的情绪。

样式丙
作用：表现稍微强于中性或甲和乙都不适用的情绪。

按钮上可以附带其他的信息，如购买价格，代币以及其他图标，功能性的图标需要遵守与文字同样的样式。

以上控件所在文件：按钮合集 .psd

二、图标

本游戏界面中出现的图标数量较多，本规范仅定义常用可扩展类型的图标。

第 1 种：物件操作类型图标。

第 2 种：系统功能图标。

第 3 种：表现图标。

第 4 种：其他控件附属图标。

以上图标所在文件：主要界面图标合集 .psd

"PRgame" 面板设计规范

一、通用面板

通用面板全部使用统一的底框，以适应不同的界面空间以及功能性不同而尺寸不尽相同的界面。

样式

应用举例

应用于"装修"系统中的面板设计，其上附加了页签、容器面板和收起按钮的设计，类似面板可参照此例。

应用于"好友"系统中的面板设计，其上附加了页签、容器面板和关闭按钮的设计，类似面板可参照此例。

二、容器面板

这类面板为容纳图标、文字等信息的面板。

第 1 种：图标容器。

在所有获得等情况下均通用此图标容器。

第 2 种：特殊 Tip。

这类 Tip 应用于重要级别高的说明性信息区域。

第 3 种：通用 Tip。

这类 Tip 应用于普通的说明性信息区域。

第 4 种：页签及二级页签。

页签样式见面板设计"装修"面板样例。

第 5 种：列表模式框。

上述样例为目前系统内出现的 3 种列表模式框，如非必要，应使用省略框体的设计方式。

以上控件所在文件：面板合集 .psd。

注意：该规范中所列举的图标均已有切图无须重新输出。这些控件的样式除尺寸、排版和具体描述内容因具体情况而不同之外，不应被随意变更；后续规处于动态更新之中，控件类型和数量会随新的系统扩展而增加。

"PRgame" 弹窗设计规范

一、普通弹窗

普通弹窗共有以下两个尺寸，除非情况极为特殊，请勿增加新的尺寸。所有的弹窗下层与其他界面上层之间，应加一层不透明度为 60% 的黑色图层。

尺寸甲

作用：提示类信息容器。

作为提示信息的辅助，这类弹窗内会有用于普通提示信息的"通用型提示图案"（如下方左侧弹窗所示）和用于特别功能提示信息的"特殊提示图案"（如下方右侧弹窗所示），请根据具体情况使用。

普通弹窗尺寸甲 _1.psd　普通弹窗尺寸甲 _2.psd

尺寸乙

作用：复杂功能类信息容器。

普通弹窗尺寸乙 .psd

二、激励类型弹窗

这类弹窗用于"升级""扩建""获得物品"等类型，目前只有一种样式，如下图所示。

该类型弹窗的实际应用中，头部的字体需要根据具体情况进行更改，请始终保持字体部分的倾斜度，字号可以自由调整但字体部分需与底部圆盘状材质底保持构图锁定；中部和尾部内容应该根据具体应用情况进行调整。

激励型 Pop.psd

注意：该规范中所列举的弹窗、物品图标底图、文字字号、色值、文字衬底以及按钮样式均包含在统一的设计规范之内且已有切figure。这些控件的样式除尺寸、排版和具体描述内容因具体情况而不同之外，不应被随意变更；该规范处于动态更新之中，控件类型和数量会随新的系统扩展而增加。

10.4.2 细分化的视觉规范

大的游戏设计系统下是具体的视觉规范。在模型中规定这些具体的设计规范需要有规范说明、规范分解、情境示例及扩展规则这4个部分。需要注意的是，在一些结构和用法相对比较简单的控件上未必会完整地包含这些部分。

右图所示为"Fexgame"项目设计规范中提示红点的摆放规范。这是个相对比较简单的规范，并没有严格的规范结构。

在其他一些常规的控件使用上，依然需要按照规范的模型结构来进行规范的制定，只有这样才能较清楚地把规范的信息传达出来。

"Fexgame"界面设计规范—提示红点的摆放规范

 摆放在图标上时，提示红点的水平和垂直中点应分别与图标实际大小的右侧竖直边缘和顶部水平边缘对齐。即提示红点的对角线交点与图标实际尺寸右上角重叠。

 特殊情况：如果按照上述规则提示红点会被摆出画外，若上侧出画，则上边缘与屏幕边缘对齐；若右侧出画则与右侧屏幕边缘对齐。例图中为上边缘与屏幕边缘对齐。

 摆放在普通按钮上时，提示红点的垂直中点应与按钮的顶部水平边缘对齐，提示红点右侧应与按钮右侧对齐。

按钮呈一纵列时，上述垂直方向的摆放规则不适用，改用如下规则。
垂直方向上，提示红点只应相对按钮露出1/3尺寸。
水平方向上，提示红点右侧应与按钮右侧对齐。
如遇到出画情况，则按照图标上的摆放规则进行处理。

其他控件上的摆放方式均以上述规则为准。

提示红点中适合摆放对号、叹号和数字，分别代表不同含义的提示红点可根据其内容物横向三宫拉伸。

下图所示为"LEgame"项目设计规范中物件图标尺寸的设计规范。这个规范是为应用情境复杂的图标而专门制定的，因此需要完善规范模型结构。

建立界面设计规范库的目的是为了保证一款游戏界面风格的一致，划分不同系统的控件库有利于针对性地对各种细节进行控制。制定各个详细的设计规范，有助于让风格的延展做到有据可循，也帮助整个设计团队规避同类型问题的发生。

10.4.3 建立辅助性控件库

设计规范不可或缺的部分就是轻巧可用的控件库。实际上，我们对设计规范进行的几个系统的划分模型正是基于较简单的控件库整理和分类。但是由于堆积了非常多的控件，源文件往往会非常大，可能不利于实际工作中对控件的复用。两个设计师之间进行源文件（此处我们默认为 PSD 格式文件）的交流时，来回互相传送容量庞大的文件是一种低效的行为。只为了使用 A 界面里的甲控件而把非常大的控件库发送给对方，或者直接发送可能同样很大的 A 界面的 PSD 文件，都是一种令人感到麻烦的工作行为。这时，对控件库的解构拆分，或者小文件化就是一种可选的工作方式。

在代号为"PRgame"的项目中，笔者就对这种方式进行了实际操作，将常用的控件、框体、图标及按钮等分散集合在较小的数个 PSD 文件中，并将它们命名为简单易理解的代号或名称。这种文件小、名称易检索且根据功能性和使用情境的不同对其进行分类放置的处理方式，让设计团队之间的沟通和文件交流变得轻松很多。下图所示为该项目的设计规范中的部分拆分化控件集。

游戏界面设计是一个非常复杂的系统化工作。一般来说，我们对游戏界面的风格化控制非常依赖游戏界面设计规范。整个设计规范的制定、实施和完善过程其实都是"遇见问题→解决问题→预防问题"的过程。在这个过程中不断地寻找新的解决方案，并持续优化界面设计，是游戏界面设计师应该始终秉持的一种设计思维。

11

第 11 章

游戏界面设计实例解析

本章概述

从前边的内容我们了解到一款产品的界面中包含的基本元素，以这些基本元素出发可以构建出完整、成体系的界面设计体系。这也是做好界面设计节奏感及统一界面风格的基础。那么，对那些始终围绕游戏核心玩法去做体验设计的游戏来讲，界面的设计思路又是如何的呢？本章将以一款由瑞典开发商开发的以玩法体验为核心的类型游戏《突变元年：伊甸园之路》和由网易游戏出品的一款叫作《镇魔曲》的手游产品为例，给大家拆解与分析这类型游戏的界面设计思路。

本章要点

» 《突变元年：伊甸园之路》项目实例解析
» 《镇魔曲》手游项目实例解析

界面篇 ▶

11.1

《突变元年：伊甸园之路》项目实例解析

一款游戏的界面系统如何设计和展开，通过现成产品的反向分析可窥一斑。

视频名称：《突变元年：伊甸园之路》项目实例解析 .mp4

本节将列举分析的游戏是《突变元年：伊甸园之路》，这是一款由瑞典开发商 The Bearded Ladies 开发制作的战术回合制策略游戏。作为一款以玩法而不是以付费点为核心设计的游戏，它的界面系统相对比较简单。在这样一款游戏中，界面系统的设计、美术风格化的设计及交互方式的设计与国内常见的游戏设计有很大的不同。同时，这款游戏以主机和 PC 为平台，其操作方式也与以手机为平台的游戏大不相同。但即便是系统相对简单，使用手柄或键鼠操作而非触屏操作，这种游戏的界面设计依然遵从普遍的游戏界面设计规律，根基于特定的游戏背景建构，使用特定的材质表现，利用特定的图案修饰，这些令我们感到熟悉的界面设计中的普遍做法也同样在这里有效。

接下来，笔者将对本款游戏的界面设计做一个系统的拆解与分析。

11.1.1 界面设计思路

在对这个游戏的界面进行研究之前，首先需要了解它所构建的世界。《突变元年：伊甸园之路》是一款由瑞典开发商 The Bearded Ladies 开发制作的战术回合制策略游戏，游戏剧情改编自瑞典一款著名的 RPG 桌游，故事背景设定在后末世（类似于废土设定）。游戏的世界中由人类消失后产生的后人类统治世界，玩家需要操控几个后人类游戏主角，通过潜行、战斗和策略，然后在荒废的城市和复杂的生存环境里战斗、生存及寻找栖身之所。从核心战斗玩法来看，这款游戏是一种典型的回合制策略战棋玩法。

从上边的描述来看，可以基本体会到这个游戏的背景建构设定的 3 个主要的关键词即末世、荒废、潜行。这些词隐含的视觉化特征就是残破、昏暗和一些类似赛博朋克的元素。

事实上这款游戏的整体美术特征也是如此，如下面 4 张图所示。从这几张游戏截图可以看到，这款游戏的界面整体美术氛围比较昏暗，使用了很多残破质感。游戏中的物品，如纸张、道具等，都有很多污渍、锈迹。这些基本的氛围调性都十分吻合游戏背景建构中对末世的设定，包括界面的破旧质感在内的所有这些美术元素，一起组合成了完整的游戏美术调性。

除了场景的昏暗、物品的破旧质感这些特点之外，界面是如何配合整体的调性来进行设计的呢？针对这个问题，笔者将通过这款游戏的主体操作流程中出现的界面来分析一下。按照游戏的操作流程，玩家进入游戏后首先看到的界面就是战斗界面。依托于战斗界面的则是人物的成长系统中出现的界面，如装备界面、物品购买界面及技能升级界面。

⊙ 战斗界面

战斗界面是这款游戏中玩家接触时间较长的一个界面。在这种只讲究游戏内核体验的游戏中都存在这样一些特点，具体表现为玩家并不需要在战斗界面内阅读太多的信息，这个界面只承担战斗过程中的基本操作功能。

🌐 提示

这与我们上一节中提到的国内的 RPG 游戏的战斗界面那样拥有非常多的系统入口的设计有很大的不同，是比较贴近游戏体验内核的一种设计。

例如，从下面这个界面中我们可以清楚地看到这款游戏的界面设计特点，具体表现在图形上，以黑框衬底，利用描边来体现残破质感。在色彩上，整体都是以黑色为基调，使用橙黄色作为点缀使用。在美术风格上，除了残破质感的应用，还有典型的美式漫画风格的应用，如左上角的美式漫画风格头像及界面框体中的黑色外边缘描边设计。

⊙ 装备界面

这个游戏的装备界面同样非常简洁，保持了黑框衬底、灰色残破质感描边的设计特点。超出战斗界面的部分是界面底部的游戏系统主菜单。这个菜单上并没有沿用界面内常用的带有残破质感描边的黑框设计手法，而是直接省去了描边，仅以黑色片状矩形作为衬底，菜单项也简化为只以文字来展示。不过，与界面内统一的设计方式相对应的就是菜单项的选中状态，使用同样的点缀色，以片状矩形衬于选中项文字的后层。这个橘黄色的选中框上，同样也有与整体一致的残破质感设计。

与装备界面相关联的还有装备的升级界面。在游戏中，可以通过积累的装备点数对装备进行升级。

例如，在下图所示的装备升级界面中，可以看到整个游戏界面设计风格上的延续及一些部件的延展性设计，具体表现在右侧的装备列表和详情描述框保持着一贯的黑底框体设计，左侧是对应装备的 3D 预览和携带该装备的游戏人物头像。在人物头像衬底上可以看到对界面风格的延展性设计，具体表现在无描边的透明黑色衬底和带有残破的镂空处理。点击对应的装备以后，界面会切换到可升级的详情界面。这个界面中新出现的控件是道具升级时对应级别图标的选中态圆框，以及右侧详情文字中新出现的其他点缀色。其中的选中态圆框使用的是橘黄色的主点缀色，通过残破镂空的方式来延续主体上的残破质感设计。右侧文字中的点缀色绝大部分也是橘黄色的主点缀色，只有几个属性提升中出现了淡绿色的点缀色。绿色在游戏界面设计中通常除了代表某种品阶外，较主要的就是起到正向提示的作用。在这里的作用就是正向提示，代表这种属性可以被提升。

⊙ 技能界面

这个游戏的技能升级界面的布局和结构是和装备界面相统一的，不同之处在于技能树（游戏内称之为"突变"，实际上就是技能）的设计。这个界面内可以看到的是点缀色的使用规律，具体表现为从战斗界面到装备界面，再到技能界面，点缀色通常被使用在选中态和活跃态的界面控件上。针对在战斗界面内选中的游戏人物头像框、人物技能，在装备界面和技能界面内选中的主菜单项，在装备界面中选中的武器，在技能界面中激活的技能以及出现的关联技能的线条，在技能描述里重要的文字信息、提示可升级使用的技能点，都使用了同一个点缀色。

与此同时，游戏内还存在另一种技能升级界面，这个技能在游戏内的名字为"Artifact Skills"，直译为"神器技能"，如下图所示。这个技能是对应的游戏人物在战斗场景内直接可以使用的。它们和上边提到的"突变"技能是两种性质的。"突变"技能提升是对人物属性的提升，而"神器技能"则是对人物战斗技能的提升，因此，从功能表现上，需要对两者的视觉特征进行区分。同时，"神器技能"界面内使用了淡紫色作为点缀色，这个色相不同于红色相的警示特征或绿色相的肯定特征，是一种在此处既可以区分主点缀色橘黄色，又同时避免携带其他特殊含义的色彩。

⊙ 购买界面

　　在该游戏中，出现得较多的购买界面是消耗品类的。这个界面的布局和设计与此前的装备升级、技能升级界面极为相似。这种设计上的相似性，除了因为它们在功能操作上的一致性外，本质上是因为它们属于同一个系统之下的界面。《突变元年：伊甸园之路》中有一个叫作 Ark 的地方。这里有种类繁多的店铺，玩家可以购买各式道具和装备来进行自我装配，并且做好充分的下一步行动的计划。这个叫 Ark 的地方在游戏内是直接以 3D 场景来展现的。玩家进入这个场景后，可以看到下图所示的画面。而"神器技能"的界面与消耗品购买界面，实际上都是在玩家进入 Ark 的场景后，再点开对应的店铺时看到的界面。

从以上的分析中，我们可以归纳出这款游戏界面的风格特点和设计手法包括以下 3 个方面。

第一，在材质表现上，利用不透明的黑框为界面的基本框架，没有实体材质的表现。界面中唯一能感受到的材质就是黑框的描边上体现出的残破质感。而大部分跟游戏背景建构有关系的材质表现都通过场景内的物品来表现，界面不承担主要的材质表现任务。

第二，在色彩使用上，黑色是界面的基本色调；然后辅以橘黄色，其承担了对比、点缀和提示的作用，同时使用了一些带有功能性的其他色彩。

第三，这款游戏偏美漫风格。游戏人物在画面中是 3D 写实化的风格，其造型特点和人物动作都是按照写实的方式进行设计的。但是界面中代表游戏人物的头像却使用了漫画的画风。这种画风实际上以非常潜移默化的方式存在于整个界面的设计中，如界面框体除了灰色的内衬边，外围都还有一个黑色粗边，游戏中表示动作、技能等含义的轮廓图标的漫画设计风格，以及游戏过场动画中的漫画画风。漫画式的表现方式在游戏界面设计中比较常见。当一款游戏使用了某一种表现风格时，必然要利用这一种表现风格中可以表达的某一个或某一些情感特征。在这样一款表现后末世题材的游戏里，设计师利用的其实就是漫画中荒诞、具有比较强的视觉张力的特点。

11.1.2 元素的拆解与分析

从上一节的内容我们可以得出这个游戏界面上的 3 个设计特点：一是分离式的框体设计，二是场景化的界面形式，三是漫画元素的融入。

⊙ 分离式的框体设计

这款游戏并没有非常复杂的系统设计，可以将整个界面设计系统简单地分成战斗和成长系统。它并没有国内手游中常见的与社交和消费相关的复杂系统设计，也就在界面系统设计上表现得极为简约。显而易见地，这款游戏的简约化设计不仅体现在系统设计上，还体现在界面设计的视觉表现上。

与传统的整体版块化设计不同的是，这款游戏的界面设计大量使用了分离式的框体设计。所谓"分离式的框体设计"，就是将原本的板结化的界面以特定的功能区域为基准，然后分离为互相关联的几个区块，并且各个区块之间没有视觉上的连接，而是以分离的状态呈现。这样设计的好处在于在一个平面上，几个模块之间的区分十分明显，视觉感受上更加通透和轻盈。具体到这个游戏的界面设计中，由于使用到大量的不透明黑色底框，如果仍然以传统的板结化且大框体的方式来设计界面，那么会使得整体的视觉感受不够通透。界面与场景被明显地切割开来，这给人的视觉感受是非常不好的。

在这款游戏中，分离式的框体设计的基本元素就是上节中提到的黑色框体。设计师将这种框体以不同的尺寸和形式进行组合后，构成本游戏界面的基本结构，然后在这些框体的基础上继续规划出相应的图文信息。在规划这些基本结构时，设计师需要考虑具体的应用场景，以及界面与游戏场景的搭配形式。在这款游戏中，其搭配设计师秉持着"以场景为主，以界面为辅"的核心思路，而非我们日常界面设计中"以界面为主并搭配场景（背景图）"的设计思维。而这种设计思路就涉及下边要说的"场景化的界面形式"（即先场景后界面的设计思路），如下图所示。

⊙ 场景化的界面形式

按照"以场景为主，以界面为辅"的设计思路来进行设计的结果，就是场景化的界面形式。这种思路的核心是展示场景，界面可以被看作是这个场景中玩家需要完成某种功能的辅助，这也是将界面设计彻底作为一个边缘化的角色来进行处理的原因。在这种设计思维的影响下，界面设计中的一些元素的表现方式就非常好理解了，主要表现为以下 3 个方面。

　　首先是不依赖界面的材质表现来体现游戏的背景建构。在我们的常规认知中，界面设计的风格化是体现一款游戏的背景建构和气质的非常重要的一个环节。至于在游戏美术中如何去体现背景建构，更多的是界面设计风格化的辅助。按照这种设计思路进行的游戏界面设计，需要在界面中有着大量的材质表现。但以场景为主去表现游戏的视觉风格时，界面上相应的材质表现就会被降到较低的程度。这种设计思维不仅可以在这款游戏中看到，且在欧美的一些主流大作中表现得更为彻底，有的基本没有任何关于游戏背景建构的材质表现。

　　下图所示为《塞尔达传说：旷野之息》的游戏界面，在这款奇幻色彩比较浓重的游戏中，界面极其简洁，几乎没有任何表现材质的设计。

　　虽然界面的材质表现让位给了场景和物品，但界面中依然使用了不少视觉语言去交代材质，包括我们前文提到的一些残破材质在界面框体中描边线条上的处理。

　　下图所示的这些破损效果广泛分布在界面中的框体内衬描边、选中色块、面片衬底及一些修饰性的图案上。

　　其次是以画面为中心的设计。以游戏的场景化体验为核心后，界面会以辅助性质的元素存在于游戏画面内。一些可以摈弃界面形式去表现的功能就会使用镜头和场景来表现。

以下面这组图为例。该游戏界面中人物在路上发现了一个箱子，将箱子打开时，镜头会从原先的远景视角推进为箱子的特写。箱子打开后，内部的物品因为特写而全屏显示。此时的游戏画面内仅存的界面就是左上角的人物头像信息，右上角的代币信息和右侧承载物品属性信息的框体而已。

最后是弱引导设计。弱引导设计这种设计方式与我们传统认知上的设计有很大的不同，如下图所示。该游戏界面中的引导元素被表现得很弱，且只出现在游戏界面的底部。不过对核心向玩法的游戏来说，这么做是有其合理性的，具体表现在两个方面。（1）在整个游戏的体验过程中游戏场景内的元素起到很大的作用。界面作为场景功能实现的附属，其操作方法应该以弱提示的方式存在，不至于干扰到这种主次关系。（2）游戏玩家是愿意花时间去探索一款游戏的，在探索游戏的操作上更是如此。如果设计师对玩家循循善诱，每一步如何操作都清清楚楚明明白白地标识在游戏界面上，并把所有的提示和新手引导都做得特别明显，生怕玩家看不到，那么从本质上就违背了这款游戏设计者的初衷。

⊙ 漫画元素的融入

在前文中笔者有提到，漫画元素的使用最主要的原因是这种特别的美术风格可以与这款游戏关于末世的荒诞氛围相吻合。而在这里，漫画元素的使用是这款游戏在界面设计中的一个特点，主要表现在以下 3 个方面。

首先是人物头像设计。这款游戏的人物是 3D 化的，同时是没有"三渲二"模仿漫画质感的处理手法的 3D 化人物，但是人物的头像却是漫画风格的。

其次是界面框体中的外围黑色描边。黑色框体是组成这个游戏界面的基本框架，虽然这个基本框架已经是黑色的了，但是这里依然在内衬描边的基础上增加了外部的黑色描边。这种处理手法和漫画中的线稿一样，都在本体的外围增加黑色边线，让界面中也融入了一些漫画风格。

最后是一些轮廓图标中的明暗处理手法。在表现技能、属性等时，这款游戏中都使用了轮廓图标。但这些轮廓图标并非纯色处理，而是用线条表现出了物体的细节，并且含有可明显区分明暗的色块元素。这种美术风格也是模仿漫画中明暗区分明显的绘画特点。

11.1.3 总结

综上所述，这款游戏的界面设计风格准确，画面干脆利索，是一个风格化的核心体验向游戏界面。按照其特征，我们可以总结出如下 3 点。

⊙ 界面风格设定

游戏的世界是一个人类不再存在、生存环境残破不堪且恶劣的世界。在游戏中，玩家需要通过战斗、潜行等方式生存下来，最终找到安居之所。在这样的背景环境下，用残破的质感去表现界面细节是非常合适的。另一方面需要考虑到的是，这个游戏是一种核心体验向的游戏，界面并不承担特别多的系统核心功能。整个游戏中玩家需要关注的是游戏人物的装备、生存状态、战斗过程中的占位和技能使用。这是以游戏画面为中心去体验游戏核心玩法的一种游戏，所以界面的设计需要围绕画面去展开，能用直观的画面与镜头去展示或实现的功能，就尽量不要用死板的画面去设计。

⊙ 主要元素使用

界面中的主要元素有 3 点：（1）比传统板结化框体更加明确且透气的分离式的框体设计；（2）破损效果的设计，在简洁的同时，适当地表现出了游戏的背景建构元素；（3）漫画元素的使用（无论是界面中人物头像、界面框体本身的设计手法，还是各项技能图标的画风）。这些元素配合游戏人物的荒诞设计和过场动画中同样画风的画面，构成了完整的风格化方案。

⊙ 设计元素延展

这款游戏的界面量相比 RPG 等其他玩法和系统众多的游戏来说要少很多，因此在界面设计元素的延展上并没有复杂的体系，大致可以从以下 3 个方面来进行分析。

第 1 个方面是破损效果设计的延展。较基本的破损效果是人物头像框中的样式，如右图所示。延展至界面框体中时，破损的区域会变大，随之框体内的分割线也会有这样的效果。再之后是一些选中态，包括了片状的按钮、环状和矩形的边框等。围绕这些核心的图形表现的，是一些修饰性元素的破损效果，如一些小的衬底、未解锁图案等。

第 2 个方面是漫画元素在图标里的应用。这个维度比较单一，都在轮廓化的图标内延展，此处不再赘述。

第 3 个方面是场景化的一致性。场景化在这个游戏中大量存在，它们有一个视觉布局上的一致性，如下图所示。当界面和场景配合出现时，人物或场景的主体都在画面左侧，画面的右侧则被界面覆盖，同时界面内有大量的操作区域。

再看下图所示的地图界面，虽然这个界面看起来和上边的界面有所不同，但实际上也遵守同样的规则。仔细观察，会发现地图界面中的操作其实是集中于整个画面的右侧和地图上的标识物上的。而靠近左侧的画面上没有场景或人物，取而代之的是带有详细信息的界面框体，但这个区域中没有任何的操作功能，只是一个展示型的区域。因而从本质上讲它与其他界面遵守了同一种设计规则。

每款游戏的界面设计风格都是有逻辑和原因的。这款游戏界面设计上的设计手法和所体现出的设计思维可以被看作是目前欧美游戏设计中的主流设计思维，但并不代表每一款游戏都可以按照这种方式去设计界面。对它进行的这些分析也仅是需要让读者看到，在不同的环境和设计思维的影响下，游戏界面的设计可以有多大的不同，同时可以有多少种可能性。相对于目前国内的主流游戏制作思维，这一款游戏所透露出来的设计思维实际上是不可取的。原因在于我们没有对应的市场环境、没有对应性质的玩家群体，也没有对应的文化环境等。总的来说，这个游戏的设计特点是由它特殊的背景建构设定、平台操作习惯与特殊的制作理念共同催生的。

与国内手游以社交和收费系统为核心进行游戏设计的设计理念大为不同的是，这款游戏的玩法相对单纯很多，游戏制作者较核心的目的是通过游戏这种形式给玩家讲一个好玩的故事，玩家所需要的就是通过这种形式来获取别致的体验。

对比国内绝大部分的游戏设计方式，本款游戏的核心目的并不是为玩家提供故事性的体验，更多的是提供给玩家"攀比的快乐"，而非游戏中核心玩法可以提供的体验，所以会设计出"排行榜""公会系统"及"商城系统"等复杂的关于社交的二次付费的系统，同时会设计出"升星""升阶"和"洗练"等这些复杂的关于提升装备和人物的系统。这些东西的存在实际上严重影响了游戏作为游戏这一本质的体验。也正是如此，本款游戏设计会很依赖界面设计而非画面设计和游戏核心体验设计。同时，本款游戏的界面设计思维也会是先有界面后有画面。

11.2 《镇魔曲》手游项目实例解析

无论是复杂的游戏界面，还是简单的游戏界面，其在设计思路上都遵从着同样的设计逻辑。

视频名称：《镇魔曲》手游项目实例解析 .mp4

本节将列举的这款游戏是网易游戏出品的一款叫作《镇魔曲》的手游产品。该款游戏是按照同名端游的背景进行构建的，为一款较好的 MMORPG 类型游戏，在秉承当下游戏市场中比较流行的轻薄化界面设计风格的基础上，该款游戏的界面设计中还糅合进了玄幻、武侠及神话等元素，设计思路可谓是相当精妙。

这款游戏的界面设计系统的设计在国内 RPG 手游的界面设计中属于比较典型的设计。它是一种围绕核心玩法设计了非常复杂的周边系统的游戏。其界面设计的工作量是极大的。这也是国内这类游戏系统设计的特点：围绕核心玩法建立更多的非直接游戏体验的系统（如社交系统、收费系统等）。但是正如上一节内容里分析到的实例那样，并非所有的游戏都有这么复杂的系统设计，对应的游戏界面也并不一定按照这种思路去设计。作为国内手游行业的从业者，游戏界面设计师最需要熟悉和掌握的，还得是下文所讨论到的这种游戏界面系统设计手法。

接下来，笔者将对本款游戏的界面设计做一个系统的拆解与分析。

11.2.1 界面设计思路

游戏界面的设计思路从实质上来讲跟所有产品的设计思路是相通的，但又有自身的设计特点。游戏界面设计的主要特点在于其需要考虑游戏的背景建构设定，同原画乃至游戏视频等游戏内部所包含的几乎所有美术元素都要保持风格同源，且在延展上和设计思路上需要遵守同一套背景建构中的美术设计思想。

就此，对于游戏背景建构的学习与了解则成了游戏界面设计师所需要学习的第一门功课。至于对某款产品的分析，则需要从已经设计完毕的游戏界面和可见的游戏背景建构中去进行观察，考虑其是否做到了前面我们所倡导的那种设计思想。如果有做到，要分析是怎么做到的。如果没有，要分析他为什么没有做到，同时是在哪些点上没有做到，是不是能够在以后自己的实际工作中起到一些预防的作用。如果对这些方面我们都能够详细地进行分析和学习，这一步的分析目的也就达到了。

接下来，我们回到要举例分析的产品《镇魔曲》手游上，游戏的背景建构资料如下。

《镇魔曲》发生在一个全架空的虚拟世界中，这里的陆地由一片浩瀚的海洋围绕，被称作"中州"。在遥远的海外还有未知的土地，那里留存着上古诸神战争的遗迹。

镇魔曲世界的历史时间轴如下表所示。

背景	神启时代	梵天创世后，座下三大主神：帝释天、吉祥天、永夜天
		帝释天离开此世，并在离开前，创立八部众作为自己在此世的代理，卫道护法
		永夜天主宰黑暗、混沌与力量，吉祥天司命光明、秩序与祝福
	神坠时代	永夜天坠入魔道，其追随者亦信奉绝对的力量而纷纷成魔
		吉祥天在八部众的帮助下将永夜天封印于大地之下，并启神力，将光明之力上浮，使黑暗之源下坠
		由此，光明眷居于明光泽岛，建明光城，信奉吉祥天。黑暗势力匿于地下深渊，成立深渊军团，效忠永夜天
		此后，明光城与深渊军团的战斗，断断续续，持续了千年，而人类则在两股势力的夹缝中生存着
	上古时代	千年之后，深渊军团集结力量，在三大魔天的率领下，大举侵入人界，明光城亦集结精锐，誓将妖魔赶回深渊
		大战持续了数年，最终正义战胜了邪恶，三大魔天亦被封印于灵枢之下
		此间，无论是明光城，还是深渊军团，都英雄辈出，一个个响当当的名字传遍人间，无论其正邪与否：三大魔天、韦云神将、狱火女王……
		因此，上古时代，又被称为英雄时代。此后，魔军蛰伏，和平暂临
当前时代	明光陨落	深渊军团入侵明光城，夺走永恒灵玉，明光城陨落，璎珞公主失踪
	今时今日	新的神魔大战又将开启，八部众将再次踏上镇魔之旅

从以上的资料我们可以看出，本款游戏的背景建构可以被简略地概括为"空灵"和"玄幻"这两大关键词。而这款游戏的界面效果如下面这组图所示。

主要操作界面

人物选择界面

NPC 对话界面

含有新手引导气泡的界面

大型弹窗界面

视觉层级中等的大型弹窗界面

中型特殊弹窗界面

小型特殊弹窗界面 1

小型特殊弹窗界面 2

与此同时，还有一些特殊的活动弹窗和拍脸图界面。由于这些界面都是一些极为特殊的营销类型页面，所以暂不列举在此。除此之外，还有一些经常出现的提示及画面内的击杀信息等元素，都将在后续进行系统分析时一一列举出来，这里不做过多描述。

从上边的一系列具备代表性的界面中我们可以看出，本款游戏的界面设计整体以轻薄化的形式为主，同时又保证了一些个性化的元素、质感和颜色的使用，极为贴切地阐释了当代游戏界面设计，可以说从技术角度上很好地做到了让玩家从感性上了解与认识到游戏的特点。

那他们具体是怎么做到这一点的呢？可以从以下两个方面分析。

首先，采用轻薄化的设计思路。说到轻薄化设计，很容易让人联想到扁平化设计，两者在概念上有很大的相似之处。然而这里我们之所以用"轻薄化"一词来形容，是因为它不仅是简单地做到了扁平化，还可以算是相较扁平化来说更深层次的一种设计，而扁平化设计只是它的第1步。它去除了《镇魔曲》端游版本中暗黑厚重风格的设计方式，所有占据大片平面空间的控件都用了面片化的方式去表现。

下图所示的这个中型特殊弹窗界面使用了干净利索的"矩形面片"来进行表现，左右的切换按钮轻薄通透的同时，又没有被整个弹窗的矩形本体所局限，而是跳出一部分，并结合人物立绘的相似处理方式，让整个弹窗显得通透而又灵活。

然而面片化的处理方式只是做到了扁平化的设计感。在此基础上，对于整个游戏界面设计师还加入了不少带有灵动的质感元素的界面控件。仅以该界面来说，设计师就在弹窗的面板上修饰了上下两条淡金色滚边和铺满弹窗本体的淡淡纹理效果，同时界面中出现的毛笔字体也起到了纹理修饰的作用，这样的设计方法不仅让界面本身具备了丰富的视觉层次感，还避免了以往设计的厚重感，让界面更加轻薄化。

下图所示的这个中型弹窗界面的标题部分则有更多的质感厚度表现。首先它以一个带轻度浮雕纹理的黑色细长条作为底部元素（见黄色线框区域所示），且有一个对称形体的特殊造型的淡金色金属质感元素作为镶嵌元素修饰左右两端（见青色线框区域所示），中间标题位置为白色衬底元素，且带有淡淡的纹理（见粉红色线框区域所示），同时左右两端为同样质感的镶嵌元素（见青色线框区域所示）。同时，该弹窗左上角有一个结构精细的细长灯笼元素，且颜色同样是以淡金色和暗色来呈现的，用以表现游戏背景建构中设定的元素。

设计师对这种通用性比较强的界面控件的处理是需要极为稳妥的，不能过重，否则将导致整个界面太过厚重。同时也不能过轻，否则无法很好地体现界面的质感，并层次性地区分出一些更轻量级的界面元素。此外，在整个系统的设计都显得较为轻薄的情况下，通用弹窗的标题部分如果超越了质感厚重度的界限，也是不可接受的。而本游戏针对这种地方的处理方式是虽然用了凸显质感的元素，但也尽量保证了没有更强烈的厚度描绘。因此，这种轻薄化的设计主要用来体现神界"空灵""玄幻"等视觉效果。

⊕ 提示

> 我们在联想到"神""魔""天"这类元素的玄幻概念时，内心期待的往往是如高贵、圣洁及灵动等这些美术风格与感受。而这种感受在以往的很多艺术作品中都有过实际的体验，因此想要做到独具一格是比较困难的，然而本游戏的界面设计中的颜色搭配则很好地表现了这一点。

其次，通过颜色的选择和搭配可以进一步体现界面中的情感。本游戏界面设计使用的大面积配色包含两种，即淡金色和藏青色。并且这两种颜色的饱和度都比较低，同时这两种颜色实际上也是黄色和蓝色互补的一种体现。不过通过色调和饱和度的调整，转变成了淡金色和藏青色的对比，实际应用中又大面积使用偏淡黄色相的白色，且淡金色成为镶嵌色，这样会给人以高贵、圣洁的视觉感受。

除此之外，在界面的大部分控件上也有大面积的饱和度较低的淡蓝色，同时在特殊的控件上也有暗紫色的应用，目的是在基础色调的基础上起到配合、提升视觉层次的作用。

11.2.2 元素的拆解与分析

在这里，笔者将该界面涉及的元素拆分为 4 个部分进行解析，包括弹窗设计系统、页签、按钮及图标。

⊙ 弹窗设计系统

从功能上进行区分，该游戏产品的弹窗可以判定为大型通用弹窗界面，即尺寸较大，样式上全局通用的弹窗类型。

这种类型的弹窗保持统一的基本构成元素，包括顶部的标题部分、底部的修饰元素及面板上的统一纹理。弹窗尺寸大小也基本保持一致。内部结构一般为右侧竖型页签和左侧内容区域，有些内容较多且较复杂的区域则可能会有二级页签（关于页签的内容在后续会有详述）。

同时，在大型通用弹窗这一基础弹窗造型上还有一些扩展设计，这些扩展设计的目的是在一定程度上增加视觉层级。

下图所示为该类型的界面设计，是这种扩展思路的一个简单应用，并且属于视觉层级中等的大型弹窗界面。在原有通用弹窗标题的样式基础上，该界面中加入了一些植物和花朵作为装饰元素，使得该界面看起来与通用型的弹窗有所区分，但又不至于差别太大。

再看下面这张图，该图所示为视觉层级强烈的大型弹窗界面。该界面在上一个界面的基础上做了增量设计，主要是在整个弹窗的顶部和上部两侧都增加了比较多的红色飘带元素。

💬 **提示**

飘带元素在大众视觉认知中往往是比较充满"仪式感"的，因此可以作为烘托节日气氛的视觉元素。而"每日签到"这种需要引起玩家注意并进而引导玩家去使用的功能模块，视觉上多一点吸引力是合适的。

再以下图为例，该类型的"结算"弹窗界面的功能主要是展示给玩家其战斗后的奖励信息，因此从情感上来讲，要配合"奖励"的气氛，视觉上的处理会比较具有开放性。在某些游戏的设计过程中，奖励类型的控件甚至可能会自成一套视觉体系，由此足见这个类型控件的特殊性。

在这款游戏当中，由于整体的视觉风格是属于比较偏收敛、淡雅的，因此设计师可能基于这种原因没有对奖励界面做非常重大的调整，大体上的配色和元素的使用依然遵守的是前边提到的通用弹窗的一套视觉语言。

不过，该类型弹窗界面设计也有一些特殊之处，如下图所示。

这个弹窗属于结算中的"败"标识弹窗，在设计上其特殊之处主要概括为以下 3 点。首先，该弹窗的"标题栏"抛弃通用的长条白色衬底，改换成圆形通透衬底，并饰以金色滚边元素。同时，标题文字使用了特殊字体，且字号也较大，字体本身的质感也处理成接近于本游戏界面体系中较常出现的淡金色金属质感。其次，窗体的左上角和右下角增加了"梅花枝"的特殊美术元素，同时将色调调整为整个窗体的色相，在视觉上显得极为协调。最后，窗体衬底整个作为一个"卷轴展开"的样式去进行处理，顶部表现为轴的设计，底部会有纸张略微卷起的处理。以上这几个特殊设计是基于通用控件的风格进行的合理延展性设计，在视觉上达成了比较强烈的层级。

💮 **提示**

不得不强调的是，这种类型的设计在视觉上与"成功"弹窗的设计正好相反，需要给玩家一定程度上的挫败感，因而会经常用到灰度色、警示色或破败的概念图形等。在这个弹窗的设计里，设计师选用了偏棕色相的颜色，辅以暗红色飘带，同时配搭一个大大的"败"字样，且在弹窗底部的两角有"灼烧"感的视觉表现，整体上来说是比较合适的设计。

再看下图。从视觉元素上来讲，这个弹窗应用了整套视觉语言中出现的紫色色相的亮色面板、金属浮雕造型及飘带等具有统一性质的元素。对于"败"标识的情感传达，有些元素还做了颜色上的调整。只是不足之处在于弹窗的底板样式、纸张的边角折叠的样式在其他弹窗中并没有出现，相对较孤立且不那么统一。

同时不得不说的是，弹窗的差异化处理在这个类型的弹窗设计上升到了一个新的变化极点。从功能上来讲，这个控件所需要达到的目的是促使玩家达成"付费"行为。但这类弹窗又需要属于风格系统内的，因此设计师在这里选择的处理方式就是对整个弹窗控件的形状做出较大程度上的更改，而视觉上的处理方式又延续了整体风格的一致性，这是一种很合理的设计方式。

针对这种差异化的处理，具体表现为以下两点。首先，改变了通用型弹窗的"矩形"外观样式，而采用了较特殊的三角形等样式。其次，延续之前的视觉元素，在界面视觉中心点的左上方和右下方都用到了梅花图形，且整个面板呈现有紫色色相的白板、字体和字体样式。

然而，这种特异弹窗的样式又不局限于一种外形，以下图为例。该图显示的界面采用了另一种外形样式的特异弹窗。对于功能上相似但功能细节上不尽相同的界面，处理方式一般有两种：一种是在基本样式保持一致的基础上进行信息变换，另一种是在一致的延展思路上变换设计。这样做的好处在于玩家可以从大轮廓上一眼识别出两者的差别。但由于其采用了相同的设计风格，因此玩家的视觉流和操作流并没有产生跳出或被打断的感觉。

💬 **提示**

　　一般情况下，对游戏玩家的体验来说，像这种跳出或被打断的感觉往往是风格上的设计变化太大造成的，但并不意味着这种感觉的设计在任何时候都需要摒弃。反之，在适当的时候予以采用，还能制造出不一样的韵味与感觉。

看下面这个案例。该类型的弹窗看起来并没有用到系统内的任何一种设计元素，而且用色也大不一样，这种设计就属于跳出和打断性质较强的设计。

针对该类型的设计，在方法运用上主要包括以下两点。第一，使用了完全不同的设计元素和配色。如用尺寸要大得多的灯笼元素作为页签，这在系统内是绝无仅有的。用偏暗的红色和偏黄色色相的白底相搭配，这也是系统内很少用到的配色方式。第二，保持设计风格一致。虽然该设计中使用了完全不同的视觉元素，但设计风格从实质上却是一致的，那就是坚持延续了系统整体的轻薄化的设计风格。背板上采用了矩形样式，同时在沿背板边缘的内侧设置有红色内衬装饰线条，此外在整个背板后方设置有折扇元素，作为层次感的视觉表现，虽然这里面出现的有些元素没有在系统内出现，但却是一种合理性的延伸。

对这样的一个活动弹窗来说，它与前面列举的"立即购买"和"前往充值"弹窗有类似的功能特征，那就是需要激发玩家完成"进入"、"逗留"和"产生预期操作"等动作，因此，从视觉上来讲，它需要一定的特异性设计。然而需要强调的是，对于这样一个以"春节"为主题的活动弹窗，它带有一定的时效性，因此在设计上还有不同之处，在于它需要表现出更加强烈的特异性，而这里的设计则可以很好地说明这一点，因为它既带有极强的特异性，又将大体的风格控制在了系统设计风格的范畴内，这同样属于一个典型的"戴着镣铐跳舞"的设计思路，很是巧妙。

⊙ 页签

页签在游戏系统中起到的作用是在有限的空间内展示更多的内容。在切换页签时，页签所在界面内只发生信息的刷新和页签状态的改变。这是一种非常好用的控件，因而在设计中一般频频地出现在软件界面内。对一款游戏来说，其界面信息往往会非常多，而页签的应用也就显得较为常见了。

以《镇魔曲》中出现的页签来说，从视觉上可以直观地将其划分为两个层级和类型，如下图所示。这是一个强化弹窗，在这个弹窗中出现了几乎所有类型的页签。红色框体和洋红色框体内分别为第 1 层级的页签和第 2 层级的页签，且两者均呈纵向排列样式，而青色框体内显示的则为横向排列页签。

因此，从排列样式上来说，我们可以总结出该游戏系统内出现的页签分为横向页签和纵向页签这两种类型。

该游戏系统内出现的页签的主要特征包括以下 3 点。首先，第 1 层级的页签由图标和文字构成。其中图标是更新成本比较高的元素，因此第 1 层级一般为固定不变的。其次，第 2 层级的页签由可变尺寸的衬底和动态文字构成。动态文字和衬底都是更改成本很低的元素，因此第 2 层级的页签为动态的，可以随着界面内容的变更而变更。最后，横向页签的排列方式和控件风格均溢于纵向的两种页签，但页签数量从理论上来说是可以无限增加的，也是一种动态改变的页签类型。

页签的扩展方式不外乎以下 3 种。

首先，针对第 1 层级的扩展方式，按照其自身的特点，往往是每扩展一个页签就需要增加一个图标和两种状态（即"点击"和"未点击"），如下图所示。

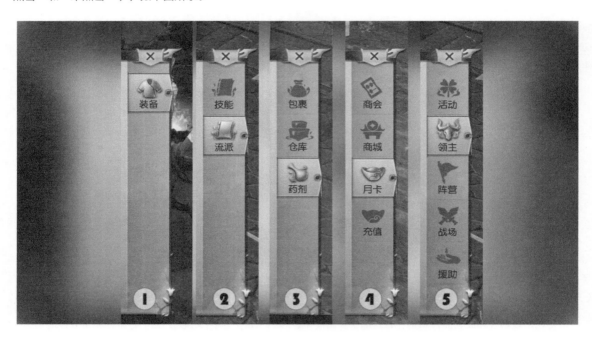

其次，针对第 2 层级的设计形式来说，其自由度往往会比第 1 层级高很多，通常除了会出现在弹窗左侧外，还会单独以第 1 层级的形式出现在弹窗内（如下图中所示的"每日签到"弹窗内左侧的页签），同时也会扩展出带子层级的导航栏样式，如下图中所示的"排行榜"弹窗内左侧的页签。

最后，横向页签由于设计样式所限，其扩展也仅限于页签数量的变化，而且页签数量也会受到具体页面空间的限制，如下图所示。

⊙ 按钮

众所周知，在游戏系统中，"按钮"在一个界面里的作用可谓是相当重要的，它是各个功能区块之间相互切换维系的枢纽。因此针对不同界面，按钮的设计也非常重要，并且每个按钮的尺寸、位置和颜色质感等表现都会影响一个界面中各种功能的操作。

以《镇魔曲》手游中的按钮设计来说，其类型划分可谓非常清晰，从它们的样式、尺寸和摆放方式的表现来看，我们也能了解到设计师对于整个界面设计思路的一种清晰表现。

在整个系统中，其按钮的设计主要可分为两大类，即通用型按钮和异化型按钮。

首先来说一下"通用型"按钮。对游戏界面设计来说，通用型按钮就像通用型弹窗一样，它是构成整个界面体系较基础的部分，也是较常见的组成部分。从该类型按钮的尺寸设计上来说，除了其宽度会因为不同情况的适配而不同以外，其高度上基本是保持一致的。

在颜色搭配上，该类型的按钮一般分为淡蓝色和淡黄色两种，如下图所示。从该图中我们可以看出，这两个基础型按钮都有轻微的厚度设计和底部两个角上的纹理设计。这种设计方式保持了和整个界面系统设计风格的一致，而文字为动态程序文字。同时，从按钮底板的设计可以看出，这两个按钮设计考虑了三宫拉伸的便捷性，将复杂纹理置于左右两侧，中间部分为可拉伸图形（即定义一个区域可以平铺，该平铺不会影响视觉效果。）

对基础型按钮来说，一般它们有着非常明显的设计语言。除了前文我们说到的一些质感和纹理的描绘，按钮的两种颜色也需要具有一定的引导性。例如，淡蓝色按钮和整个界面的色系相接近，从整体视觉上来说不会显得太跳跃，也不易引起玩家的注意，而淡金黄色的按钮则不同，其既在与整体视觉语言保持一致的情况下，又很明显地与整个界面区分出来，从而能引起玩家的注意。这两者对比后的综合视觉语言提醒了玩家将注意力转向淡金黄色按钮，从而刺激玩家点击该按钮。

🎙️ 提示

这种视觉语言设计既能以整体设计风格为准，又能在细节处表现出一定的引导性，这也是一种极为巧妙的设计。

除此之外，在这个基础型按钮的基础上，还带有几种延伸性的设计，而这几种延伸性设计也都是视觉语言去表现功能性的典型设计。

右图所示的"忽略"按钮的色调相比上图中的"全部忽略"按钮来说更白，且更接近背部的界面色调，属于一种基础型按钮的弱化表现设计。

下图中所示的"开始游戏"按钮是在基础型的基础上进行了强化的版本，比基础型多了金色的边角修饰，使其光泽感更强。这是一种视觉上表现强化的设计方式。

下图中所示的"创建角色"按钮所起的作用与上图中"开始游戏"按钮的较为相似。由于两者并未出现在同一界面中，所以可以采用相同的设计方式。

该强化按钮为一种灰化基础型按钮，在实际操作中属于不可用状态，因此这里直接选择在原基础型按钮上进行灰化处理。

通用型按钮的基本表现和扩展就是这样，其应用方式没有更多的特别之处，这里也就不再多讲了。

再来说一说异化型按钮。在游戏系统中，往往有一批按钮出现的频率很低，且没有根据通用样式去延展，设计上差异化较大，因此被称为异化型按钮，它们的出现往往基于所在界面的功能性需求。

游戏系统中典型的异化型按钮为常见的"代币购买"按钮（该按钮的功能通常表现为增值，也可能点击后其操作不是购买操作，但为了表述一致，本节将从略一致地称呼其为代币购买按钮）。

在许多手游当中，代币购买按钮往往出现在某个界面的顶部区域，且常有"+"号搭配整个代币控件一起出现。

而在本游戏系统中，该类型的按钮往往是以图中所示的几种形式出现，而其不同之处仅在于代币图标的不同。

针对该类型的按钮来说，其"+"图标由于本身的尺寸限制，因而去除了很多质感上的表现与设计。但从颜色表现上来看，其延续了基础型的淡金色，也属于一种强引导型的按钮。

接着来说一说出现在战斗界面中的各式按钮。在下面这个界面中，我们可以看到几个造型极为特异化的按钮，即右下角的圆形"战斗"按钮和围绕在其周边的若干个技能按钮。由于"战斗"按钮在战斗场景中出现，带有实际而且频繁的战斗操作功能，因此这种按钮的造型需要尽可能地逼近其操作功能的本质，即在设计上将按钮设置成了可方便点击的圆形样式，并且将它们按照手指活动的较小范围进行分布。

而周边的若干个技能按钮是围绕最大的"战斗"按钮为圆心来进行分布的，这种布局利于手指快速移动到目标按钮并做出相应的操作。此外，这批按钮仅适用于当前的界面环境，因而并没有扩展出其他类型。

最后来说一些极其特殊情况下才出现的按钮，且同样属于特别且无扩展的按钮类型。

下图中出现的加入不同阵营的两个按钮每个账号终身只会出现一次，且按钮的样式也是适应各自阵营旗帜的设计风格进行了特殊表现与处理，无扩展方向的设计。

下图所示的地图界面按钮设计进行了特殊的延伸设计，这里出现的一系列按钮均参照当前所属界面，在整体设计风格的基础上进行了特异化设计。如果未来不出现同类型的界面，那么这些按钮将是仅存的一种延伸设计。

就整个游戏系统的设计而言，下图所示的"领取奖励"按钮并没有遵循系统整体的设计风格。其色调偏饱和，金属镶边的质感也与其他控件相互区分。虽然特异化设计的目的在这里有所体现，但是其属于风格上的一种过界设计，所以笔者认为这个按钮的设计是失败的。

在该游戏系统中，当玩家进入"拍照"界面后，在界面右下角会出现一个"拍照"按钮，该按钮带有一些动效效果，非常显眼，如下图所示。这个界面的主要功能即为拍照，因而这个按钮被特异化到现有的样式也未尝不可。仔细观察该按钮我们会发现，该界面中"拍照"按钮的设计与前文中介绍到的"开始游戏"按钮质感表现趋同，也是带有淡金色的镶边装饰元素。因此无论是从功能上，还是从视觉风格上来说，都是一次比较成功的设计。

⊙ 图标

接下来，我们来说说界面中的图标元素。

以该游戏系统中的战斗界面为例。从前文的内容我们已经可以分析出，该界面的设计风格整体上秉持的是轻薄化的设计风格。那么在这样的一种设计风格里，图标的风格应该如何去设定？这里我们先看一些典型位置上的图标设计，如下图所示。

在这个界面中出现的图标主要分布在几个区域当中，包括左上角的"手机和玩家状态"图标，右上部分的"系统主要功能入口"图标，右侧的"战斗功能"按钮（可视作图标）、"背包"图标及"人物主要功能入口"图标。

其中，"人物主要功能入口"被收纳在了一个当中，图标展开时的效果如下图所示。当这个菜单图标展开后，战斗操作相关的图标则相应地被隐藏。这样的目的是避免两者重合，因为从功能上来讲，重合易造成玩家误操作，从视觉上来讲重合也会导致界面过于凌乱，因此这种处理方式是比较合理的。

而这个界面中出现的其他图标都比较轻量级，它们作为一种信息上的补充，分布在各自的界面中，具体表现情况如下。

首先，"手机和玩家状态"图标在界面中所占空间非常小，而且是作为轮廓图标形式存在的，在视觉表现上做了非常大的弱化表现。而同时存在于该区域内的"拍照"图标和"直播"图标，由于功能上要比前几个图标重要，因此在质感上也做了强化表现。

其次，"系统主要功能入口"图标的分布对大部分 MMORPG（大型多人在线角色扮演游戏）类游戏来说位置基本都差不多，且此种分布也被公认为是一种比较合理的分布方式。在一般的游戏系统中，该类型的图标往往容易被设计师们设定成写实化的风格，而这里的图标质感的表现显得比较轻薄，并且都有统一的衬底元素，同时都在轮廓化处理的基础上添加了一些微弱的质感表现，色彩上延续了界面中常用的淡金色。这样做的目的一方面是延续界面整体的设计风格，另一方面是给"人物主要功能入口"图标做视觉量级上的让位。

与此同时，在"系统主要功能入口"图标的下边一行是"活动"图标，对于"活动"图标，设计师们做了更轻薄的质感处理，只保留了"纯色"和"外发光"的样式。对"活动"图标的设计而言，之所以这么处理，原因主要有两个：一是为了让"活动"图标和"系统主要功能入口"图标有一个很好的区分，二是在系统层级上可以让"活动"图标显得相对次要一些。虽然它在量级上比"系统主要功能入口"图标更轻量，但是在视觉上反而更能吸引玩家的注意。

最后，对于"战斗功能"图标在前文我们已经有了比较多的描述，这里不再多说。这里主要说一说技能性图标。在该系统中，技能性图标统一在一个底板上出现，同时在该底板的边缘做了与"战斗功能"图标一样的处理。其中"人物主要功能入口"图标则是游戏中质感做得最强的一批图标，基本都呈现为写实化风格。这么做的原因有 3 个：（1）强化玩家对人物功能的认知，图标的质感越强烈，代表该图标所表现的功能越重要；（2）在默认情况下是被收起来的图标，其质感强烈程度不会造成默认状态下整个界面的视觉节奏紊乱，不仅可以让玩家误操作的风险降低，还可以同时满足第 1 条功能性需求；（3）可以让游戏在整体系统设计上更加注重引导玩家的个人账号投入。

💮 提示

在游戏界面设计当中，图标视觉层级越高，代表它们所指代的功能也越重要。

除此之外，还有一些分散在许多界面中的零散图标，大致可以划分为重质感和轻质感这两大类型。由于游戏系统整体的界面风格是偏轻薄的，因此在具体处理这些图标时是不能直接往重质感和轻质感方向做极端设计的，而仅仅可以作为两大类型设计的一个过渡类型。

以下图为例，这个界面左侧的图标代表游戏背景建构中设定的阵营。在设计中设计师用轮廓图标简单、精确地表现了
阵营，且对这些图标都使用了同一种表现方式和同样的衬底元素。质感保持了和系统风格的一致，图标本身是淡金色质感，衬底则是带有通透的带纹理和淡金色金属质感镶边的白板。同时，在界面右下角按钮的上方出现的几个按钮则因为功能性上不需要强调而做到了更轻薄的质感表现。虽然"随机名称""流派预览"等图标在质感表现上不尽相同，但它们保持了同样的正菱形的外轮廓样式。

💮 提示

在该游戏系统中，这种"正菱形"的外轮廓样式在其他控件设计里也经常出现，也是该游戏界面设计中常用到的一个基本图形元素。

再以下图为例，该弹窗界面左侧的区域出现了几个强质感图标，这些图标需要表现"门派闯关"的等级。一般来讲，表示等级、品阶及勋章等具备一定价值和挑战难度的元素时，视觉表现都要有一定的价值感的体现，而增强图标质感表现是一种比较常用的设计手段，因而在该界面中就运用了该手段来体现"门派闯关"挑战等级的"难度"和"可能有很大奖赏"之类的视觉语言。同样地，这里的质感延续了界面中常用的淡金色金属质感设计。

与此同时，使用了类似设计手段的还有下面图1中出现的3个盾形图形、图2中的中间位置出现的圆盘状图形和其中的3个圆形图标、图3中左侧出现的一系列图标和中间偏左的一系列图标、图4中出现的最显眼的且带有"预览"字样的图形，以及图5中出现的卷轴和顶部重要的类似龙头图形的元素。

图1 排行榜弹窗界面

图 2 宝石镶嵌弹窗界面

图 3 流派弹窗界面

图 4 装备弹窗界面

图 5 副本介绍弹窗界面

在以上几个弹窗界面中均出现了淡金色金属质感和特殊流线型花纹的元素，它们虽然在设计上都有明显的区分，但是从质感处理和视觉表现上都有一个统一的设计思路，便是使用同样的造型、同样的质感和同样的视觉语言。

以上介绍到的这些图标仅是一部分质感比较强烈或界面元素较多的图标。下面，笔者将介绍一些较为轻薄的图标案例，希望大家能从中领会到一些图标轻薄化的设计与处理方法。

以下图为例。在这个界面的左侧出现了一批造型较特别的图标。它们都由两部分组成，一个是轮廓图标本体，处理方式和创建人物界面中的门派图标类似，都用了淡金色金属质感。另一个是衬底和选中状态的样式的处理，衬底和选中状态的样式则和创建人物界面中的门派图标设计有很大的不同，主要表现在它采用更立体和晶莹的玻璃质感表现。同时，这个界面是出现在拍照功能里的，所以在当玩家点击"拍照"图标之后，在该界面中玩家可以选择一些元素来装扮人物，这时候则会出现该界面。因此设计师在这里的处理方式可能是为了凸显该功能的特别之处而没有采用界面中的常用元素，同时直接选择了通用的元素去做延伸性的设计。

提示

在这一套界面设计中，这种略微有些跳跃的设计也是允许的，外观和功能上没有问题的话，也不失为一种好的处理手段。

再以下面两张图为例。在这两张界面图中都出现了一些类似印章的图标。其中"组队平台"弹窗中出现的"已申请"图标和成就提示信息中的"已达成"图标都用了类似盖章的效果。这种效果经常出现在各类游戏当中，尤其在一些应用中会经常出现。那它们使用时一般需要表达的含义是什么呢？

众所周知，我们生活中出现的印章往往意味着官方认定、官方确认等含义，而在界面的视觉元素中我们运用到它也希望有这样的形式感，因此在游戏界面中若出现这种类型的图标则往往代表着"确定"、"稳妥"及"了结"的意思。而在这两个界面中我们使用到该图形的目的也同样如此，这同样为设计师的一种视觉语言表达，且其在质感处理上也偏自然和扁平化。

"组队平台"弹窗界面

完成成就提示界面

以上为这款游戏界面的全部拆解与分析。实际上需要对此讲解的还有很多，但由于本书篇幅所限，这里就不再一一拆分和讲解了。

11.2.3 总结

通过以上我们对这款游戏界面的拆解与分析，在此我们可以总结出以下 4 点信息。

⊙ 游戏界面的风格设定

在本节开头，我们已经对该款游戏的背景建构做了简单分析，结合界面的第一观感，这里给出的结论是：这个游戏界面的整体风格设定为轻薄化且带有中国风元素的设计，且在实际设计中还通过一些特定的视觉元素来表现了背景建构的设定。

⊙ 界面系统的主要构成元素

通过以上我们对各种控件的拆解与分析来看，该款游戏的界面主要由以下 4 个基础元素构成。

元素 1：淡金色金属质感、带有流线型造型的元素。

元素 2：紫色色相的白色透明质感衬底元素，且在该元素运用的同时有时还会带有比较淡的花纹纹理。

元素 3：少量的偏不饱和的深紫色元素，作为前两者的衬托。

元素 4：一些中国风的造型元素，如灯笼（有异化）、流线、龙、卷轴、纸张及植物等。

⊙ 主要构成元素的应用方式

淡金色金属质感元素的应用

这个元素较常用的地方在弹窗界面顶端的标题区域，并延展到了各个视觉强化的元素和图标中，此外还会简化成基础型按钮的质感或者成为按钮的镶边质感表现，是本款游戏界面风格系统中极其重要的一个元素。

紫色色相白色质感衬底元素的应用

这种衬底元素作为弹窗衬底，随着该款游戏弹窗的大规模出现而被大量运用，在变换明度和饱和度后也被用于较大型的按钮、图标等设计当中。

少量不饱和深紫色元素的应用

由于这类元素的色彩偏低沉，往往会被忽略，实际上它存在于该游戏系统的各个地方，除了弹窗标题的一部分衬托性元素，它通过一些小小的改变，还参与构成一些暗色图标衬底、控件面板等，且存在于个别特殊的按钮之上。

不饱和深紫色元素的应用

中国风元素的应用

作为一款带有武侠元素、背景建构带有中国式神话元素的游戏，必不可少地需要中国风的元素来进行修饰。并且其中有些元素在实际应用当中由于表现得较为简洁和明朗，因此也使得界面整体带有一定的和风特征。

中国风元素的应用

⊙ 整个界面系统的主要特征

通过以上对该款游戏的各种拆解与分析，我们可以总结出这款游戏的界面最主要的特征，除了前边已经说过很多遍的轻薄化设计风格和特有的设计元素的应用以外，其还有一个非常明显的特征，即弹窗样式的使用。

以主界面中的人物和系统主要功能入口界面为例，其除了外观界面和地图界面不是弹窗的形式，其他界面都是弹窗的形式。

其中，外观界面之所以没有使用到弹窗样式，是因为外观界面的人物效果需要作为背景场景的搭配显示，因此这里必须以全屏画面的形式来展示才可以，也就摒弃了弹窗样式。

在地图界面的设计当中，实际上是可以按照弹窗样式设计的，但实际上这里并没有这样去做。主要原因是在地图界面中原本所要表现的地图应当是广袤无边的，但由于手机屏幕的限制，如果这里设为"弹窗"样式，则会让画面空间显得较小，因此这里直接设置为全屏跳转的界面样式。

弹窗是一种非常常见的界面控件，其主要特点是可以直接覆盖当前界面，且在操作完成后会被关闭，原界面重新显示，因此在操作上是一种逻辑连贯的交互方式。相对"操作后直接跳转"的页面转换形式而言，弹窗设计给玩家的感觉会是"我的操作是明确的，我知道我在哪里和将要去到哪里"。因此，弹窗通常被视为提示信息的一种。

当弹窗内的信息被丰富化后，在有些情况下也可以用来承担跳转后页面的功能，而在本游戏中也是如此。本游戏把别的许多游戏中需要跳转的界面直接变换为弹窗，避免了页面之间的切换给玩家造成的中断感。但这样做也存在一定的隐患，由于弹窗受界面空间大小的限制，意味着弹窗中的信息显示必须达到与全屏页面显示一样的效果，而这种类型的交互创新可以看作是这款游戏界面风格的组成部分，这里不再过多描述。

想要做好一整套界面，设计师除了需要在平日里对此多加练习，并通过大量接触一些项目来历练自己，还要培养自己拆解与分析成功的产品的能力，从优秀产品的界面中学习别人的制作思路，做到触类旁通，提升自己对界面的整体把控能力和细节处理能力。

产品的分析和拆解的基本方法主要分3步：第1步，从整体上理解某款产品界面的设计思路；第2步，拆解界面元素，分析各个元素的扩展思路；第3步，总结要点。

游戏界面的系统化设计大致分为两种设计思路。一种是简单的系统化设计，这种界面系统植根于始终围绕核心玩法去设计游戏系统的游戏。另一种是复杂的系统化设计，这种界面系统根植于围绕核心玩法设计了复杂的周边系统的游戏。对单机游戏或主机游戏而言，游戏的收入主要通过"卖拷贝"来获得，即玩家通过一次付费就可以获得游戏，并可以完整体验游戏。这种付费方式决定了这类游戏往往使用的是前一种方法来构建自己的游戏系统，即游戏系统设计紧密围绕游戏的核心玩法，围绕核心玩法的周边系统通常都是为核心玩法服务的，这些系统与核心玩法有非常明显的主次之分。界面系统也因此而变得更加简单易懂。而国内的有些游戏通过后一种方法，构建了非常复杂的游戏系统，对应的界面设计系统也随之变得更加复杂。这么做的目的主要在于尽量挖掘游戏的付费点，提升游戏产品的盈利能力。

12

第 12 章

游戏界面动效设计基础

本章概述

无论是应用界面，还是游戏界面，都是一个有机的系统化的可交互的整体。构成这样的一个整体除了需要静态的界面设计，还要依赖界面动效的支持。这是因为静态的页面无法完整地交代界面的功能信息，并且无法实现界面的交互效果。在交代界面功能信息上，动效可以体现出界面控件所要代表的信息，并表明控件之间的关系，可以在同一个空间内的不同时间表现更多的信息。在实现界面的交互功能上，动效可以交代出静态的页面无法交代的哪怕较简单的信息，如页面切换、简单的闪动提示及伸缩翻转等，这是动效本身的特点所决定的。界面设计师需要了解并理解动效设计的原理。本章将围绕游戏界面动效设计的一些基础知识进行分析与讲解，目的是让读者在正式学习动效制作之前对动效设计的原理及基本方法等有一个明确的了解与认识。

本章要点

- » 游戏界面动效设计的基本常识
- » 游戏界面动效的分类
- » 游戏界面动效中常见的运动规律分析
- » 制作游戏界面动效的常用工具的解析

动效篇 ▶

12.1 游戏界面动效设计的基本知识

针对游戏界面动效的基本知识，这里主要围绕动效设计的基本性质与规则、动效与特效的区分与说明、影响动效设计的因素及动效设计前需要注意的一些基本问题进行讲解。

12.1.1 动效设计的基本性质与规则

动效不会因为某种效果比较好看、酷炫或令人惊讶而被制作和实现出来。和游戏界面设计的终极目标一致，作为界面设计的一种延伸，游戏界面动效只应该在需要的时候才被设计出来。例如，在制作页面切换的动效时我们主要考虑的不是动画动作要如何与众不同，而应该是其功能的传达。同时，页面切换动效的目的是起到承上启下的作用，而非"耍花样"。此外，动效的展示时间也应该是基于用户对动效的熟悉程度而适量规划的。

合适衔接　　　　　没有衔接　　　　　炫技衔接

合适的动效时长非常重要，不同的时长会给人不同的视觉感受。同样的动效在首次出现时，尤其是要表达比较重要的功能，如结算、获得重要物品及进阶等内容而表现方式比较复杂的动效，其时间长度可以较长（如2~3秒）。如果是经常出现的动效，如频繁获得物品的提示，很轻松就能进行的物品升阶、升级等，无论它所表现的内容有多重要，都需要被适当缩短。用户在观看同样的内容时，会逐渐产生阅读疲劳，会对同样的内容缺乏耐心。需要比较长的时间去展示的动效，在重复出现时的处理方式一般有两种：第1种方式是为第2次或第3次重复出现的同一动效重新设计一个较短的版本；第2种方式是在重复出现的时候设置一个让用户可以跳过的按钮或操作点。从资源效率和机能效率上来讲，由于重复设计同样表现形式但时长不同的动效这种行为并不"经济"，因此在大部分游戏中我们都选择用第2种方式来处理此类动效。

时长合适　　　　　时长过短　　　　　时长过长

针对动效的时长控制，在视频**"梦幻家园剧情对话.mp4"**中我们可以看到一些处理方式。这个动效的较基本的功能是通过游戏人物的对话来讲述游戏的故事剧情。在该动效中，每个游戏人物的台词都呈现为逐渐出现的效果。每个人物的台词播放完之后，台词和气泡之间还会有切换的效果。这些切换效果累积起来的时长较长。其目的是保留足够的时间长度，方便玩家阅读台词文字。但是，玩家的阅读时长并不一定都这么慢，也并不是所有的玩家都会有阅读台词来了解剧情的需要。因此，这里的动效提供了两个入口，供一些玩家跳过这些动效的播放：一个是气泡右下角的三角图标，点击它可以跳过台词播放，还在逐渐展示的台词文字将瞬间展示出来；另一个是左下角的"Skip"按钮，单击这个按钮，可以直接跳过对话过程并快速进入下一个环节。

视频名称：梦幻家园剧情对话.mp4

12.1.2 动效与特效的区分与说明

在游戏界面的动效设计工作中，会涉及动效、特效的概念。有些设计师因为无法区分这两个概念，而在工作中要么是找错对接人，要么是出问题不知道从哪个环节开始寻找问题。界面设计师在进行静态设计时需要考虑动效设计，有时候也需要考虑特效的协调，如果无法对这两者明确区分，或者对混合了动效和特效的效果设计不够理解，则会造成不小的麻烦，因此这里需要做一下分类和区分，方便大家更清楚地处理相关的工作内容。

在游戏美术设计的范畴里，与动画相关的工作有很多种，其中动效设计基本上专指针对界面的动态设计，而特效则是利用 3D 技术来实现的炫光、粒子等增强表现的效果。这两个概念虽然只有一字之差，但从工作内容上来说几乎完全不同。动效一般指界面中页面的切换、控件的转换及界面中需要特别加强视觉表现的动画效果。在英文中，动效被称为 Motion Graphic（直译为"动态的平面图形"）。界面设计是平面图形的设计，而动效的本质是在时间维度上对界面设计效果的一种增强表现。

界面中的切换动效是动效中较常见的类型。例如，在视频**"钢铁战队－页面切换动效 .mp4"**中，我们所看到的主界面和任务界面的互相切换、主界面和设置界面的互相切换及主界面到具体任务界面的切换都用到了页面间的切换动效。这种动效通过渐入渐出的效果使得两个互相切换的页面之间的衔接更加自然。强化界面中的某些元素是动效存在的目的之一，如视频**"崩坏 3－点集满的视觉强化动效 .mp4"**中所展示的那样，在表示"SP"点的图标上有一个提示 SP 点满的动效。相对静态的视觉设计，动效更能从复杂的图形环境中凸显出来并吸引玩家的注意力，因此类似的视觉强化动效在游戏界面中被广泛使用到。

视频名称：钢铁战队－页面切换动效 .mp4　　　　视频名称：崩坏 3－点集满的视觉强化动效 .mp4

特效指的是特殊效果，对应的英文名为 Special Effects（直译为"特殊的视觉效果"）。特效属于视觉化内容中特殊表现的一部分，在游戏美术中多见于 3D 的技能效果、人物动画和场景动态效果中。特效是一种明显异于一般平面美术表现的特殊光影效果，只在很少的情况下才会与界面设计产生关联。

由于大家对动态效果的要求越来越高，因此当前的界面动效设计中也越来越多地运用到一些特效设计。但两者不管是从视觉效果的呈现来说，还是重构时的实现逻辑来说，都是不尽相同的。

经过以上分析我们可以明显地看出，动效和特效本质上都是一种动画，但动效更多服务于界面设计，特效更多服务于游戏场景和人物等纯游戏的画面内容。两者在特殊的功能需求中会有一定的重叠，但本质上是两种性质的概念。在游戏项目中，两者也分属不同的岗位和工作环节。

特效在游戏画面中非常常见。例如，视频**"暗黑 3－人物技能特效 .mp4"**中展示的就是游戏画面中的人物技能特效。这些效果需要结合 3D 即时渲染技术来实现，与 3D 化的游戏场景、人物等都是同一类元素。不同之处在于，它们往往与人物的技能、打击效果等可交互的美术效果相关；在视觉表现上非常特别，比游戏画面中的人物和场景拥有更绚丽的色彩和动画。特效的这种特别的效果也被应用于界面中的强化或者特别的功能表现中，视频**"暗黑 3－界面特效 .mp4"**中界面底部用来表示人物血量与魔法值的两个大玻璃容器是游戏《暗黑破坏神 3》的一大代表性特征。设计师为这两个容器设计了类似比较黏稠的液体不断循环流动的特效动画，不仅体现出游戏魔法背景建构中对液体相关物质的风格化表现。同时，相对其他界面元素来讲面积比较大的两个容器在静止状态下很容易表现出卡死、静止的特点，而这样的特效处理则避免了这种情况的发生。

视频名称：暗黑 3－人物技能特效 .mp4　　　　视频名称：暗黑 3－界面特效 .mp4

动效和特效分属的不同工作环节和岗位如下图所示。

12.1.3 影响动效设计的因素

　　界面动效绝不只是动效设计师一个人的工作内容。作为界面的有机组成部分，界面动效本质上是界面设计的一种延伸。对界面设计来讲，界面动效的基本动作逻辑都发端自界面设计静态稿中的图形逻辑和其所描绘的空间逻辑、色彩逻辑及暗含的时间逻辑。在界面设计的静态稿中，这些因素深刻影响和决定着界面动效的设计方式，且两者之间存在着千丝万缕的联系。界面设计师不管是基于哪种原因，探讨去做更好理解的界面操作效果，或者仅为了更好地和动效设计师协同工作，都无法避开对动效设计的理解和掌握。

游戏界面的结构示意如右图所示。在该图中我们可以看到，作为游戏产品的一部分，界面的整体逻辑是由用户操作、动态效果、静态设计及实现逻辑这 4 个部分组成的。其中用户操作层是界面赖以存在的根本，而实现逻辑则是界面完成自身功能的基础。界面的可视化层面则由动态效果和静态设计构成。两者是一种有机结合的关系，动态效果是静态设计的延伸，它一方面可以完成静态效果无法体现的功能，另一方面以静态设计中的图形逻辑、色彩逻辑及空间逻辑为基础，设计出符合特定逻辑的动画动作。

12.1.4 动效设计前需要注意的一些基本问题

动效设计前需要注意的一些基本问题主要包含以下 3 个方面。

⊙ 动效设计需要考虑实现成本

与界面设计在设计之初就考虑实现方式与实现难度一样，动效设计也需要考虑诸如游戏包量与机器效率的问题。过度复杂的动效设计无法被机器支持或耗费大量的游戏包体空间，这都是在实际工作中需要平衡和把控的。针对一些较重要的动效重构时，会因为所消耗的包体或内存过大而被简化。针对一些不那么重要的动效重构时，则会不计成本地去实现。这种做法类似于对界面设计的效果和实现成本之间的平衡控制。

简单地说，游戏动效指的就是游戏界面中为了特殊的功能性目的而被设计出来的界面动画，其时间长度和动画效果应该基于功能性目的、实现难度和效率去考虑。

⊙ 动效设计需体现功能目的

我们可以在游戏产品中看到很多有趣的动效设计。在很多为了好玩，或者纯粹为了练习，又或者是验证某种技术手段而设计出的动效作品中，有很多有趣的创意。有些动画非常别致，甚至称得上佳作。成熟商业化的游戏产品中的动效与这些纯展示性质的动效之间的差别就在于，它们是为了不同的目的而被设计和制作出来的。我们可以从纯粹的练习作品和展示性质的作品中发现一个普遍存在的问题：这些动效都是展示起来比较好看，但缺乏可供实现的功能性目的。这其实就是它们之间最大的差别。在成熟的商业化产品中，动效的设计目的是服务于特定的功能。这一点和本书前文中提到的"界面设计中的创意性是为功能性目的服务的"是一脉相承的。作为静态的视觉设计的延伸，动效设计同样需要服务于特定的功能性目的，包括设计师为此构思的特别创意元素。这是一个辩证的问题，设计师需要去做创意与功能的平衡。纯粹地为了好玩、好看而设计出来的动效并不一定适合游戏产品。反之，游戏产品中需要的动效也未必全都需要充满创意，有时候可能只是一个简单的伸缩或形变动画而已。

见微知著，从一个简单的进度条上的动效设计即能看出这种目的性设计的思想。有些游戏里会把进度条设计成条状，并显示实时进度。有一些则将其设计为饼状或不规则形状，并不直接表现实时进度。这两种进度条上都会被设计有一些动效。条状进度条中的动效有扫描动画形式的，也有在进度条顶端以特别的动画形式出现的。饼状和不规则形状进度条上的动效设计的类型更加多样，这些设计形式绝不仅是因为好玩或好看而被设计出来的。事实上，它们都有着各自不同的设计目的。

在视频**"重力眩晕 Loading 动画 .mp4"** 中，我们会看到富有弹性的进度条动画。这种动态设计是一种不显示具体进度的进度条样式。整个动画的动作设计看起来弹性十足，且又好看、又好玩。但它的设计遵从了游戏整体的美术调性，具体表现在二次元、充满想象力和富有活力上，而且在颜色与图形上都使用了该游戏界面中常用的猫爪图形与偏赛博朋克的撞色设计。

视频名称：重力眩晕 Loading 动画 .mp4

例如，类似视频**"页游轩辕世界微端安装时的进度条 .mp4"** 中的这种过光动画的条形进度条动效设计，它的功能性设计具体表现为扫描动画的设计会增强进度条在加载中的效果。在极端情况下，使进度条发生进度变化可能要耗时很久。这时候如果没有扫描动画的衬托，进度条就会处于没有任何动态变化的状态，很容易被认为是处于"卡死"的状态。加入了过光等循环动画之后，即使进度条没有进度，也不会轻易地被认为是处于卡死、非活跃的状态。在不同的游戏中，因为风格设计的不同，这种光效的设计也会有所不同，而这些不同正是创意性发挥的空间。

视频名称：页游轩辕世界微端安装时的进度条 .mp4

另外，循环动画式进度条的特点是没有进度显示。这意味着玩家无法时刻且实时地得知加载进度，游戏在展示这种进度条时其后台进展处于"黑盒子"状态。长时间面对这样的进度条会给玩家造成"被蒙蔽"的心理感受，玩家进而会产生放弃、不耐烦的心理。因此这种进度条会更经常地被用于短时、快速及少数据量的轻快型数据的加载显示，如视频**"崩坏 3- 充值窗口内容加载 .mp4"** 中所示的一些加载某个框体内容的进度条。

视频名称：崩坏 3- 充值窗口内容加载 .mp4

但是，我们依然可以看到循环动画式进度条和直观可见进度的进度条的混用，如视频**"九州海上牧云记 _ 加载 .mp4"** 中所示。在该进度条出现时，游戏正处于加载大量本地资源的情况下，耗时相对较长，但是这里并没有使用相对单一的显示实时进度的进度条形式，而是用了数字加循环动画的形式。这么设计的原因可能是游戏在加载下一关卡的本地资源时虽然耗时较长，但这个过程并不是干巴巴的等待。循环动画避免了游戏卡死的假象，直观可见的进度数字也给予了玩家更多等待的耐心。从这点设计上，我们可以看出不同动效所产生的不同体验效果。

视频名称：九州海上牧云记 - 加载 .mp4

可见，在设计进度条动画时，我们最需要做的并不是考虑它是不是好看或设计起来的难度是不是足够高，而是需要综合性考虑在特定的设计环境中的因素，如是否有特定的功能表现、是否有特定的视觉效果展现及时间节奏控制是否会影响玩家的操作节奏等。

不仅如此，特定的动画设计也是需要考虑特定的使用需求的。作为视觉表现的一个延伸，动效只有在需要的时候才使用，而非刻意地去添加或为了炫技而存在。

动效是视觉表现的一种方式

在游戏界面里，界面设计和动效设计是两种不同的概念。但在一些完整的游戏界面中，这两者则是完整的一个整体。动效以界面为载体来发生动态，没有界面的动效无以复加，没有动效的界面死气沉沉，动效的本质其实是界面视觉表现的一个延伸和补充。它通过动态表现将原本静态的视觉设计内容变得活跃，也补充了静态设计所不具备的某些信息。

单纯静态的页面是没有能力实现其原有的设计功能的，界面设计本身就是用于交互的媒介，而交互就意味着动态的变化，这意味着我们无法通过静态的媒介来达成实时的交互。例如，通过纸条来传递信息，甲在空白的纸条上写信息给乙，乙阅读了甲的信息后，在原先信息的后面写上对甲的回复，之后甲再通过同样的方式回复乙的信息，如此往复。在这个简单的交互过程中，虽然纸条是静止的，但它并不能单独被作为信息传播过程中的媒介而存在。这个过程中的交互媒介实际上是"其上有文字信息的纸条，文字信息需随交互动作发生变化"。文字信息随着每次的回复动作而发生着变化，这就是一个动态的媒介，可以承担信息交流这个交互过程的媒介，但是静止的纸条本身却不是。

甲乙传播信息的过程示意图如下图所示。

游戏界面中的动效可以很明显地补充静态界面设计中的信息，如视频**"梦想星城的商城提示动画.mp4"**所展示的，在《梦想星城》的主界面左下侧的一个商城图标。当商城系统内有新的免费购买物品的机会时，这个图标上会增加一个红色底图，同时出现"免费"字样的标签和晃动的动效。可以试想，在纯粹的静态界面中，这个标签的颜色搭配在整个以比较明快的颜色设计的界面里实际上并不突出，也就不能对玩家产生足够的吸引力。但是增加了晃动的动效之后，效果完全不同，即便在色彩普遍偏亮、动效密布的界面中，它还是可以很容易地被玩家发现。这个标签上的动效就对静态的标签设计补充了"增强吸引力效果"的信息。

视频名称：梦想星城的商城提示动画.mp4

又如，视频**"晶体管－技能函数界面打开动画.mp4"**中展示的是游戏《晶体管》的技能函数界面中的动效。这个动效的大概情况是首先从画面底部出现一个平台，然后从前景深入景深处发射出蓝色锥形光柱，之后依次出现一些主要的图标。这个动效补充了静态设计中所没有的图形切换动画和光效变化，进一步增强了静态设计中的科技感与形式感。

视频名称：晶体管－技能函数界面打开动画.mp4

作为静态设计的补充，动效有效提升了静态界面设计中本身就在追寻的某些功能性设计，也适当而充分地补充了静态设计中无法充分体现的情感化内容。不管从哪个角度看，动效都属于整个视觉设计的一部分，是视觉表现上与静态设计不同维度的另一种表现方式。

过多的动效会影响界面的节奏感

动效的实际应用中会涉及的一个很重要的问题是动效的适用场景。我们知道，静态的界面是无法承担交互作用的，所以实际的游戏界面中处处有动效。但这并不意味着界面中应该处处带有明显的动效设计，而是应该从以下两个方面来理解这个问题。首先，我们在第3章中提到的界面节奏感更多的是静态视觉上的。事实上作为静态设计的延伸，动效的设计也需要考虑配合整体页面中的节奏。其次，假设同一个页面中充斥了太多强烈的动效，会使得整个页面都处于剧烈的动态中。当整个页面全部都是强烈的视觉效果时，也就导致它们全部都不是相对剧烈的视觉效果。如此会导致界面节奏感的丧失，整个页面中重点无法突出，还会显得相当混乱。

在页游产品的设计中，设计师往往喜欢把华丽、强烈的视觉元素堆积在一起，且相应的动效设计也非常多，页面中的动效往往比较充盈，如视频**"轩辕世界界面动效.mp4"**中所展示的一样。这在视觉上会给人以"躁动"的感受，也就掩盖了页面中本应有的视觉重点，是一种比较失败的节奏感设计。

视频名称：轩辕世界界面动效.mp4

动效需要有理由地呈现

并非只要是动起来的界面就可以称为界面动效。正如界面设计的每一个细节都需要有据可循一样，动效中所演绎的每个动画动作都应该是有依据的。前面提到的那些有着不同的功能性目的的动效，正是根据它们各自的目的而被设计了特有的动画动作。那些用于页面衔接的动效，就需要在某些特定的帧上设计出渐入渐出的动画。那些用于框体之间逻辑连接的动效，就要设计出可以关联两个框体的动作。不管这个动作是如视频**"酷飙车神 2- 解构式的框体切换动效 .mp4"** 中那样的框体变形位移，还是如视频**"隐世录 – 背包打开和关闭 .mp4"** 中那样以形象化的形式展示箱子的打开和关闭，都是需要一个能够体现这个动效之所以被设计出来的功能的。没有任何根据的动效是多余的、没有必要的，更不可能仅仅因为动效设计师喜欢某一个动画而去设计。

视频名称：酷飙车神 2- 解构式的框体切换动效 .mp4

视频名称：隐世录 – 背包打开和关闭 .mp4

🐛 **提示**

　　当然，每一个功能的体现方式都可能有很多种形式。在诸多可选的形式中，有些形式可能正是因为设计师的个人喜好才被选择作为最终的方案。但不管怎样，一段动效能够被设计出来且作为较理想的方案还原重构到游戏版本中，主要的原因还是在于它对功能性的解释与体现是较明显的。

⊙ 设计前一些必要的准备工作

一般来说，动效设计师在动手制作某段动效之前会预先判断这段动效的功用和应该将其做成什么样的动作，再在实际的设计过程中逐渐对动画进行调优。这些调优包括动作的力度是否稳妥、持续的时长是否合适等，最终制作出来的 Demo 将成为动效重构的唯一参照。由于重构过程中会涉及很多的问题，如有些动效在动效设计工具里可以很容易实现，效果也足够精彩。但在重构动效所用的游戏引擎或界面编辑器中，对应的效果比较难以实现，或者需要耗费过多的资源（如内存、游戏包体等），就需要对设计好的动效进行更改，以便用较高的效率去实现最佳的效果。这就要求动效设计师至少需要明确了解并熟练地掌握以下 3 个方面的内容。

明确什么样的动效足以表现对应的功能

如同界面设计时对界面体系中的每个界面都设置视觉表现的层级一样，动态效果也应该有层级划分。将整个游戏界面中出现的动效划分到不同的表现层级中去，如一些简单的提示信息的动效表现得柔和一些，一些重要的提示弹窗如"恭喜获得"的入场动效则表现得剧烈一些。动效的设计应该在一个规范的体系内去展开，而不是想到哪里做到哪里。如果在不同表现强度的界面中找不出任何动效的强度变化规律，那么不但在视觉上会导致玩家无法养成一个约定俗成的认知，而且说明设计师对于如何安排每个地方的动效视觉层级没有一个衡量标准。

熟练控制并掌握动效的时长

这一点在前文已经提过。动效的时长本质上与玩家在观看某段动效时的耐心有关。除非是在关键的游戏剧情或极其重要且动态提示又多的情况下，一般来讲常见的动效的持续时长不会超过 3 秒，过长的动画会让玩家没有耐心等待下去。同时，一些玩家可能会频繁操作而激活的动效（如"恭喜获得"动效）一般会在 1 秒后结束。玩家有可能在邮箱中连续单击收取附件的操作，在有些游戏中就会将其设计成每收获一次物品弹出一次"恭喜获得"弹窗，从而播放一次相应的动效。在这样的情况下，同样的动效被连续播放，如果动效持续的时间明显长于玩家连续单击屏幕的时间间隔，就会让玩家产生被阻断的感受，这种现象是不太好的，由此可见动效的时长对游戏界面的操作体验来讲是一个影响很大的因素。

预知什么样的效果具备最经济的重构成本

动效最终是需要被重构在版本中的，因此在设计阶段就应该尽量避免去设计出那些最终无法重构或重构成本过高的效果，导致重构成本过高的绝大部分问题其实就是性能限制。

从理论上说，任何复杂的效果都是能够被重构在游戏版本中的。但针对手游而言，需要考虑手机的性能限制。手机的性能虽然越来越强，但依然不是专业的游戏平台，不能和 PC 乃至专业的游戏硬件平台相比较。而且手游的受众广泛，对应的机型众多，且性能良莠不齐，这就要求手机游戏的开发者在制作一款手游时非常有必要去考虑节省性能的损耗。一般来说，动效设计中的动态模糊、全屏幕的效果，乃至特效中过于复杂的粒子效果都会造成额外的性能损耗。若非极其重要的功能，在动效设计中都应该去规避这些会造成性能损耗的设计效果，并努力在效率与效果之间寻找一个平衡点。

这些要点实际上和静态的界面设计过程中的思考逻辑如出一辙。界面设计师需要在设计之前明确什么样的美术效果可以达成什么样的功能，什么样的设计方式可以节省最终的切图量，以及什么样的设计方式可以有最经济的重构成本。

在一些纯粹的动效制作中，比较常用的工具是 Photoshop、Animate（前身是 Flash）和 After Effects。当然，也会有其他的一些软件，并且根据不同设计师习惯的不同，具体选择和使用的工具也会不尽相同，本书仅以这几款软件为例来对动效设计的知识进行讲解。

12.2 游戏界面动效的分类

游戏界面中的动效可以根据它们所表现的内容被划分为 4 个类型，包括页面切换动效、情感表现动效、功能性动效以及负责界面基本运行的一些看不见的动效。

12.2.1 页面切换动效

游戏界面中较常见的动效是框体的切换动效。这种动效的功能性目的包含以下 3 个。

首先，它可以使框体之间的切换更加自然。无论游戏还是其他软件，都是靠若干个有着层级关系或关联关系的页面组成的。这是因为单一页面很难完成一个复杂系统的功能表现。页面和页面之间的连接是通过对特定枢纽的操作来完成的，承担枢纽功能的一般是按钮、链接、图标等。玩家通过对枢纽的操作来触发页面的跳转。传统的页面跳转比较简单，大都是让新的页面直接闪现入画。这在硬件性能低下的时代比较普遍，且当时也只能做到这样的跳转效果。在设计中，硬件性能、特定时代的设计理念等这些客观条件都限制着游戏的设计者去考虑更为复杂的效果。但是随着硬件性能的提升和设计理念的迭代，以及界面体验需求的进步，简单地直接展现新的页面的做法已经不再适合当下的大部分游戏界面设计。玩家需要一种更柔和、更自然的页面切换体验。当下的页面切换形式已经很少见类似闪现的直接衔接形式，而是有着更丰富多样的形式，如抽拉式、渐入渐出式及解构式等。这些形式的切换效果通常都模仿了现实经验中的物理效果，玩家接受程度高，体验也更加流畅，且目前已成为动效在界面中的一个很基础和广泛的应用。

例如，视频**"酷飙车神 2- 抽拉式的页面切换动效 .mp4"**（《酷飙车神 2》）中的页面切换效果就是一种抽拉式的页面切换动效。这种形式的动效展示方式的好处是用横向的抽拉动作，以左右穿行的方式直观地展现各个页面间的切换关系。这种切换模式非常明显地区分了同一层级的相似页面。归根结底，这种动作实际上是对现实中抽拉纸张的一种模仿。这种对现实中抽拉动作的模仿，将系统页面之间的关系映射到现实经验中去，明确了"切换"的关系，并易于玩家理解。

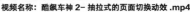
视频名称：酷飙车神 2- 抽拉式的页面切换动效 .mp4

横向的穿行式动作隐喻了互相切换的页面之间的平等关系，相应地，也有一种方式可以隐喻相差比较大的页面之间的切换。

还有一种比较复杂，但视觉效果上比较吸引人的切换动效，即解构式的切换动效。它也经常被用来作为游戏界面中页面之间或框体之间的衔接。这种衔接方式的目的一般就是体现特别的游戏背景建构设定，或突出某种功能。

例如，视频**"酷飙车神 2- 解构式的框体切换动效 .mp4"**中的框体切换动效就属于这种方式。在第 1 段动画中，底部中央的提示控件经操作后滑至画面的右侧，变为一个小型的框体，这个框体和之前的提示控件分别是同一个信息的缩略模式。也就是说，这个动效通过位移和框体变化将两个在不同时间、不同位置上的控件联系在了一起。这实际上是提示和关联的功能性的体现。在第 2 段框体切换动效中，则又是另外一种为了体现游戏气质而设计的动效。解构式的切换效果需要动效设计师对界面设计的结构有明确、准确的了解。由于其动作复杂，因此对时间控制的要求比较高。这是一种感官体验极高的切换形式。

视频名称：酷飙车神 2- 解构式的框体切换动效 .mp4

其次，它可以充当框体之间的逻辑性连接，使玩家更易理解新的页面切入。页面之间切换的动效除了能让切换过程更加柔和与自然，还能在一些特别的或独有的界面设计中起到解释或暗示页面之间的逻辑关系的作用。这是一种界面设计和动效设计联动的方式，在动效未被触发时的界面操作枢纽上就应该体现出跳转逻辑，即前文所提到过的界面设计的"示能"，较简单的界面枢纽示能就是箭头按钮的设计。

例如，视频**"永远的 7 日之都 - 聊天窗口打开和关闭 .mp4"**中的聊天面板右侧的按钮就属于这种设计。玩家在单击了主界面左下角的聊天按钮之后，会触发聊天面板的抽拉式切换动效，动效完成之后，完整版的聊天面板就被展示了出来。与此同时，聊天面板右侧出现表示"收起"的按钮。这种"示能"设计和展开动效就是一种向玩家的暗示：这是一个包含了更完整的信息的面板，需要看的时候可以被展开，还可以被收起而不遮挡你去读取界面里的其他信息。

视频名称：永远的 7 日之都 - 聊天窗口打开和关闭 .mp4

动效可以通过时间维度来衔接不同空间的物件，这是动效这种特殊形式所具备的特殊能力，除了衔接游戏界面中的两个框体，暗示它们的关系之外，动效可以关联的物件绝不仅限于界面之内。

例如，视频**"隐世录 - 背包打开和关闭 .mp4"**中的动效就利用了现实体验方式。通过模仿真实的箱子打开和关闭来关联游戏场景和背包界面之间的关系。这个背包界面被设计成带透视的立体箱子，第 1 次打开这个界面时，会有 3D 箱子被打开的动画，关闭这个界面时，玩家可以直接点击界面左上角的"返回"按钮，也可以直接拖曳箱子的盖子将其关闭。这种动效的优点是模拟现实体验，学习成本低，且沉浸感强。

视频名称：隐世录 - 背包打开和关闭 .mp4

最后，它可以完成特别的情感化信息传达的目的。每个游戏的界面都需要有特定的设计风格来体现游戏的背景建构，这本来就是情感化体现的一个层面。同理，每款游戏的动效也需要在动作风格上体现游戏特有的背景建构。除了这种大层面上的情感化之外，动效在一些需要突显特别的情感化内容上也是静态界面设计的有效辅助。框体作为游戏界面中大量存在的控件，充当了绝大部分动效的文档。动效在页面切换时的情感化表达大部分表现在框体上。在通常情况下，一些特殊形态的弹窗会被用来表现界面中的一些特殊功能，并且具备特别的情感化内容，典型的如战斗结算弹窗、开宝箱页面等。界面动效都会对情感化内容的表现起到非常重要的作用。

例如，视频**"天下乂天下－胜利结算动效.mp4"**中所展示的结算动效就是一个典型的例子。这个动效从静态的设计上来讲是国内游戏设计中常见的翅膀造型。这种造型有向两侧的张力，也有向上的趋势，是"胜利"这一语境下的一种极恰当的图形表现。但与别的游戏不同的是，《天下乂天下》中的胜利结算效果并没有直接使用翅膀元素，而只是提取了翅膀的这种具备大张力的向两侧、向上的造型趋势，图形上则用了火焰。除此之外，我们还应知道，这款游戏的整体设计风格是基于"剪纸"这一元素的，因而界面中的图形都偏平直造型，动效设计上更应该遵从纸介质的运动规律。因此在这里我们可以看到，这个动效在张力营造上的表现及动作上所体现的材质，具体表现在从胜利结算大图标出场开始，首先是中央的圆形出场，紧接着是竖在圆形上方的两个火焰迅速像翅膀一样向两侧张开，最后是星星渐次出现，以整个大图标移动至顶部后结束。

😀 提示

这里应注意的是，两侧的火焰并非直接由原位置展开，而是先向中间靠拢，而后反向展开。这一动作在动画中被称为"预备动作"，这是促使动画更具备张力的一种制作手法。整个大图标的展示动画非常流利和干脆，动效很贴切地体现了静态设计里对"翅膀"造型的张力上的表达。同时这里还应该注意的是，火焰没有受到张与合的影响而飘动，而是像两个纸片一样，只有整体的动作，没有火焰内部的随动。这实际上是这个动效遵从整体以剪纸为主要风格的体现，火焰只是纸片上的图案，所以这个动作只是纸片的动作，而非火焰的动作。

视频名称：天下乂天下－胜利结算动效.mp4

游戏中的一部分操作是需要极强的画面冲击力的，当仅用界面动效已经不足以体现出游戏设计者所要体现的情绪时，就要结合更多的东西。视频**"小小大星球－关卡切换.mp4"**中展现的关卡切换过程就是这种动效。这里的动效为了体现出非常强的沉浸体验，充分结合了 3D 化的场景动画。通过不同 3D 场景的切换来直观展现不同"星球"关卡和特定星球内部场景的关卡关系，这不仅在视觉感官上冲击力强，还是一种十分直观且易理解的视觉效果。

视频名称：小小大星球－关卡切换.mp4

12.2.2 情感表现动效

界面动效从本质上来说是一种对情感化的丰富。情感化是界面设计中通过对现实经验的重现以使得玩家在使用界面时获得与在现实中相似体验的设计手法。我们每日所见的现实场景是一种动态的存在形式，因此仅依靠静态界面设计中的图形、色彩乃至质感化的设计来表现情感化的内容，实际上是对现实重现的一种不完整的呈现。

动效的作用在于补足这种不完整。界面中所有的动效都可以被视为情感化的表现，无非有些动效更突出的是功能性的表现。而我们所特指的情感化表现动效则指的是以情感化表现为核心目的的动效。动效的情感化表现在不同风格、不同应用场景中都不尽相同，并且相对复杂，但大致可以分为以下 3 种表现手法。

第 1 种表现手法是还原现实场景中的真实动态表现。这类动效通常用在一些需要强烈情绪表现的界面中，如技能冷却完成后的流光动效，是对现实中霓虹灯的直接模仿；获得奖励物品时的炫光动效则是对现实中太阳、灯光等效果的还原。

例如，视频**"战国志－战斗力升级动效 .mp4"**中的动效就结合了炫光表现的效果，这种色彩效果本身就非常明显，加上动画效果后更加让人有愉悦感和成就感。

视频名称：战国志－战斗力升级动效 .mp4

第 2 种表现手法是基于现实经验的夸张表现。这种手法追根溯源也是对现实的再现，不过加入了一些现实中因为物理规律而不可能有的效果，是一种在美术作品中常见的夸张手法。如科技感界面中常见的图形变形组合动画，就是模仿了现实中机械结构变化和现实光线变化的一种抽象和夸张表现。

例如，视频**"晶体管－技能函数界面打开动画 .mp4"**中的界面展开动画就是这样的例子，其利用了很多结构层次动画和科技感图形动画。

视频名称：晶体管－技能函数界面打开动画 .mp4

第 3 种表现手法是根据界面设计的图形、颜色或层次的结构进行解构设计。这种手法中几乎完全看不到现实经验的影子，但其实质上依然来自现实经验。这种动效只保留了对现实经验中的运动规律、时间节奏的模仿，但是构成动画的主体构件与现实并没有对应。

例如，在视频**"AIR－弹窗解构动画 .mp4"**中展示的是游戏 *A.I.R* 中弹窗和消失动画里所用的复杂的动画效果。它是对其界面设计的材质和结构上的一种解构后再创作的动效形式，所要表现的是该游戏对科技化元素的体现。

视频名称：AIR－弹窗解构动画 .mp4

综上所述，不管哪种动效表现手法，都需要以设计师对现实运动规律的深刻理解为基础。玩家和设计师之间的相同之处在于同为世界物理规律的使用者，并且对物体的运动规律有一致的理解。不同之处在于设计师可以分解和利用现实物理规律下的运动规律，而玩家通常只会停留在感知层面。这样的特点决定了设计师所设计出的动态效果一旦有背离现实认知的运动规律，就一定会被玩家察觉。而利用和遵守了客观运动规律的设计师所设计出的动态效果，即使是使用了非同现实的夸张手法，也往往会被玩家认为是合理的。

12.2.3 功能性动效

动效的存在是为了实现某种设计目的，有些设计目的是引起玩家情绪的波动，有些是为了潜移默化地让玩家理解界面设计中的某些功能。功能性的动效在解释界面设计功能这一特性上起到了很大的作用。它通过衔接、变化及落脚这 3 个连续的动作来完成对界面功能的解释。从启动形式上可以将它们划分为两种，即主动式的和被动式的。主动式的功能性动效通常会用强烈的信号来打断玩家正在进行的操作流。被动式的功能性动效则属于条件触发反馈，不会主动干扰到玩家的操作。功能性动效实现其功能的几个步骤如右图所示。

功能性动效的启动点一般与界面设计中已有的"示能"操作枢纽相衔接，但主动性的动效则不会过于依赖这些操作枢纽。与之相反，被动性的动效则完全依赖操作枢纽上的玩家操作来进行衔接。主动性的功能动效多见于强提示类型的控件上，如战斗界面中的技能冷却完成提示（如视频**"神都夜行录 – 大招技能冷却 .mp4"**中所示）和主角升级提示（如视频**"斗破苍穹 – 人物升级动效 .mp4"**中所示）。这两者都是基于原有的界面设计图形来进行设计的，具体表现在技能冷却完成的动效提示是由技能图标上层覆盖动画层来表现的，主角升级提示则是对界面设计进行解构后的动画，通过组合一系列的光效来表现。

视频名称：神都夜行录 – 大招技能冷却 .mp4

视频名称：斗破苍穹 – 人物升级动效 .mp4

从以上说到的两个示例中我们也可以明显看出，功能性动效在表现界面功能时的设计手法如下。 在技能冷却动效里，首先通过进度动画来表示冷却进度，玩家可以直观感受到这一动画所表现出的这个冷却过程所需的时长。当进度条走完之后，视觉上更加明显、更易引起玩家注意力的动画效果将通过综合强对比和强动态变化的设计形式展现出来。最后，直到玩家对此技能进行操作并触发技能释放，这个综合了光效和图形变化的循环动画才会消失。这是一个典型的"衔接→变化→落脚"3步走的功能性动效的过程（如下面示意图所示）。冷却进度条是"衔接"，它衔接了释放技能与冷却完成之间的过程。进度条完成后的提示性动画是"变化"，这是个极为剧烈的变化，它需要强烈到足以引起玩家的注意，循环播放直到玩家操作结束的最后一个阶段，这是整段动效较根本的目的，告知玩家"我正在准备中""我准备好了，快看我！"或"点我吧，不然我将永远循环下去"，最后的目的就是让玩家可以快速而直接地明确一个事实：技能可以释放了。

主角升级提示动效是典型的主动型功能性动效。它在后台数据满足一定条件后被自动触发，没有视觉上明确可见的衔接点，而是突然直接展示，具备极强的突然性，让玩家感到惊艳的同时，也确定无疑地具备非常强的注意力吸引能力。因此，它的衔接方式可以被认为是突破式的。接下来的"变化"则是这个动效较吸引人的地方。设计师通过对原有的界面设计结构的理解，对原有的静态图形进行了合乎逻辑的解构，然后将解构的图形通过一系列的动画效果重新演绎，这段动画结束时，最后一帧落回原有的静态界面设计样式。这种动效最后的"落脚"则是播放一段时间的循环动画后自动消失。这种自动触发的主动型动效的落脚方式通常就是自动消失。一方面对应了自动触发的衔接，也是一种尽量降低对玩家的干扰的做法。在有些有重要信息的界面动效里则会用被动式的消失方式，需要玩家单击按钮或空白处来结束动效某阶段的展示过程，如获得物品的提示弹窗和有些游戏中的关卡战斗结算界面。

🎐 **提示**

> 需要注意的是，在所有这类动效进入落脚阶段时，都需要有循环动画，以避免整个页面出现"卡死"的视觉效果，同时对前后动效也可以起到自然衔接的作用。

例如，在视频**"神都夜行录 - 胜利结算 .mp4"**中所示的这个典型的主动式动效里就区分了几个节点，用以加载结算界面中的一些信息。不过较遗憾的是，加载结算信息的过程并不能被玩家通过操作来主动跳过。这样耗费比较长的时间展示的动效，如果会经常出现，为了避免重复观看的视觉疲劳，一般都需要增加玩家主动跳过的功能。

视频名称：神都夜行录 - 胜利结算 .mp4

12.2.4　看不见的动效

除了以上 3 种明显可见并且明确可以感知的动效之外，其他形式的动效往往以非常不明显的形式存在于游戏界面中。它们承担了或明显、或隐含的功能表现，不容易被觉察到，因此被称为"看不见的动效"。这种不明显的动效设计和不明显的存在形式并不意味着它们可有可无，反而在很多情况下它们会起到非常重要的作用。例如，一些浮动式控件的出现动画，会非常明显地影响玩家对特定界面设计结构的理解，也会直接影响界面功能设计的实现。

例如，视频**"王者荣耀中的动效 .mp4"**中展示的是一段切换操作动效。如果没有特别的提醒，一般不会有人注意到界面中页面的切换、获得物品的特效、页签内容刷新及铭文获取的特效等这些界面中基于静态设计的动态内容。它们融入每个功能里，实现着各自的功能，以至于并不会有人特别注意到它们的存在。视频**"混乱特工转场效果 .mp4"**中所示的界面转场效果，时长较短，但是其特别的图形样式和动画样式给人以"刷新"的感受，通过这种感受传达给玩家的信息与页面切换的本质相同，即切换和刷新。但在快速的界面操作过程中，这个效果未必会给玩家特别的印象，但它起到的作用却很重要。

视频名称：王者荣耀中的动效 .mp4

视频名称：混乱特工转场效果 .mp4

界面设计师和动效设计师在考虑实现界面功能的时候，应该着重考虑细节上一些潜移默化式的设计，而并非只着力于显而易见的、视觉冲击力强的设计。存在于界面里的绝大部分内容是平淡无奇的，这也是那些特别的效果能够被突出显示的根本原因。没有对比而一味全面地凸显特效的效果会给人造成视觉疲劳，也会导致对比的消失。在日常工作中，设计师大量的工作实际上就是在做一些注定不会被发现，但是不可或缺的设计。一味追求特别，不仅不能设计出令人满意的设计，还会造成一系列的问题。

12.3 游戏界面动效中常见的运动规律分析

究其本质，游戏界面中的动效是由无数个或细小、或庞大的动画组成的。对动画中运动规律的掌握是动效设计师应该具备的较基本的能力。

动效可以被理解为设计师根据现实经验而创作出的虚拟动画。我们都知道所处的环境是一个处于不停运动中的物理环境，处于这样的物理环境中的我们，可以说有非常多的关于物体运动的经验。对大部分人来说，虽然这些经验并没有被我们刻意地认知和研究，但是它们构成了我们生活经验中很重要的一部分。我们对它们的印象是非常深刻的。它们甚至构成了我们生存技能的一部分。在这样的前提下，当我们使用某款游戏产品，去体验它所展现的与现实经验比较不同的虚拟情境时，自然而然地就需要有一个认知这个虚拟情境的过程。而当我们接触到新的环境时，则需要通过将未知的经验映射到熟知的经验上来习得新的经验。例如，当我们把"龙"这种动物介绍给不认识龙的人时，或许会这样形容它：角似鹿、头似驼、眼似兔、项似蛇、腹似蜃、鳞似鱼、爪似鹰、掌似虎、耳似牛。以已知的概念去形容未知的概念时，会让人更快速、清晰地知道我们所要描述的对象。因此，玩家在体验游戏所提供的虚拟情景和去认知这个情景的过程中，就自然会把生活经验带入这些虚拟情境中去。

同时，虽说人们使用某个产品时会被带入某个预设情境，但当单击某个游戏的图标启动游戏时，人们会默认开启这些规则："这不是真实的世界""这里可以有现实中不存在的运动规律""我可以部分参与这个世界的活动"等。但即便有了这样的前置条件，也并不意味着完全脱离现实的设计是可以被接受的。非常夸张的、现实中并不存在的动画动作依然需要从现实经验出发去创造。人们接受那些与现实相吻合的、以现实为基础的夸张动作，而那些不符合我们对于现实经验认知的部分就会被认为是不合理的。基于此，那些不符合现实经验的设计也是理所当然不可能被玩家接受的。

动效设计师只有具备一定的动效基础，才能设计出被玩家接受的动画。动效的基础除了熟悉和掌握现实物体的运动规律，还应该认识到所谓的夸张和脱离现实的动画都是建立在现实物理的基础之上的。一个专业的动画师必然需要去钻研现实物体的运动规律，诸如人行走的动作可以被划分为多少帧的画面、球在跳动时应该是怎样的轨迹，以及如何利用预备动作来做出比较有张力的动作等。对游戏动效设计师而言，除了这些"基本功"，还应熟悉一些在界面设计这种抽象物体时常见的运动规律。它们的运动规律本质上也来自对现实中物体的运动规律的提炼。了解这些相关的内容，有助于界面设计师去理解动效设计师的需求，对两者之间的工作的配合大有裨益。

针对游戏界面动效的运动规律，下面作者将其拆分为以下4个部分进行讲解，包含缓动、遮罩、形变及透视动画。

12.3.1 缓动

缓动是一种比较柔和的动画补间动作。补间动作指的是在动画制作中，两个关键帧之间由软件自动生成的帧。在传统动画制作中，会先设计出关键帧，然后再补充关键帧之间的帧画面，这些画面就被称为中间画。对应到动画编辑软件中后，不再需要人力去逐帧绘制这些中间画，而是由软件自动生成。由软件自动生成的这些中间画连续构成的画面所表现出的动画动作就被称为补间动作。早期的补间动作只是两个关键帧之间的均匀计算结果，在视觉感官上比较生硬。现实物体的运动方式很少有非常平均的动作，因此我们看到比较均匀的动作时会感觉到不自然。而缓动动画就比较完美地弥补了这种机械的、均匀的动作表现。缓动动画可以通过设计师去调整补间动画的运动曲线来达成。根据曲线的不同，缓动又可以分为多种形式。设计师通过使用各种形式的缓动来为动效设计中的物体运动增加生命力。

均匀动作和缓动动作的差别示意如下图所示。

12.3.2 遮罩

严格来说，遮罩是动画编辑软件中的一种制作方法，本身并不是一种运动规律。由于这种方法在界面动效中比较常用，此处也将其作为运动规律的一种列出。遮罩这个概念原本是暗房洗印照片时一种保留局部影像的方法，被借用到图像编辑软件中来形容类似的功能。遮罩的基本结构由遮罩图形和遮罩内容物组成。其中，遮罩图形可以被认为是"遮罩"这一概念的本体，是遮罩效果中被遮罩物将要被保留下来的部分区域。遮罩区域的大小和形状就是遮罩图形的大小与形状。遮罩图形的透明度和边缘的虚实会影响遮罩效果的透明度与虚实，但遮罩图形的颜色不影响遮罩的最终效果。遮罩内容物就是遮罩要裁切的物品，它可以是静态的图片，也可以是一个动画。在遮罩中，遮罩图形遮住遮罩内容物的部分被保留下来，而内容物的其余部分被隐藏起来。利用遮罩功能可以灵活地实现非常多的动画效果，在界面动效中是一个非常实用的功能。

遮罩的基本结构示意如下图所示。

12.3.3 形变

顾名思义，形变就是物件的形状变化。在动效设计中，物体的形变包括尺寸、旋转角度、位置及透明度等变化。形变是界面动效设计中较核心的内容，通过多个形变动画的有机组合，能制作出复杂的动效。形变可以应用在遮罩上，形变的几个属性可以叠加使用，即可以同时变化某一个图形的尺寸、角度、位置及透明度，如下图所示。

12.3.4 透视动画

这里的透视动画指的是在上一小节中物体形变的基础上增加了 z 轴坐标之后的形变。当发生这种动作变化时，物体的透视效果会发生改变。普遍以平面图形构成的界面设计中较少会设计出明显的透视翻转，但在一些特殊的情况下，也会少量应用此类动画。在一般的动效制作中，只针对本质上是平面的切片进行位移、缩放及透明度等属性的变化，而不会对物体的透视效果做任何动作变化。所以这种类型的动画需要使用有一定的 3D 制作功能的软件来制作。在本书中提到的 Photoshop、Animate 和 After Effects 中都有支持 3D 制作的功能，不过它们并不是专业的 3D 软件，所以并非制作这类动画的首选软件。不过这并不意味着制作这类动画前，需要动效设计师熟练掌握 3D 动画制作软件，毕竟并非所有设计师都有足够的时间和精力去做跨界技能（这里主要指的是软件方面的"跨界"）培养。好在 After Effects 就有比较高效的透视动画制作功能。它的这种功能要比本书所提到的另外两款软件中的相应功能更好用，效率也更高。但需要注意的是，这个功能也仅只支持一些简单的面片的透视翻转，如右图所示。

透视动画

12.4 制作游戏界面动效的常用工具解析

游戏界面的动效制作离不开称手的工具。制作游戏界面常用的工具有 3 种，分别是 Photoshop、Animate 及 After Effects。

After Effects 中界面动效的制作可划分为两个步骤来完成，即纯粹的动效制作和动效的重构。所谓纯粹的动效制作，在这里我们可以简单地理解为动效设计师设计的一种动效效果，其产出物就是一段动效的效果演示动画（Demo）。就像界面设计师设计出的设计稿一样，并不是最终在游戏版本中可用的那部分，而是作为最终重构时的参照和提供相关美术资源的部分。而动效的重构则是为了将设计师所设计出的动效还原在游戏版本里，以便游戏在实际运行时能够运行动效。这个设计步骤和界面设计步骤高度吻合，在工作流中也基本上是同时发生的。静态的界面设计需要先由界面设计师设计出设计稿，再以设计稿为基础输出设计稿的切图和标注，之后由前端人员以此为基础来重构游戏界面。动效就需要动效设计师先设计出直观可见的 Demo，再以 Demo 为基础，配合开发人员来将该动效最终实现到游戏版本中。

12.4.1 用 Photoshop 制作动效

在 Photoshop 中制作动效，主要是通过它的"时间轴"面板来对动画进行编辑，如右图所示。这个面板可以通过执行"窗口 > 时间轴"菜单命令来打开。在这个面板中，Photoshop 支持创建两种类型的时间轴，即创建视频时间轴和创建帧动画。而我们在 Photoshop 中制作动画时较常用的是后者。

案例演示：用 Photoshop 制作黑色小球动画

这个案例讲解的是如何用 Photoshop 制作一个简单的黑色小球跳动入场的动画。在制作时需要考虑入场过程中小黑球的位置，相应位置上因为运动而发生的形体变化等。动画的运动效果如下图所示。

视频名称：用 Photoshop 制作黑色小球动画 .mp4

操作步骤

01 在 Photoshop 中按组合键 Ctrl+N 新建一个大小为 900 像素 × 900 像素、分辨率为 72 像素 / 英寸的空白文档，并且在 "时间轴"面板中执行 "创建帧动画"命令，如下图所示。

02 选择 "椭圆工具" ，然后按住 Shift 键，在画布中绘制一个适当大小的黑色圆，如下图所示，并在 "图层"面板上将图层重命名为 "1"。

03 选中黑色的圆，然后将其移动到画布外，只留少量在画布内，如下图所示。

04 选中 "1"图层，然后按组合键 Ctrl+J 复制该图层并将复制的图层重命名为 "2"。选中复制的图层，并将其移动到画布中偏中下方的位置。按组合键 Ctrl+T 执行 "自由变换"命令，将该图形调整为椭圆形，如下图所示。

05 选中图层 "1"，按照相同的方法复制一个图层，并且将其重命名为 "3"。选中复制的图层，将其移动到合适位置，并适当调整图层的顺序，如下面组图所示。

06 按照同样的方法复制"1"图层，然后将复制的图层重命名为"1-2"，并移动到"1"图层和"2"图层中间的合适位置（"1-2"图层的位置应该在"1"图层和"2"图层之间并更靠近"2"图层）。复制"1"图层，然后将复制的图层重命名为"2-1"，并移动到"2"图层和"3"图层中间的合适位置（"2-1"图层应该在"2"图层和"3"图层之间并更靠近"2"图层、低于"2-3"图层的位置）。之后，按组合键 Ctrl+T 执行"自由变换"命令，对"1-2"图层和"2-1"图层的形状进行微调，使其呈现为椭圆形。之后，将"图层"面板上的几个图层进行整理，如下面组图所示。

07 定义第 1 帧的时长。在"时间轴"面板上单击第 1 帧右下角的箭头，在弹出的菜单中选择"其它"选项，然后在弹出的弹窗中输入 0.03，单击"确定"按钮，如下面组图所示。

08 以上操作都完成后，单击"时间轴"面板的右上角的"菜单"图标 ≡，在弹出的菜单中选择"从图层建立帧"选项，之后"图层"面板中的图层就会按照从下到上的顺序，在时间轴上变成从左到右的帧，如下图所示。

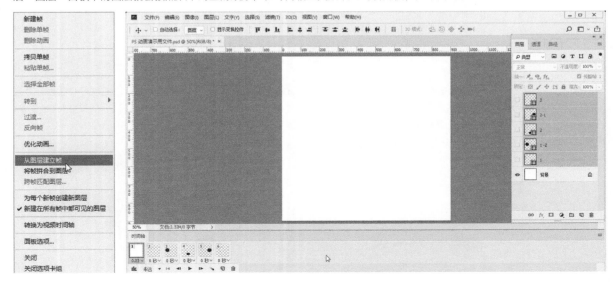

09 第 1 帧是单独为背景创建的，在我们要制作的动画中是不需要的，选中这一帧，按 Delete 键将其删除。这时会发现剩余帧上的"背景"图层处于隐藏状态。这时候需要把这些帧上的"背景"图层都显示出来，按住 Ctrl 键的同时，用鼠标单击选择所有的帧，然后在"图层"面板里单击"背景"图层左边的"小眼睛"按钮 👁，这样就让它在所有的帧上都处于显示状态了，如下图所示。

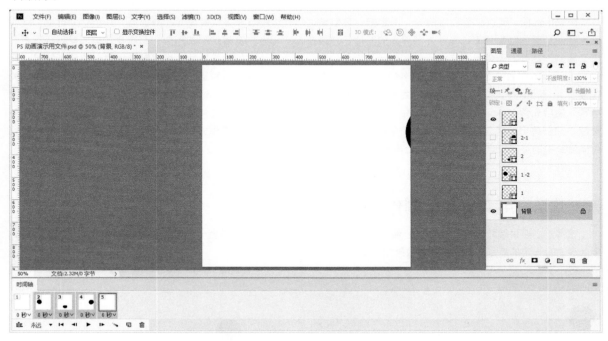

10 按照原第 1 帧的时间定义的方法，将目前的第 1 帧、第 2 帧、第 3 帧、第 4 帧及第 5 帧分别定义为 0.06、0.03、0.03、0.03 和 0.06，如右图所示。

11 完成以上操作之后，按空格键预览动画，并导出动画。动画的导出方法：按组合键 Ctrl+Shift+Alt+S 打开"存储为 Web 所用格式"对话框，并在对话框右上角设置"格式"为 GIF，然后单击右下角的"存储"按钮，即可将文件导出并保存在合适的位置，如右图所示。

12.4.2 用 Animate 制作简单动效

使用 Animate 制作动效之前需要熟悉 Animate 的特有动画制作方式，这些制作方式需要建立在元件、关键帧和补间这 3 个概念上。

Animate 的"元件"可以理解为一个容器。容器是这个软件中唯一可以被放置在舞台上，并建立关键帧，继而制作补间动画的物品。无论是从外部导入的图片，还是在 Animate 中直接绘制的图形，都需要先被放置到容器中，再开始制作动画。元件可以嵌套元件和由元件制作的动画。利用元件的这种特性，可以制作出复杂的动画效果。元件在 Animate 中有 3 种类型，即影片剪辑、按钮和图形。这 3 种元件各有特点，通常使用比较多的是图形元件。关键帧是 Animate 中建立动画的基础，每个关键帧都代表其上的元件的属性，这些属性包括位置、大小、透明度及颜色等。使用元件在 Animate 的"时间轴"面板内创建若干个关键帧，将这些关键帧上的元件属性设为不同，并在关键帧之间创建出补间，就可以创建出简单的动画了。补间是和关键帧密切相关的概念，12.3.1 小节中所说的补间和 Animate 中的补间概念是相同的，此处不再赘述。

案例演示：用 Animate 制作黑色小球动画

该案例主要讲解如何使用 Animate 制作黑色小球跳动的动画。该动画与上一个案例中的动画相似，但两者也有一定的差别。动画的运动效果如下图所示。

视频名称：用 Animate 制作黑色小球动画 .mp4

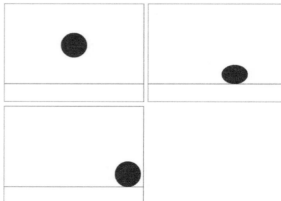

操作步骤

01 本案例中出现了 7 个关键帧，按照顺序应该是从左到右、从上到下。首先创建一个软件默认或任意尺寸的空白文档，然后在"属性"面板中将"FPS"设置为 30.00，如下图所示。

02 单击工具箱中的"笔触颜色"按钮，在弹出的色板中单击右上角的白底红色斜杠图标，将"笔触颜色"定义为"不填充"。用同样的方法将"填充颜色"定义为黑色，如下图所示。

03 单击工具箱中的"椭圆工具" ⬭，然后在文档上绘制一个适当大小的圆形，如下图所示。

04 选中刚绘制好的圆形，然后按 F8 键将其转换为元件，接着在弹出的"转换为元件"对话框中设置"名称"为"1"，"类型"为"图形"，如下图所示。

05 在"时间轴"面板中，将默认图层重命名为"1"，然后单击该面板左下角的"新建图层"图标，接着新建一个图层并将其命名为"dimian"，并拖曳"dimian"到"1"的下方，如下图所示。

06 选中"dimian"图层，并单击工具箱中的"直线工具" ／，然后在文档靠底部位置绘制一条直线，如下图所示。

07 在"时间轴"面板上于 40 帧处通过鼠标拖曳，同时选定两个图层上的帧，如下图所示。

08 按快捷键 F5 将两个图层上的帧数扩展到 40 帧，如下图所示。

提示

一些常用的快捷键可以帮助大家提高工作效率。Animate 中常用的快捷键有 F5 键、F6 键及 F8 键。选中时间轴空白处后按 F5 键可使时间轴上的帧扩展至选中处。也可以选中时间轴上已有帧处，连按 F5 键或按住不放，就可以扩展帧。同时按 Shift 键和 F5 键时为扩展帧的反向操作，即减少帧。按 F6 键可以创建关键帧。选中时间轴空白处后按 F6 键可使时间轴上的帧扩展至选中处，并使选中处变成关键帧。选中时间轴上已有帧处，按 F6 键可以将选中的帧转换为关键帧。按 F8 键可将图形转换为元件。

09 在"1"图层上单击第 5 帧，并按 F6 键创建第 1 个关键帧，然后保持第 1 个关键帧为选中状态，在舞台上选择黑色圆形，并将其拖曳到相对原始位置靠右的地方，即此前所绘制的表示地面的黑线的位置，如下面组图所示。

10 在"1"图层上单击第9帧，并按F6键创建第2个关键帧，然后保持第2个关键帧为选中状态，同时在舞台上选中黑色圆形，并将其拖曳到舞台的合适位置，如下面组图所示。

11 在"1"图层上单击第13帧，并按F6键创建第3个关键帧，然后保持第3个关键帧为选中状态，同时在舞台上选中黑色圆形，并将其拖曳到舞台的合适位置，如下面组图所示。

12 在"1"图层上单击第21帧，并按F6键创建第4个关键帧，然后保持第4个关键帧为选中状态，同时在舞台上选中黑色圆形，并将其拖曳到舞台的合适位置，如下面组图所示。

13 在"1"图层上单击第32帧，并按F6键创建第5个关键帧，然后保持第5个关键帧为选中状态，同时在舞台上选中黑色圆形，并将其拖曳到舞台的合适位置，如下面组图所示。

14 在"1"图层上单击第32帧，创建第6个关键帧并保持黑色圆形位置不动，如下图所示。

15 保持第6个关键帧上的黑色圆形的位置不变，然后选中"1"图层的第36帧并向右拖曳至第40帧，并保持36~40帧为选中状态，如下图所示。

16 在保持这些帧为选中的状态下，按组合键 Shift+F5 清除多余的帧。使用相同的方法把"dimian"图层上多余的帧也清除掉，如下图所示。

17 选中"1"图层的第 1 个关键帧，然后在文档上选中黑色圆形，并按快捷键 Q 使黑色圆形进入"自由调整"状态。此时该图形的四周会出现定界框，按住 Alt 键的同时，用鼠标拖曳顶部定界框，保持其底部边缘与黑线相切，并调整圆形为椭圆形，如下图所示。

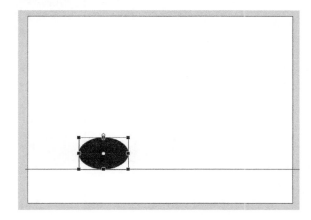

18 使用相同的方法将第 3 个关键帧的黑色圆形也调整为椭圆形，但这一帧上的黑色圆形的椭圆形变要比第 1 个关键帧上的稍微弱一点，如下图所示。

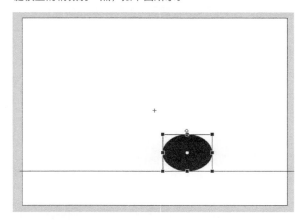

19 同样地，将第 5 个关键帧上的黑色圆形也做相似的调整，其椭圆形变要比第 3 个关键帧上的再弱一些，如下图所示。

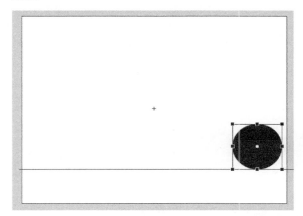

20 选中"1"图层的第 2 帧并向后拖曳至第 34 帧，并使"1"图层中的第 2~34 帧为选中状态，如右图所示。

21 在选中的帧上单击鼠标右键，然后在弹出的快捷菜单中选择"创建传统补间"选项，此时"1"图层上的关键帧之间就被创建了补间动画，如右图所示。

22 在"1"图层上选中第 1 帧和第 5 帧之间的补间，然后在"属性"面板上单击"缓动类型"按钮，会出现一个选择缓动类型的面板，如下面组图所示。

23 在该面板中选择左侧最后一个"Custom"选项，然后双击并选择"New..."选项，会弹出一个"自定义缓动"对话框，设置"名称"为"小球掉下"，并利用控制杆调整该曲线的状态，最后单击"保存并应用"按钮，如下面组图所示。

24 用相同的方法为"1"图层的第 5 帧到第 9 帧之间的补间增加一个自定义的缓动，并将该缓动命名为"小球弹回"，如下图所示。

25 用相同的方法，依次为之后的几个补间增加自定义缓动。不同的是，此后的缓动皆可复用刚才自定义创建的两个缓动。至此，这个动画就完成了，之后可以按组合键 Ctrl+Enter 来对整段动画进行快速预览。

💬 **提示**

添加自定义创建的两个缓动的方法。选定某个需要添加缓动的补间，打开"属性"面板后的缓动类型面板，在其"Custom"选项中，双击自定义的缓动即可。如要添加"小球弹回"缓动，就双击"小球弹回"选项。

同时在这里应注意的是，从第 1 个补间到最后一个补间所应用的缓动应该以"小球掉下"和"小球弹回"的顺序循环出现。在最后一个补间，即下图所示的补间上，鉴于它并非与别的补间所做的跳跃动作相同，只是一个平移的运动，因此只需要一个普通的缓动即可。

这个普通的缓动可以拖曳"属性"面板中的"缓动类型"右侧的数值来应用，如下图所示。

12.4.3 用 After Effects 制作动效

After Effects 作为一款专门为动态图形设计的工作软件，其动画制作过程与前两者又有所不同。这里，我们通过一个与上边案例相似的案例来了解一下在 After Effects 中制作动画的基本方法，可对 3 个软件之间的区别有一个了解。

案例演示：用 After Effects 制作黄色小球动画

在 After Effects 中制作动画的思维方式与在 Photoshop 和 Animate 中的大有不同。我们通过下边的案例来看看，在相似的小球的运动动画中，各个关键帧上的小球的形态是如何被设计出来的。After Effects 又是通过何种方式来实现这种动画的。动画的运动效果如下图所示。

视频名称：用 After Effects 制作黄色小球动画 .mp4

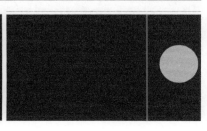

操作步骤

01 启动 After Effects，在界面的左侧单击"新建项目"按钮，创建一个新的项目，如下图所示。

 提示

在已有项目处于打开状态时，可以通过执行"文件 > 新建 > 新建项目"菜单命令来创建新项目，如下图所示。

02 在"合成"面板中单击左侧的"新建合成"按钮，会弹出"合成设置"对话框，之后在对话框中对参数进行适当设置，并单击"确定"按钮，会在"项目"面板中看到刚才创建的"合成1"页签。同时，在"时间轴"面板中可看到处于打开状态的"合成1"页签，此时该合成页签中为空，所以"时间轴"面板中并未出现任何图层，如下面组图所示。

03 在工具栏中找到"矩形工具" ，然后在"矩形工具" 上长按后，在弹出的下拉列表框中选择"椭圆工具" 。

04 在工具栏的"描边"色块右侧是描边的宽度数值，选中该数字并向左拖曳，直到该数字为 0 时，松开鼠标，然后单击"填充"色块，在"形状填充颜色"对话框中选择黄色（R:255，G:202，B:60），并单击"确定"按钮，如右面组图所示。

05 执行"图层 > 新建 > 形状图层"菜单命令，在时间轴面板中创建一个形状图层，如下面组图所示。

06 保持形状图层为选中状态，双击工具栏中的"椭圆工具" ，在舞台中创建一个宽高比等同于舞台的黄色椭圆形状，效果如右图所示。

07 打开图层属性内容，在"内容"中的"椭圆 1"中的"椭圆路径 1"中找到"大小"属性选项，然后在该选项中将"约束比例"的锁链图标关闭，然后分别设置"大小"中的两个数值均为 300，如此就创建了一个位于舞台中心的圆形，如下图所示。

08 在时间轴面板中将时间指示器拖动至 0 帧，保持形状图层为选中状态，然后按快捷键 P 打开这个图层的位置属性，如下图所示。

09 将光标移动到"位置"属性选项上，然后单击右键并在弹出的快捷菜单中选择"单独尺寸"选项，这时"位置"属性的"X位置"和"Y 位置"分离为互相独立的两个属性，如下图所示。

10 保持时间指示器在当前位置，分别单击两个位置属性前的"秒表"图标 ，使其点亮，为该图层在该时间点处创建第 1 个关键帧。更改"X 位置"属性数值为 640，更改"Y 位置"属性数值为"360"，如下图所示。

11 拖动时间指示器到时间轴的第 60 帧，为"X 位置"创建第 2 个关键帧，并更改其属性数值为 1153，如下图所示。

12 用相同的方法为"Y 位置"在时间轴的第 2 帧、第 7 帧、第 12 帧、第 17 帧和第 24 帧处分别创建关键帧，并分别更改属性数值为 570、486.2、570、546、568，这时候可以在舞台上看到黄色小球的运动轨迹，如下面组图所示。

13 按键盘上的"-"键或"+"键适当缩放时间轴至可以看到所有关键帧的长度，然后框选所有的关键帧，并在其中一个关键帧上单击鼠标右键，在弹出的快捷菜单中依次选择"关键帧辅助"选项、"缓动"选项，为这些关键帧添加缓动。也可在这些关键帧全部选中的情况下，按键盘快捷键 F9 添加缓动，如右图所示。

14 经过上一步的操作后，添加缓动后的关键帧图标由"菱形"图标 变成了"漏斗"图标 ，时间轴上的效果如下面第 1 张图所示。而舞台上标识小球移动路径的线条也由原先的尖锐线条变成了圆润的曲线，这代表着小球的运动轨迹和速度变化都更加顺滑，如下面第 2 张图所示。保持时间轴上的关键帧为选中状态，单击时间轴面板的顶部接近中央位置的"图表编辑器"图标 ，打开图表编辑器，如下面第 3 张图所示。

图 1

图 2

图 3

15 在图表编辑器中，我们可以编辑物体的缓动曲线。图表编辑器有两种显示模式可选，单击时间轴下方的"选择图表类型和选项"图标 ，打开"切换"菜单，并选择"编辑值图表"选项，如下图所示。

😀 **提示**

图表编辑器中的曲线是"贝塞尔曲线"的一种。在显示曲线的状态下，时间轴面板底部会有一些图标 ，它们可被看作是调整曲线的工具。从左到右依次介绍：单击第 1 个图标后可呼出与在关键帧上单击鼠标右键同样的菜单；单击第 2 个图标可将选定的关键帧转换为定格即将原关键帧之间的补间动画全部去掉，动画转换为两个关键帧之间的直接切换；单击第 3 个图标可将选定的关键帧转换为线性即去掉贝塞尔曲线并将运动曲线转换为直线；单击第 4 个图标可将选定的关键帧转换为自动贝塞尔曲线，这种状态下，该关键帧的曲线两侧手柄为联动状态，调整一侧曲线手柄时，另一侧像杠杆一样，会跟着动；第 5 个图标为"缓动"，单击后呈现没有缓动的关键帧添加缓动曲线后的默认状态；第 6 个图标和第 7 个图标分别为"缓入"和"缓出"，单击其中任意一个，穿过关键帧上的贝塞尔曲线的左右两个手柄中对应方向的手柄会脱离跟另一侧手柄的联动，从而可以单独调整关键帧贝塞尔曲线一侧的手柄而不影响另一侧手柄。缓入和缓出分别对应着左右两侧，使用它们可以对自动贝塞尔曲线的手柄进行更加灵活的调整。

16 单击 "X 位置"属性选项，在图表编辑器的值图表状态下，将它的运动曲线调整成下图所示的样式，使小球在 X 轴方向上的运动遵循"接近于平均运动，但越接近动画结束变化越缓慢"的规则。

17 使用图表编辑器中的工具将"Y 位置"属性的运动曲线调整为如下图所示的状态，使其更遵循"小球下落时速度会逐渐加快、弹起后速度会逐渐变慢，第 1 次回弹时速度要比第 2 次回弹时速度更快"的规则。

18 编辑完缓动曲线后，再次单击"图表编辑器"图标，退回时间轴中。将时间指示器拖曳至时间轴的第 60 帧处，按 N 键，将整个预合成的内容结束点定义在该时间点。保持形状图层为选中状态，按下组合键 Alt+]，可以进一步将时间轴剪辑至同样的时间点结束，如下图所示。

12.4.4 游戏引擎和编辑器的运用

动效的重构是通过游戏引擎或界面编辑器来完成的。目前手游开发中较主流的就是 Unity 中的一些工具。还有个别的游戏使用 Unreal 引擎开发，相应的动效重构就用的 Unreal 引擎工具。动效的重构涉及很多需要和开发人员沟通的内容，实际的过程比较烦琐。在这里，笔者以 Unity 中的 Animation 功能、UGUI 插件和 NGUI 插件为例简单地说明一下动效重构的基本原理，供与动效工作有关的设计师来了解这方面的知识，以便更好地和对应侧的同事进行协调合作。更详细的内容和知识可以自行参阅相关的专业书籍。

在 Unity 中重构动效的工具有 3 种，分别是 Animation 功能、UGUI 插件和 NGUI 插件中的"tween"组件。其中 Animation 是 Unity 自带的一项功能，而后两者是插件。UGUI 插件和 NGUI 插件主要用来重构游戏界面，它们之间的差别比较小，在不同的开发项目中都有使用，操作的基本原理是差不多的。除了界面动效，Unity 还有一个专门用来制作特效的 FXMaker 功能插件。它常常被用来实现游戏场景和人物的 3D 特效，有时候也会用来制作界面上的一些特效。根据习惯的不同，有些动效设计师也会用 FXMaker 来制作一些动效。

提示

不过，由于特效的很多效果都涉及粒子效果，对机器的性能损耗比较大，所以建议使用 FXMaker 这个工具去制作动效时需要仔细权衡性能与效果之间的平衡。

Animation、UGUI 和 NGUI 之间又有所不同。Animation 可以在操作界面中直观地预览要调节的动画效果，而后两者则必须在编辑器运行之后才可以看到效果。但 Animation 的缺点是在游戏引擎重构时会生成额外的".anim"文件，游戏运行相应的动效时需要读取这个文件才可以继续渲染动效，在实现逻辑上比后两者要略微复杂一些。制作简单的动效时可能 3 者的差别非常细微，但是放大到整个游戏的全局来看，当动效数量足够多、效果足够复杂时，Animation 的这个缺点就比较明显了。

综合来看，这 3 者并没有明显的优势或劣势。这也是当前手机游戏开发中 3 者并存的根本原因。

它们在重构动效的制作逻辑上是一致的，都是控制"Image"即切片的几个属性来达成的。以 Animation 为例（如下图所示的动画编辑面板），它与 After Effects 的时间轴极为相似。当使用 Animation 功能时，可以单击左侧的"Add Property"按钮，选择要制作动画的元素及它要变化的属性，并在左侧面板创建一个图层。图中选择的是它的"Color"属性，因此下拉的属性内容均为颜色相关的 R、G、B 和表示透明度的 A（Alpha）。在右侧的时间轴上，可以在特定时间点上单击鼠标右键，然后在弹出的快捷菜单中选择"Add Key"选项添加关键帧或选择"Delete Key"选项删除关键帧。它甚至也支持缓动曲线的调节。Unity 的界面编辑器在本质上是将场景中的物品以"GameObject"为单位进行区分和操作的。"GameObject"可以被看作是一个透明的容器，我们可以在其内放置任何一种元素，如界面的切片、一整个动画等。它会根据内部放置的物件来变化自己的可调节属性。如通过依次单击菜单的"GameObject""Creat Empty"来创建一个空的"GameObject"，继而在"Hierarchy"面板中右击生成的"GameObject"，选择"UI""Image"来为其插入图片编辑状态。"GameObject"插入"Image"时在"Hierarchy"面板中会另外生成"Canvas"。可基于"Canvas"中的"Image"来创建动画。利用"GameObject"的这种特点，将其作为整个界面重构的基本元件，通过它的这种特性

来实现界面中不同功能和不同效果的控件。动效的这种重构逻辑也就基本遵从了在动画编辑软件中的几乎同样的逻辑，这样说来对动效设计师来讲也就很好理解了。

下图所示为在 GameObject 中插入"Image"时，会在"Hierarchy"面板中生成"Canvas"。前面所描述的从"纯粹的动效制作"到"动效的重构"是一个典型的动效设计师的工作流程。当一个动效设计师直接参与到动效的重构中去时，可能会因为两者相似的运行逻辑而逐渐省略掉"纯粹的动效制作"这个环节，即直接在 Unity 等游戏引擎中制作动效并直接实现在游戏版本中，但这需要设计师具备非常丰富的经验作为支撑。即便是面临纯粹的动效制作，对一个经验丰富的动效设计师来说也并不简单。每个动效从"想法"到"令人满意的效果（如恰当的节奏、合适的时长等）"是一个需要反复调整的工作过程。在动画制作软件里，无论是 Photoshop，还是 Animate，又或者是 After Effects，都是有即时预览功能的。在这种相对比较"便利"的制作工具中，制作一段满意的动效已经算得上是比较烦琐的工作了。对已经构思好的动效设计来说，如果直接使用 NGUI 和 UGUI 这两种不可直接预览效果的插件去制作动效，则需要非常多的经验，才可以跳过"不断重复地调整动画使得最终效果令人满意"的这个过程。

13

第13章

游戏界面动效设计实例解析

本章概述

在前一章中，针对游戏界面动效的一些基础知识笔者已做了较详细的介绍与讲解。在本章，笔者将用 3 个较典型的项目实例来具体讲解和分析这些工具在实际工作中的使用技巧与方法。

本章要点

» 用 Animate 在 "LEgame" 项目中制作缓动和形变动效
» 用 After Effects 在 "LEgame" 项目中制作弹窗入场动画
» 用 After Effects 在 "GGgame" 项目中制作复杂形变和透视动画

动效篇 ▶

13.1

用 Animate 在"LEgame"项目中制作缓动和形变动效

视频名称：用 Animate 制作缓动和形变动效 .mp4

本案例展示的是通过 Animate 制作的一段面板伸缩动效，这里涉及缓动、简单的遮罩和形变动画的制作方法。动效静帧示意效果如下图所示。

制作过程

01 在 Photoshop 中打开本案例所需的"缓动和形变 .psd"文件，然后全选图层，并在图层上方单击鼠标右键，在弹出的快捷菜单中选择"导出为"选项，接着在继续弹出的"导出为"对话框中设置文件的"格式"为"PNG"，再单击"全部导出"按钮，最后选择存储路径，并保存切图。

💡 提示

使用 Animate 来制作基于这个设计稿的动效时，需要考虑 Animate 和 Photoshop 之间的文档转换。Animate 对 Photoshop 的文件可以做到完全支持，即 Animate 可以支持直接导入 PSD 文件，并保持 PSD 文件中的图层。但是在一些带有透明区域的图层上，Animate 会出现一些问题。这些问题会影响后续制作的动效效果。因此本例我们将使用另一种方法把 PSD 中的图像转换到 Animate 中。这种方法就是先将 PSD 中使用到的所有图像导出为切图，然后在 Animate 中批量导入。

02 启动 Animate，新建一个空白文档，然后在"属性"面板中设置"FPS"为 30.00，"大小"为 1136 像素 ×640 像素。

03 执行"文件 > 导入 > 导入到舞台"菜单命令，将文件导入舞台。

04 找到之前从 Photoshop 中导出的切片，然后单击下方的"打开"按钮，并将这些切片导入 Animate 中。

05 框选"库"面板中的所有图片，然后单击鼠标右键，在弹出的快捷菜单中选择"属性"选项，接着在弹出的"编辑 7 位图的属性"对话框中勾选"允许平滑"复选框，并在下拉列表框中选择"是"选项，同时在"压缩"下拉列表框中选择"无损（PNG/GIF）"选项，如右图所示。

06 选中舞台上的背景图片，然后在"属性"面板里设置其坐标为（0，0），让背景图片和舞台完全重合。

07 框选所有图片，然后单击鼠标右键，在弹出的快捷菜单中选择"分散到图层"选项，这时在"时间轴"面板中可以看到所有的图片都被放置在单独的图层上了，并且这些图层会按照所放置的图片名称自动进行命名。

08 单击"图层_1"图层，使其处于选中状态，然后单击"时间轴"面板左下角的"垃圾桶"图标 删除该图层，同时将图层顺序和舞台上的各个图片的位置做一下调整。

09 单击"InputPart.png"图层和"BG.png"图层右侧的"锁"图标，将图层锁定，然后在第30帧处从上到下拖曳鼠标，使所有图层的这一帧都处于选中状态，接着按快捷键F5将所有图层的帧数扩展至30帧。

10 框选舞台上的 3 个页签图片，然后按 F8 键将它们转换合并成一个元件，接着在弹出的"转换为元件"对话框中将元件命名为"页签"，并单击"确定"按钮，如图 1 所示。转换成"图形元件"后的 3 个页签图片在舞台上的效果如图 2 所示。此时"时间轴"面板中原先的 3 个页签的 3 个图层也变成了一个图层，如图 3 所示。

图 1   图 2

图 3

11 单击"tab2.png"图层，然后按住 Ctrl 键单击"tab1.png"图层，即可同时选中两个图层及它们的所有帧，接着单击"时间轴"面板左下角的"垃圾桶"图标删除这两个图层，最后双击"tab3.png"图层，并将其重命名为"页签"。

12 选中舞台上的"页签"，并双击使其进入编辑状态，然后框选舞台上的 3 张图片，并单击鼠标右键，在弹出的快捷菜单中选择"分散到图层"选项。

13 进行完上一步之后，可以看到"时间轴"面板中的这 3 张图片已经被自动分配在 3 个图层上了，之后删除"图层 _1"图层。

14 分别将 3 个图片转换为图形元件，然后在弹出的"转换为元件"对话框中将它们按照图片所示的名称进行重命名，并将
帧数扩展至 20 帧。

15 将播放起始点拖曳到第 10 帧的位置，然后选中 3 个图层上的帧，同时按 F6 键在此处创建关键帧，并将播放起始点拖曳至
第 1 帧处。

16 框选舞台中的所有元件，然后将它们横向拖曳到合适的位置，确保它们处于被选中状态，然后在"属性"面板的"色彩效果"栏中选择"Alpha"选项。

17 将 "Alpha" 右侧的滑块拖到最左侧，使 Alpha 值为 0%，此时在舞台中这 3 个元件变成了透明状态。

18 将播放条拖曳至第 12 帧的位置，然后在此处为所有图层创建关键帧，接着将播放条拖曳回第 10 帧的位置。

19 在舞台中框选 3 个元件，然后按快捷键 Q 使其进入变形编辑状态，接着按住 Alt 键不放，并使用鼠标拖曳右侧的定界框至合适位置（见图 1），并将播放条拖曳至合适位置（见图 2），最后按组合键 Shift+F5 将帧数缩至合适长度（见图 3）。

图 2

图 3

图 1

20 框选图 1 所示的帧区域，然后单击鼠标右键，在弹出的快捷菜单中选择"创建传统补间"选项（见图 2），为这几个关键帧创建补间动画，并将播放条拖曳至合适位置（见图 3）。

图 1   图 2

图 3

21 框选图 1 所示的帧区域，然后在"属性"面板的"补间"栏中设置"缓动"为"100"，如此也就为补间创建了"缓动"效果（见图 2）。

图 1

图 2

22 选中底部的两个图层的所有帧，然后用鼠标将它们往右拖曳两帧。之后用同样的方法，把最底部图层的所有帧再往右拖曳两帧。

23 在第 19 帧处选中上边两个图层的帧，然后按 F5 键补齐上边两个图层的帧，使 3 个图层上的帧保持一样的时间长度。

24 双击舞台上的空白区，退出对元件"页签"的编辑状态，然后回到主舞台上，在"时间轴"面板中将"页签"图层上的帧拖曳到合适位置，最后补齐所有图层的帧至第 48 帧处。

25 单击箭头图片，使其处于被选中的状态，并将其转换为名为"箭头动作"的图形元件。

26 双击"箭头动作"元件，使其进入编辑状态，然后单击箭头图片，把它转换为名称为"箭头"的图形元件，并在舞台上将箭头旋转180°。

27 在"时间轴"面板上将帧数扩展至20帧，然后在第10帧的位置创建关键帧，并使第10帧处于被选中状态，在舞台上将箭头再次旋转180°。

28 在第20帧的位置创建关键帧，并在第1和第10帧之间，以及第10和第20帧之间创建补间动画。

29 双击舞台的空白处，退出对"箭头动作"元件的编辑状态，并在主舞台上选中聊天面板图，将其转换为名称为"聊天面板"的图形元件。

30 在"时间轴"面板上使图层"Chat.png"处于选中状态，然后单击该面板左下角的"新建图层"图标，于该层之上创建一个新的图层。

31 使用"矩形工具" 在舞台上绘制一个矩形。绘制时注意矩形的区域应该完全覆盖"聊天面板"的显示区域。

33 双击遮罩层，并将其重命名为"遮罩"，然后将遮罩层的可见状态关闭，并将"Chat.png"图层的锁定状态关闭。

32 在该图层的名称右侧的空白处单击鼠标右键，在弹出的快捷菜单中选择"遮罩层"选项，将这个图层转换为遮罩层（见图 1）。这时，在"时间轴"面板上这个图层的图标发生了变化，并把其下一层的图层直接作为了遮罩对象。并且遮罩图层和遮罩对象图层都同时进入锁定状态（见图 2）。

图 1

图 2

34 在图层"Chat.png"的第 10 帧位置创建关键帧。然后单击图层"Arrow.png"或选中舞台上的箭头元件，在"属性"面板的"循环"栏中选择"单帧"选项。

35 同样在"Arrow.png"图层的第 10 帧处创建关键帧，再将播放条拖曳至第 1 帧位置。

36 在舞台上按住 Ctrl 键的同时，分别选中"箭头"和"聊天"面板（见图 1），接着使用"选择工具" 将它们竖向平移到合适位置（见图 2）。

图 1	图 2

37 单击图层"Arrow.png"的第 1 到第 10 帧之间的任意一帧，然后在"属性"面板中的"循环"栏中选择"播放一次"选项。

38 分别为"Arrow.png"图层和"Chat.png"图层的第 1 帧到第 10 帧创建补间动画，然后将播放条拖曳至第 9 帧，并选中图层"页签"的第 9 帧，连续按组合键 Shift+F5 清除其第 10 帧之后的空白帧。

🐾 提示

在 Animate 中，元件内部可以是图片、绘制的矢量图形或一整段动画，元件之间可以互相嵌套。这种元素使得我们可以在 Animate 中创建结构非常复杂的动画。它的概念类似于 Photoshop 中的"智能对象"或 After Effects 中的"预合成"，也与 Unity 里的"预制件"Prefab 的概念极其相似，都是嵌套了可复用内容的一个容器。Animate 中的元件有 3 种类型，在制作动画时的多数情况下应选择"图形"。这是因为我们需要在制作动画的过程中直接地看到置于元件内部的动画，而"图形"的特点比较适合这个需求。在此案例中我们也看到可以设置"图形"的"循环"来定义它是否重复播放及从它内部的第几帧开始播放，是非常好用的功能。

39 补齐图层"页签"的帧数，使它的帧数和其他图层保持一致，然后选中图层"Arrow.png"的第 10 帧，在"属性"面板中将该帧的循环选项切换成"单帧"，并将"第一帧"设置为"10"。

40 选中"页签"图层的第 10 帧以后的任意帧，并在"属性"面板中设置"循环"为"播放一次"，并将"第一帧"设置为 1。

41 将播放条拖曳至第 1 到第 10 帧之间的任意位置，并选中图层"Chat.png"在此处的补间。

42 在"属性"面板中单击"补间"栏中的"Classic Ease"的按钮（见图 1），在弹出的"缓动选择"面板中依次选择"Custom"选项和"New..."选项（见图 2），接着在弹出的"自定义缓动"对话框中设置"名称"为"舒服的动作"，并适当调节曲线效果（见图 3）。

图 1   图 2   图 3

43 单击弹窗底部的"保存并应用"按钮，退出该对话框，然后在"时间轴"面板中选中"Arrow.png"图层的补间。

44 在"属性"面板中单击"补间"栏中的"Classic Ease"按钮，在弹出的"缓动选择"面板中依次选择"Custom"选项和"舒服的动作"选项。这样操作后，两个图层上的两个补间就应用了同一种缓动曲线。

13.2

用 After Effects 在"LEgame"项目中制作弹窗入场动画

视频名称：通过 After Effects 制作弹窗入场动画 .mp4

本案例展示的是通过 After Effects 制作的一段弹窗入场动画，这里涉及的技法要点是缓动和虚边的遮罩的制作方法。动效静帧示意效果如下图所示。

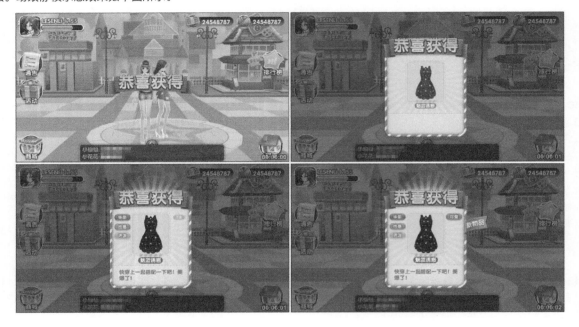

制作过程

01 这个动效是从 PSD 格式的设计稿开始的。首先在 Photoshop 中打开"遮罩动画示意"PSD 文件。

02 将整理好的 PSD 图层进行保存，打开 After Effects，新建一个项目，然后在"项目"面板的空白处双击，在弹出的"导入文件"对话框中找到刚才保存的 PSD 文件，单击"导入"按钮。

🐾 **提示**

这里需要注意的是，After Effects 对 PSD 的兼容性是很强的。PSD 文件中的图层会在导入 After Effects 后自动生成对应的图层，并保留原先的图层样式、遮罩和矢量图层等。但 PSD 文件中的图层组在被导入 After Effects 后，会自动转换成"预合成"。"预合成"在 After Effects 中能起到区分结构层级、嵌套等重要作用，关系到动效的结构，影响着动效的最终效果，所以在导入所需的 PSD 文件之前并对图层进行整理时，有必要根据预先规划的动效结构来合并、分组甚至删除一些图层，以提高将 PSD 导入 After Effects 后的动效制作效率。

03 在自动出现的对话框中设置"导入种类"为"合成 – 保持图层大小", "图层选项"为"可编辑的图层样式", 单击 "确定"按钮, 会看到 PSD 被导入 After Effects 了, 同时在"项目"面板中可以看到自动生成的基于 PSD 的预合成, 并且 After Effects 自动打开了第 1 个合成, 另外在时间轴面板的图层上可以看到一个名称为"[遮罩动画示意]"的合成图层。

04 按快捷键 Ctrl+K 打开"合成设置"弹窗, 确认宽度为 1136px, 高度为 640px, 帧速率为 30 帧 / 秒。其他的设置保持默认, 然后单击"确定"按钮关闭该弹窗。

05 在"时间轴"面板中将时间指示器移动到第12帧处，然后选中图层2，按快捷键Alt+[将起始帧设置为"第12帧"。

💡 **提示**

　　在"时间轴"面板的左上角，蓝色的时间显示文字下方的颜色较淡、字号较小的数字即为"时间指示器"所在位置的帧数，可据此辅助判断具体的帧是否在某个指定的帧数上。

06 双击图层1，打开名为"Pop"的合成，可见其内部图层如下图所示。

07 拖动图层1，让它的起始帧为第24帧。对图层4做同样的操作。按照步骤05的方法，将图层3的起始帧设置为"第43帧"。时间轴面板如下图所示。

08 选择图层2"标题"，双击该图层，打开名为"标题"的合成，如下图所示。

09 为美术字做一个由大到小缩放的入场动画。之后选择图层 1，用步骤 05 的方法将其起始帧设置为"第 4 帧"。

10 保持图层 1 为选中态，按快捷键 S 打开图层 1 的"缩放"属性。

11 保持时间指示器在该图层的第 4 帧处，然后单击"缩放"左侧的"秒表"图标 ◙，为该帧创建关键帧，此时该帧处会出现一个"关键帧导航器"按钮 ▶。用同样的方法在该图层的第 12 帧建立另一个关键帧，然后将第 4 帧处的"缩放"数值更改为"203.0，203.0%"。保持第 12 帧的"缩放"数值为"100.0，100.0%"。第 4 帧处"合成"面板中的效果预览如下面图 2 所示。

图 1   图 2

12 在"时间轴"面板中框选图层 1 的两个关键帧的"导航器"按钮 ▥▥（下文将简称关键帧）。

325

13 按快捷键 F9 为关键帧添加缓动，此时关键帧"导航器"按钮会变成。

14 保持两个关键帧为选中态，单击"时间轴"面板上方的"图表编辑器"按钮，打开这两个关键帧的运动曲线图表。

15 单击"时间轴"面板底部的"选择图表类型和选项"按钮，在弹出的菜单中选择"编辑值图表"选项。

16 拖动图表中的曲线滑块，使"缩放"值有从平缓到剧烈的变化过程，最终曲线的形态如下图所示。

17 再次单击"图表编辑器"按钮，关闭图表编辑。然后单击"时间轴"面板中的"Pop"页签，切换至"Pop"合成中，选择该合成中的图层 2，即"标题"图层。

18 保持该图层为选中态，按快捷键 S 打开修改的"缩放"属性。

19 按键盘上的 − 或 + 键（注意，这两个键位于数字键右侧，回退键左侧，并非小键盘中的 + 和 −，且应在英文输入模式下操作，本文所指快捷键皆为在英文输入模式下生效）适当缩放图层的横向显示效果。也可以拖动"时间轴"面板下方的"放大到帧级别或缩小到整个合成"滑杆来执行这一操作。

20 为"标题"制作一个横向的缩放动画。单击"缩放"数值左侧的"锁链"图标（点选后锁链消失），解除约束比例，并在该层第 1 帧和第 6 帧分别创建关键帧，将第 1 个关键帧的数值设置为"0.0，100.0%"，第 6 个关键帧的数值设置为"100.0，100.0%"，然后按照此前的方法为两帧创建缓动。

21 保持第 6 帧处的关键帧为选中态，打开"图表编辑器"，单击"时间轴面板"底部的"选择图表类型和选项"按钮，并在弹出的菜单中选择"编辑速度图表"选项。

22 按住 Shift 键的同时用"选取工具" ▶ 拖动锚点上的操作杆，使速度曲线变为下图所示的形态。这样就调整出了一个初始速度为零，然后迅速加快速度，最后缓慢放慢速度到零的动画。

23 关闭"图表编辑器"，然后为这个层制作一个美术字摔到红条上的撞击反馈动画。在该层的第12、13、15、18和21帧创建关键帧，并再次单击"缩放"数值左侧的"锁链"图标（点选前锁链为空），重新约束比例。在新创建的各个关键帧上设置"缩放"值分别为"100.0，100.0%""92.0，92.0%""106.0，106.0%""96.0，96.0%"和"100.0，100.0%"，并框选这些关键帧，按快捷键F9为它们添加缓动。这样操作后，时间轴状态及第15帧处"合成"面板中的效果预览如下面图所示。

24 "标题"的入场动画还需要一个由屏幕中央移动到最终设计位置的动画，这是一个位移动画，所以依然在合成"Pop"中的图层2上，即"标题"图层上制作这个动画。选中这一图层，然后按快捷键P，打开它的"位置"属性，在第24帧和第43帧分别创建关键帧，并将第24帧处的"位置"值设置为"558.0，318.0"，第43帧则设置为"558.0，146.0"，接着为它们添加缓动。此时，时间轴面板如下图1所示，两个关键帧处的"合成"面板中的效果预览分别如下图2和图3所示。

图 1

图 2   图 3

提示

在编辑或制作界面中特定部分的动画时，界面上别的部分暂时还没有编辑或制作，但是它们依然会显示在"合成"面板中。如果别的部分的显示对正在编辑的部分造成了干扰，就可以单击正在编辑的层上的"独奏"图标 ，使它单独显示，其他的不相关图层可以暂时隐藏。编辑完成后，再次单击"独奏"图标 就可以恢复正常显示。这个按钮在面板上的位置如下图所示。

25 默认的缓动所产生的动画效果并不能体现这个标题的移动效果，因此需要对这个动画的速度曲线进行编辑。按照前面的方法，打开这两个关键帧的"图表编辑器"，切换至速度图表，拉动两侧的滑块，让曲线变成如下图所示的状态。

26 标题部分的动画制作完后，标签部分和背板部分需要一个类似的入场动画。在标题入场动画之后，需要它们和标题同时从画面中央滑到最终位置，还需要一个从完全透明到完全不透明的变化过程。除了透明度变化之外，它们的移动过程和标题部分是一模一样的。这里不需要重新制作它们的移动过程动画，而是通过"属性关联器" 来让它们关联和继承标题部分的位置移动动画。将时间指示器拖动到第 43 帧处，即把"标题"的位置移动到动画结束帧。选择图层 4，点选并拖动"属性关联器" 到图层 2 上，然后放开鼠标。这样就能使图层 4 关联图层 2 的位置移动动画了，它会随着图层 2 的移动而移动。如下图 1 所示。用同样的方法把图层 1 也关联到图层 2 上，这样标签和背板部分的移动动画就完成了。此时把时间指示器移动到第 24 帧，即标签和背板出场动画的第 1 帧时，会发现它们不在原先的初始位置，而是伴随"标题"移动到了屏幕的下方，这正是属性关联后的效果。它们在第 24 帧和第 43 帧上的效果分别如下图 2 和图 3 所示。

图 1

图 2

图 3

通过"属性关联器" ⚬ 来关联 A 图层至 B 图层时，会产生 A 图层继承 B 图层的运动的效果。但是操作"属性关联器"时时间轴上时间指示器的位置十分关键。该操作发生时，A 图层继承的 B 图层的属性，如位置，就是以时间指示器所在帧的 A 图层位置为基准的，A 图层将以这个位置为初始位置伴随 B 图层的位置移动发生变化。在此例中，我们想让背板和标签部分继承标题的位移动画，同时又想让它们最终移动到设计位置（即未做动画时的位置），就需要考虑让它们继承的动画结束的位置正好为设计位置，因此此例中我们在进行属性关联操作时，将时间指示器拖动在了标题动画结束的那一帧。如此一来，由于背板和标签继承了标题的动画，这个动画开始时，就会由 After Effects 自动算出一个新的位置作为出发点。从这个出发点开始运动，正好可以让它们在动画结束时回到设计位置。

27 继承动画的操作完成后，会发现背板和标签是在第 24 帧突然出现的，这种表现很不自然，所以需要给它们都加一个透明度变化。按下 Ctrl 键的同时，分别点选图层 1 和图层 4，让这两个图层被同时选中，然后按快捷键 T 打开图层的"不透明度"属性。

28 分别在第 24 帧和第 34 帧创建关键帧，并将第 24 帧的不透明度设置为"0%"，此时时间轴面板如下图 1 所示，它们在第 24 帧和第 34 帧上的效果分别如下图 2 和图 3 所示。

图 1

图 2

图 3

29 接着需要对整个弹窗背后的辐射状光进行处理，使它的边缘羽化效果更强。双击"Pop"合成中的图层 4，即"PopBG"，打开名为"PopBG"的合成。其中的图层 3 即黄色的辐射状光效。

30 选择工具栏中的"矩形工具" ▣ 并长按后，在弹出的菜单中选择"椭圆工具" ◉ 。

31 在"时间轴"面板中点选空白处，使所有的图层均为非选中态，然后双击工具栏里的"椭圆工具" ◉ ，在"合成"预览中可以看到我们创建了一个舞台大小的椭圆形。

32 按 Enter 键将这个层重命名为"zhezhao"，并拖动到"wuzhe"图层的上层。

33 使用"选取工具" ▶ 将"zhezhao"图层的形状调整为如下图所示的形状。

34 执行"窗口 > 效果和预设"菜单命令，打开"效果和预设"栏，在搜索栏中搜索"高斯模糊"（英文版可搜索"blur"）。

35 将"模糊和锐化"中的"高斯模糊"效果拖动到"zhezhao"图层上，然后在"效果控件"面板中将高斯模糊的"模糊度"设置为"70.0"，如图1所示。"效果控件"面板会自动出现，如果没有出现，也可以在菜单栏的"窗口"菜单中找到并打开，之后得到如图2所示的效果。

图1 图2

36 单击"wuzhe"图层的"TrkMat"（轨道遮罩）项，在下拉菜单中点选"Alpha 遮罩'zhezhao'"项，如下图1所示。图层"wuzhe"就以图层"zhezhao"为遮罩了，同时图层"zhezhao"会自动隐藏，如下图2所示，此时的效果如下图3所示。

图1 图2 图3

提示

　　如果在"时间轴"面板的图层中找不到"TrkMat"（轨道遮罩）项（类似下图的显示模式），则可能是图层模式显示不同，这时可以单击面板下方的"切换开关 / 模式"按钮进行切换。

37 这个光效除了需要这种羽化的边缘外，自身也需要有一个持续旋转的动画。这个动画是持续的，所以用表达式去做效果会好一些。点选图层 4，即图层"wuzhe"，然后按快捷键 R 打开图层的"旋转"属性，如下图所示。

38 按住 Alt 键的同时单击"旋转"左侧的"秒表"图标，就会打开这个图层的"表达式"框。

39 删除"表达式"框中的默认字符，输入"time*20"。其中"time"表示这个代码会控制相应属性随时间增量变化，"*20"则是这个变化的速度，大家可尝试不同的数字，如果认为别的速度效果也不错，选择其他数值也可以。

40 单击"时间轴"面板中的"Pop"页签，回到"Pop"合成中。选择图层 3，这层就是效果中的"新物品"标签，我们来为它添加一个入场动画。它的入场动画需要根据它的设计形式来规划，根据它的设计形式，让它从它的左侧边缘伸出来出现是比较合适的。这本质上是一个以左侧边缘为基准的横向缩放动画。但如果以它的左侧边缘为基准缩放，其锚点就应该位于图形左侧，而不是默认的图形中心，不然会使左侧区域变形。单击工具栏中的"锚点工具" ，将锚点移动到图形的左侧。

41 按快捷键 S 显示该层的"缩放"属性，并在第 43 帧、第 46 帧、第 49 帧、第 53 帧和第 59 帧设置关键帧。使"缩放"的"约束比例"处于非激活状态。然后将以上各关键帧处的"缩放"值分别设置为"0.0,100.0%""106.0,100.0%""98.0,100.0%""102.0,100.0%"和"100.0,100.0%"。

42 按照前面的方法为这几个关键帧添加缓动效果。然后调整第 46 帧处的关键帧速度曲线为如下图 1 所示的样式，使其成为一个初始速度为零，接着迅速加快速度，然后缓慢放慢速度到零的动画。第 46 帧和第 49 帧处的效果分别如下图 2 和图 3 所示。

图 1

图 2

图 3

43 至此，弹窗本体的入场动画就完成了，但是弹窗后层与背景之间还有一个黑色的层没有变化过程，我们需要为它增加一个透明度变化的动画。点选"时间轴"面板中的"遮罩动画示意"页签，回到"遮罩动画示意"合成中，选择图层 2，即"black"层。然后按快捷键 T 打开它的"不透明度"值，在第 12 帧和第 17 帧分别建立关键帧，并设置第 12 帧处的"不透明度"值为"0%"，保持第 17 帧处的"不透明度"值不变，如下图 1 所示。这样就完成了这个黑色层的透明度变化动画，其第 12 帧和第 17 帧的效果分别如下图 2 和图 3 所示。

图 1

图 2

图 3

44 至此，整个动画就完成了。最后我们再对动画的整体长度进行一下修剪。在"遮罩动画示意"合成中把时间指示器拖动到第 194 帧处，然后按快捷键 N，这样"工作区域结尾"就被设置在此处了，整个工作区的长度，即最终的视频长度也就被修剪成了 194 帧长。

45 制作完动效之后，导出视频的方法如下：保持"遮罩动画示意"合成为选中状态，然后执行"文件 > 导出 > 添加到渲染队列"菜单命令，完成导出。之后会看到"时间轴"面板上新增了一个"渲染队列"的页签。单击其中的"尚未指定"蓝色斜体字，为要渲染的视频指定保存位置。

46 完成上一步之后，"渲染队列"面板中就会自动激活"渲染"按钮，单击即可渲染视频。待渲染完毕后，就可以从之前设置的保存路径中找到渲染好的视频了。

13.3 用 After Effects 在 "GGgame" 项目中制作复杂形变和透视动画

视频名称：通过 After Effects 制作复杂形变和透视动画 .mp4

本案例制作的是一个代号为 "GGgame" 的项目的全屏弹窗的入场动画，主要展示的是通过 After Effects 制作复杂形变和透视动画的方法。动效静帧示意效果如下图所示。

制作过程

01 将本案例所需使用的 Photoshop 文件 "After Effects 透视与形变动画演示文件 .psd" 导入 After Effects 中，并将合成 "After Effects 透视与形变动画演示文件" 打开，单击第 1 层 "title"，在弹出的菜单中选择 "预合成"，在弹出的弹窗中将 "新合成名称" 修改为 "标题"，选择 "将所有属性移动到新合成" 并单击 "确定" 按钮后打开该合成。

02 保持"时间指示器"位于时间轴的第 0 帧上，然后选择工具栏中的"操控点工具" ，勾选其右侧的"网格"复选框，并在舞台上为图片添加几个操控点。

😀 **提示**

> 以上所说的这几个操控点需要落在这个图片的关键运动节点上，如顶部整个吊坠的挂点、两个硬纸牌的结构衔接处、玉环的上下两点衔接处，以及穗子需要产生飘动运动的 3 个节点。

03 在工具栏的"操控点工具"上长按鼠标左键，然后在弹出的菜单中选择"操控叠加工具" 。使用该工具为吊坠中比较"硬"的区域进行填充，越白的地方意味着越"硬"，也就越不容易在节点运动时发生变形，填充效果如右图所示。

04 使用"选择工具" 将这几个节点调整至合适位置。这个位置是我们假设的吊坠运动的起始位置，因此整个吊坠在结构上是相对平直的，相当于在原有位置上以顶点为圆心顺时针旋转了一定的角度。

05 做出坠子下坠的动作。这个动作将是整个运动过程中最快的，因此时间也是最短的。将"时间指示器"拖曳至第 2 帧的位置，再一次调整吊坠到右图所示的状态。

06 此时，吊坠运动到了底部，但是穗子的部分由于质地比较轻而柔软，会有一部分没有运动到底部。所以将坠子在此时的状态调整成上部比较硬且已经处于垂直的状态，而穗子还有一点向左弯曲的形状。之后，坠子整体将会因为惯性而继续往右摆动，但是摆动的速度将变慢，这段运动的持续时间将会变长。将"时间指示器"拖曳至第 6 帧的位置，第 3 次调整吊坠到下图所示的状态。

07 这个时候底部的穗子依然没有赶上上部较硬物体的运动，还保持着向左弯曲的状态。这时候整个坠子摆动到了右边的极限。当它摆动到这个位置以后，就开始重新往竖直的位置摆动。这时候就又开始一段逐渐加速的过程，所以持续时间又会比刚才的那段要短。将"时间指示器"拖曳至第 6 帧的位置，第 4 次调整吊坠到下图所示的状态。

😺 **提示**

　　需要注意的是，坠子从左侧向右开始逆时针摆动时是有个初始能量的，也就是它所具备的势能，当坠子最终摆动到中间竖直的位置时，它的势能已经全部转化为了动能，而且还因为与空气的阻力所抵消而消耗一部分能量。它从竖直状态继续往右逆时针摆动时，就会发生能量的逆转，也就是动能再次转化为势能，但是因为这两段运动中所抵抗的空气摩擦，已经损耗了很大一部分能量，这也就意味着它不可能再次摆动到和左侧同样的高度，也就是向右摆动的角度会变小。这是在这个动作里需要格外注意的部分。

08 这个状态中，穗子与上一步中比较硬的部分开始往右侧摆动，但整体的运动趋势是往中间摆动的。这时候整个坠子的能量已经将要耗尽，整体的运动速度已经变慢。将"时间指示器"拖曳至第9帧的位置，第5次调整吊坠到如下图所示的状态。

09 坠子在这个状态时，还要稍微往左摆动一点，之后回落到接近中间的位置。整体的运动已经接近结束，但是穗子因为比较轻柔，还要再持续运动一会儿。将"时间指示器"拖曳至第13帧的位置，第6次调整吊坠到下图所示的状态。

10 这时坠子比较硬的部分已基本结束运动，穗子完成了上一步的整体左摆动作，又开始往右弯曲，但是同样因为能量损耗，其弯曲的程度已经大大减弱。之后，它将继续几次微弱的摆动，再停止运动。将"时间指示器"拖曳至第17帧的位置，第7次调整吊坠到下图所示的状态。

11 这时穗子又朝右略微摆动一点，整体已经不再有明显的弯曲了。将"时间指示器"拖曳至第 21 帧的位置，第 8 次调整吊坠到下图所示的状态。

12 调整完这些动作之后，在时间轴面板中依次打开"效果""操控""网格 1"和"变形"，就可以看到我们刚才创建的 6 个操控点。点开任意操控点，可以看到它们的关键帧。

提示

这时候整个坠子的全部能量已经耗尽，所有的部位都回归到静止状态。在调整坠子图片的形变过程中，除了穗子运动过程中发生的部分弯曲之外，注意不要因为图片的扭曲而影响整个吊坠的实际长度，过于明显的长度变化会影响最终的动画效果。同时，在调整坠子运动形态的过程中，在舞台上，每个控制点上会自动生成一个运动路径，可以调整运动路径的平滑程度来让整个运动过程更加平滑。这些运动路径也可以作为整个坠子图片形态的参照。

13 和其他的动画一样，我们要为这些关键帧加入缓动曲线，这个动画看起来才会更加流畅和合理。以"操控点6"处的关键帧为例，在不同关键帧区间内，加入不同类型的缓动，如下图所示。在第2个关键帧上，需要加入缓入曲线，因为此时坠子处于往下摆的过程，是个逐渐加速的运动。

14 接着上一步，在第3个关键帧和第2个关键帧之间加入缓出曲线。之后按照这种逻辑，为每个区间都加入缓动曲线。同时，其他的操控点上也都按照这种方式加入统一的缓动曲线。至此，"标题"的形变动画就制作完成了。

15 关闭"标题"页签，在合成"After Effects透视与形变动画演示文件"中选中"Close"图层，然后将其转换为预合成，并命名为"关闭"，接着用与制作"标题"形变动画相似的方法做出它的形变动画。

🐸 **提示**

需要注意的是，关闭的坠子需要从右侧开始摆动入画。

16 完成之后，关闭"关闭"页签。在合成"After Effects 透视与形变动画演示文件"中选中"1"图层，也将其转换为预合成，并命名为"卡片翻转"。打开该合成，然后在图层面板上将"3D 图层"效果打开。

17 打开"3D 图层"效果之后，该图层上的"变换"下拉菜单发生了改变，新增了"锚点""方向"属性。原先的"旋转"属性消失，变成了"x 轴旋转""y 轴旋转"和"z 轴旋转"。

制作这段动画之前，需要先规划这个卡片的动作。由于这是整个弹窗入场的动画，所以卡片的动作应该配合"入场"的主体，于是我们可以设想成几个卡片被连续抛进来的动作。那么对单个卡片来讲，它的动作应该是以右侧稍微翻起的状态入场，然后贴到地面，即我们所看到的 2D 画面上，接着滑动一小段距离后停止运动，再接着弹窗内的其他物品的展示动画。由此我们可以明确一点，即卡片需要以右侧稍微翻转向上的姿态入场，而且是向右抛入画面。这意味着卡片本身需要以左侧边缘为轴来做这个姿态。但是当我们将这个图层的"3D 图层"效果打开之后，在舞台上看到的卡片效果是如右图所示的，它的 x、y、z 轴均默认以卡片的物理中心为出发点，也就是任何一个方向上的轴都没有贴在卡片的左部边缘上。

如果按照设想，需要以卡片的左侧边缘为轴来翻转它的姿态，就应该把 y 轴，即图中的绿色箭头对准卡片的左侧边缘。做到这一点，只需要在图层的"变换"中对"锚点"属性的第 1 个数值进行调整，如下图所示，将数字调整为"-0.5"。

18 此时，舞台上的效果显示，y 轴已经对准了卡片的左侧边缘。接下来就需要调整卡片的各个帧上的动作了，卡片的动作涉及"位置""缩放""y 轴旋转"和"不透明度"这几个属性的变化。保持"时间指示器"位于时间轴的第 0 帧上，并依次点亮这几个属性的秒表图标，建立第 1 个关键帧。

19 完成上一步的操作之后，我们会看到卡片处于完全透明且 3D 翻转的状态，并且预备入场。

20 将"时间指示器"拖曳至第 6 帧处，然后调整几个属性的值，建立第 2 个关键帧。这是卡片翻转并抛落到"地面"的动作，速度会较后一帧的动作快一些。

21 将"时间指示器"拖曳至第 14 帧处，然后建立第 3 个关键帧，这是卡片抛落到"地面"后的平移动作。

22 接着，为这几个关键帧添加缓动曲线。添加时应注意在第 1 帧和第 2 帧之间添加速度逐渐变快的缓入曲线，而第 2 帧和第 3 帧之间添加速度逐渐变慢的缓出曲线。

23 这样，卡片的翻转动作就制作完成了，关闭"卡片翻转"合成页签，回到合成"After Effects 透视与形变动画演示文件"中，保持"卡片翻转"的图层为选中状态，按组合键 Ctrl+D 复制一层，并在舞台上用"选择工具"配合键盘的左右键，将新复制的"卡片翻转"图层移动到第 2 个卡片的位置。按照这种方式依次复制出后续的两个卡片，并将其放置在准确的位置上，同时设置最后一个"卡片翻转"的"不透明度"为 40%。最后，删除已经无用的名称为"1"的几个图层，如图 1 所示，时间轴状态如图 2 所示。

图 1

图 2

24 调整已经制作好的几个部分的动画入场顺序，为后续零碎的动画制作做准备。隐藏掉"3"图层至"9"图层中间的这几个图层，然后按照从上到下的顺序分别调整剩余的图层的起始帧为 7、50、45、39、33、27、0 和 0。

25 分别把"3"图层至"9"图层（"5"图层除外）这些图层中的物品、物品名称等的入场动画制作出来。以左起第1张卡片上的物品入场动画为例，该物体的动作为从无到有、从小到大渐显出来的动画。"9"图层是卡片上的物品的入场动画，将其起始帧设置为第43帧，同时该帧为其第1个关键帧，以第49帧为其第2个关键帧。

26 "8"图层为卡片上物体的对应名称条，设计动画为从上到下的轻移动作，同时伴有从无到有的透明度变化，其第1个关键帧为第47帧，第2个关键帧为第53帧。

27 两个物体的动作上都带有缓入缓出的缓动曲线，如下图所示。按照相同的方式为其他的物品和物品名称制作动画，关键帧间隔和两个动画的间隔都与以上两个图层的动画间隔相同。它们需要配合卡片的渐次入场顺序来卡位，"3"图层至"9"图层（"5""8""9"图层除外）间图层的起始帧分别为61、57、52和48。

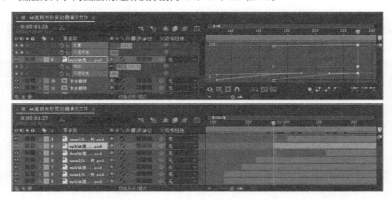

28 "5"图层的"New"标签需要在所有的界面内容都入场之后再出现，因此将它的起始帧设置在第 72 帧，并为它制作一段出场的动画。设想这段动画是从它自己的物理中心逐渐冒出并弹动两次的，因此可以做出 5 个关键帧，分别在第 72 帧、第 74 帧、第 76 帧、第 78 帧和第 80 帧。第 5 个关键帧和第 3 个关键帧的属性设置相同，如下图所示。

29 此时，除了弹窗底部的模糊加暗的背景图层之外，整个弹窗的入场动画就已经做完了。将除了图层"15"以外的所有图层选中，方法是按住 Ctrl 键的同时依次选中图层，或者选中"1"图层（或"14"图层）后按住 Shift 键不放，再选中"14"图层（或"1"图层），都可以全选指定图层。选中后，将这些图层转换为预合成，并命名为"弹窗"，然后打开"弹窗"合成，并为它的背景制作入场动画。这个背景层的动画只有透明度的变化，在它的第 0 帧和第 7 帧处分别建立"不透明度"为 0%
和 100% 的关键帧即可，如下图所示。

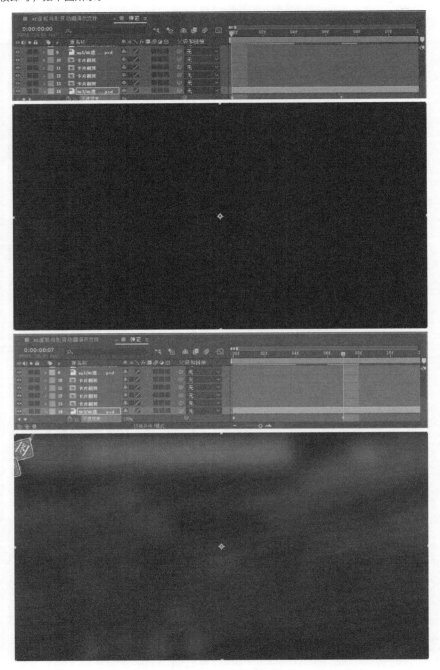

30 关闭"弹窗"合成，回到合成"After Effects 透视与形变动画演示文件"中，用 13.2 节中相同的方法将时间轴和合成长
度都剪辑到第 140 帧。至此，这段动画的制作就完成了。

14

第 14 章

日常工作中的一些经验

本章概述

游戏界面设计工作是一个复杂的、系统化的工作。游戏界面设计师在设计
工作中不仅需要解决设计本身的问题，还需要处理项目开发过程中的各种
事项。关于游戏 UI 设计工作中常见的一些问题，因前面的章节篇幅所限
未能完全说明的，本章将专门做一些归集和补充，具体为游戏界面设计师
在日常工作中所面临的一些常见问题的解决方法。

本章要点

» 如何进行界面练习
» 如何解决游戏的迭代问题
» 如何优化切图方式并节省游戏包量
» 如何解决项目协作问题

行业经验篇 ▶

14.1 如何进行界面练习

在前边笔者已经讲过,在游戏设计师的能力提升过程中,界面练习是一个既基础又重要的部分。针对界面的练习方法,笔者将其分为以下 3 个部分进行讲解。

14.1.1 筛选临摹对象

和其他的设计或绘画学习一样,界面练习也是从临摹开始的。选择一个好的临摹对象是临摹的基础。那么对新手设计师来说,应该如何去筛选自己的临摹对象呢? 笔者认为可以从以下两个方面下手。

从整体上来讲,对界面的临摹对象的筛选需要注意以下 3 点。

首先,临摹对象一定得是普遍意义上的好作品。在日常临摹练习中,许多新手设计师都习惯选择自己喜欢的作品进行临摹。而在实际的工作中,我们则可能会面对不同的风格需求。对没有任何学习基础的新手设计师来讲,按照自己的喜好去选择临摹对象是一个提升练习积极性的行为。但一旦有了一定的基础之后,就要尝试着去变更多不同类型的界面练习,如此才能让我们的练习更高效,并且能更快适应工作所需的界面设计任务和要求。久而久之,也就能形成一套自己的设计风格。

> **提示**
>
> 不过,无论设计师如何发展,一开始都应该把较基本的一些东西做好。新手设计师理应先从自己最喜欢的风格开始,逐渐深入之后,再去考虑选择什么样的作品练习是最有利于自己发展的。

其次,要能够发觉自己的路径依赖并且尝试更多的可能。虽然主观上我们可能选择了合适的作品去临摹,但是随着练习时间的推移,会不可避免地对练习路径产生依赖。这意味着我们可能会无意识地落入一个自己临时擅长的领域,而无法接触更多新的领域。这时候,设计师就可能进入反复不停地在做自己喜欢且擅长的领域而不自知的这个死循环,因此当设计师在进行频繁练习时,要懂得适时进行总结,跟同行多交流并发现自身的问题,避免固守成规。同时,在练习和沟通过程中发现的问题要及时解决。例如,如果对界面中图标形体把握得不是很好,就可以通过大量的形体练习来进行弥补。一般情况下,这种技术上较易解决的问题需要尽快解决,避免未来产生更大问题的可能性。针对一些无法很好且及时解决的问题,可以适当绕开,然后看是否可以用另外的方式来替代解决。例如,要一个从来没有动画经验的人马上做出一个动效来,理论上不是不可能的。但客观上可能受到一个人的精力、精神状态及时间的限制。这时候,寻求别人的帮助、改变静态设计的设计方式去达成原先需要动效才可以达成的效果等都是暂时绕开问题的方法。无论如何,设计师都应该注意的是,在练习作品乃至工作的过程中,都要注意及时地跳出去检查问题,总结复盘,对问题进行适当处理。

最后,要尽量筛选获得了市场商业化成功的产品的界面。获得了市场商业化成功的产品的界面通常迎合了玩家的喜好,从纯设计角度来讲不一定都是最优的,但一定有值得学习的地方。针对这样的参考去做临摹练习时,需要从两个角度去做取舍:一是不要盲目跟随其所有细节的设计方式,因为它们不一定都是好的设计;另一个角度是商业化成功的作品一定是在某些点上做对了的,这些点可能是好的游戏玩法、系统设计,也可能是迎合了玩家需求的好的美术风格。在选取这一类作品做临摹时,应该仔细分辨其获得成功的原因。大部分游戏的成功都是靠产品设计的成功,而不仅是靠美术和设计的成功。

图标作为界面的一部分，在设计中显得非常重要。游戏图标有很多种设计风格和形式。下面，笔者针对不同风格和设计形式的图标在临摹对象的筛选上需要注意的问题做一下强调与说明。

首先，针对矢量图标而言，其数量是极其庞大的。而在数量极其庞大的作品中筛选出自己所需要的临摹对象是比较有难度的。这里笔者告诉大家一个比较简单的方法，那就是从图标的造型、线条及应用情境这 3 个方面的特征去进行判断。一个造型、线条和应用情景都合理的图标，就可以满足我们的临摹和练习需求了。

其次，针对写实图标而言，寻找写实图标作品进行临摹练习时可以从以下这 3 个条件入手：一是风格的准确性，二是图标自身的整体协调性，三是细节表现。

14.1.2 培养寻找亮点的能力

对优秀作品的大量临摹练习有助于提升设计师各个方面的能力，如做到均衡设计的能力、合理安排细节的能力等。这些东西将通过不断的练习强化到设计师的脑子里，有助于形成很好的设计思维。作为新手设计师，一个比较难的点还是怎么去发现优秀作品中的亮点，这些亮点也就是值得学习的点。提取亮点不仅有助于设计师进行一些专项练习，还可以帮助设计师提升作品鉴赏的能力。

针对这些能力的培养，笔者在这里有以下 4 点建议。

第 1 点，总结规律。在针对图标的不断练习的过程中，设计师必然会经历一个大量看图和筛图的过程。在这个过程中，设计师会搜集或浏览到非常大量的图片。这时就可能会发现其中的一些规律。例如，在近一段时间里行业内可能都在用同一个类型的渐变效果、同样类型的游戏在视觉表现上可能有雷同的地方，以及针对一些特定操作只有那么一两种设计方式等。当采集到的信息量足够大时，基本上都可以总结出一定的规律。所以想要有敏锐的观察力，就要多看，多去专业的论坛、设计网站及图片采集网站看图，并寻找海量的图标资源去充实自己的"学习库"。对有一定设计经验的游戏界面设计师来讲，还需要大量地去接触市面上的游戏，不能只限定于自己的爱好，应该多玩、多接触、多发现，在此基础上形成类似于语言学习中的"语感"，而在设计中我们可暂且称之为"图感"。这种训练需要被培养成潜移默化、随手去做的事情。如笔者每天除了工作之外，大部分的时间就是进行大量的图片浏览。培养这种"图感"，可以让设计师对色彩感知、流行的设计手法及新颖的创新方式都有所感知。这种感知是潜移默化的、并不一定会形成某种具体的概念，但是会在设计师思考具体的方案时默默进行引导。假以时日，设计师就能通过这种"图感"快速提取到图标设计中的亮点。

不过，这么做其实是一个非常漫长的过程，更大程度上应该是设计师修养的一部分，很难在短期内见效。而对"嗷嗷待哺"的新人来讲，这只能作为"后话"。那么有没有更快速一些且有效果的方式呢？在这里笔者给出如下解答。

第 2 点，尊重用户（及非专业人士）的意见。作为游戏界面设计师需要认识到的一点是，设计的存在感对游戏玩家来讲是很难有深刻感知的。因为玩家大多关注的是游戏的本身，他们虽然在游戏过程中非常依赖于游戏界面所提供的操作功能，如游戏中游玩、搜集、比拼数值等，但并不会专门去关注界面本身。但正是这种不同的感知方式，玩家往往可以发现设计师发现不了的问题。在具体查看一个界面时，他们或许不会感觉到类似"缺了一个像素"这样的专业化感知，但是会有类似"好像感到界面整体是向左倾斜的"这样的具象化体验。因此，在图标设计过程中，设计师应该尊重用户的意见，将身边的一些玩游戏的朋友作为玩家看待并多询问，就可能在界面设计的亮点体现上找到一些突破口或灵感。

第 3 点，设计师需要学着多从其他领域的艺术作品中汲取"营养"。从美学原理上来讲，几乎所有的艺术门类都是相通的。例如，界面中的一些写实图标的绘制方式参照了游戏原画的很多绘画手法，界面中的一些矢量图标则从传统平面设计的 Logo 设计中借鉴了很多偏抽象的信息处理方式，以及能更精准地表达设计含义的设计手法等。

第 4 点，设计师应该多注意观察生活。在日常设计中，我们所掌握、考虑的设计内容无不来自生活。例如，某设计师通过拍摄有价值的招牌字体来研究专用字体设计的知识，并基于此写下了一本关于字体设计的书。对字体设计师而言这种街拍方法很有用途，通过抓取实际生活体验中的片段来充实自己的想法，并从生活素材中汲取"营养"，还开阔了眼界，使自己不至于总依赖别人的"二手材料"。对界面设计师来讲不一定也非得去街上抓拍。除了像上边说到的这位设计师那样直接去街上抓拍之外，生活中的每项见闻都有可能为我们提供很多物品材质表现、物件在某些场景环境中的色彩表现等生动的经验，它们都会为设计师提供海量的现实生活素材，并在某一刻、某一个需求中被唤醒，有时候甚至能起到关键的启发作用。例如，夜晚的霓虹灯会被用来作为一些游戏界面里的活动弹窗的标题文字样式、转动的发动机也可以被用来作为赛车游戏的 Loading（加载）界面动画，以及传统的中国卷轴可以被用来作为游戏界面中的窗体设计等。可以说，对游戏界面设计师来讲，这个世界充满了可供参照和激发灵感的事物，应该对现实加以充分利用。

左侧为城市街道霓虹灯和霓虹灯招牌的照片，右侧为某个棋牌游戏中的定时抽奖弹窗界面截图，其美术字样式完全参照了现实中的霓虹灯样式。

综上所述我们可以得知，设计师可以通过多观察、多总结和多沟通快速地对游戏界面设计有一个总体的感知，甚至总结出一些设计规律。具体表现在：通过非设计思维视角去审视作品，理解真正的设计目的；通过在其他设计领域中观察到的成熟经验来充实自己的设计思想；通过从生活中汲取"营养"、开阔视野等来进一步地提升自己的设计表现能力。

14.1.3　保持勤学多练

在笔者看来，想要成为一个好的游戏界面设计师，凭借的就是大量的练习。这个练习过程不仅需要大量的体力作为支撑，也需要大量的思考作为支撑。没有目的的练习是无效的，勤学多练，可以让设计师更容易感知某一个作品的优劣。

对有些设计师来讲，可能在练习某个作品，抑或是表现某个细节时会遇到各种各样的困难，这是正常现象。越是在这时候，设计师越是要不停地去练习，久而久之会发现这种困难变少了，并且还可能总结出属于自己的一套设计方法来。

不过，对某些设计师而言，所谓的"重复练习"更多的是一味地停留在安全区，这是笔者所不提倡的。每个人都是从身边最容易的技能开始掌握的，但是技能的习得和掌握都会受限于一个人的认知范围。在现实生活中，有的设计师在好不容易渡过某个设计难关后，便容易满足于自己所掌握的技术或知识，然后习惯不停地去重复这些技能，而不愿意去尝试更多较新较难的东西，导致自己的能力提升被设限，也无法得到更多的提升。

已知与未知世界的关系示意图

14.2 如何解决游戏的迭代问题

日常工作中我们常说的游戏迭代，大多是指为了弥补在游戏开发过程中因快速进入执行阶段而忽略评估执行理念与缓解风险计划环节所带来的不足。

游戏的界面设计需要迭代，这点在本书中好几处都有提及。之所以如此，根本原因包含以下3点。（1）界面设计的问题需要修正。很多设计并不是一次性到位的，需要根据意见和具体问题不停地进行修正，在修正的过程中，不仅会产生不同的界面设计版本，还会产生版本迭代。（2）界面设计因为具体需求的变更需要持续维护、增加或删除一些内容，这也会产生不同的界面设计版本，即出现版本迭代。（3）界面设计会因为项目版本的进度而出现新的版本，如一些项目会在节假日时发布新的玩法、活动等。这都会被规划进项目的版本计划中，相应地也会产生界面设计的版本迭代。

针对游戏的迭代问题的处理，这里笔者主要从以下两个方面进行讲解，包括游戏版本迭代问题的处理与游戏界面迭代问题的处理。

14.2.1 处理游戏版本的迭代问题

游戏版本迭代会直接引起界面设计稿的版本迭代。游戏版本迭代是由游戏开发过程中的一些客观规律引起的。要理解这个客观规律，我们需要了解一些基本的游戏项目管理知识。

游戏项目管理是一款游戏能够按计划、有序开发的必要条件，游戏项目的开发过程是一个有序管理的过程，涉及项目组中不同组成部分的时间协调工作和资源协调工作。其中时间管理是重中之重。这些工作的规划和管理都由项目中的游戏项目经理（后文简称 PM）来统筹规划。PM 在项目时间管理中有几个比较重要的概念，包括里程碑、项目目标和项目版本目标。

项目目标是整个游戏项目最终的目标，PM 会把项目目标分割成若干个相对较小的项目版本目标。每个版本达成一定的目标，重要的节点上需要达成的目标被称为里程碑。历经几个版本的迭代之后最终达成项目目标。在每个项目版本目标中又分割了更细、更小的目标。每个小目标都可以被认为是一个项目版本。新的版本替换旧的版本被称为一次迭代。每个版本都会有预定需要完成的目标，如完成主界面系统功能、完成邮箱系统功能等。PM 会在已有目标的情况下，合理分配其中的策划需求、视觉需求和开发需求，并根据这些需求的耗时来制定目标完成时间。同时会按照具体需求的优先级来安排需求需要完成的次序。实际工作中会面临很多突发情况，因此协调人力、时间及需求的优先级等都是 PM 日常的工作内容。

PM 为某项目制定的项目规划表

　　了解了这些信息后，我们会很明显地意识到游戏版本迭代过程是一个产品功能逐渐完善的过程。而界面设计工作是这个过程的一部分，也被安排在 PM 的需求排期表内。按照一般的游戏产品开发流程，即先由策划人员提出需求，然后由界面设计师完成视觉需求设计，再由开发人员实现功能需求设计，最后可能还会有测试人员包括策划人员和视觉人员进行功能问题的跟进和排除（可能包括界面设计的还原度、功能中的 Bug 及程序的若干问题等）。在这一开发流程中，界面设计是处于较为上游的工作环节。界面设计的需求如果被误期，后续的流程可能就会受到比较大的影响，尤其是在一些比较重要的需求节点上。

　　因此，做好界面设计文档的版本管理，提高各个环节的沟通效率，降低设计师的修改成本，是项目工作中不可忽视的细节。

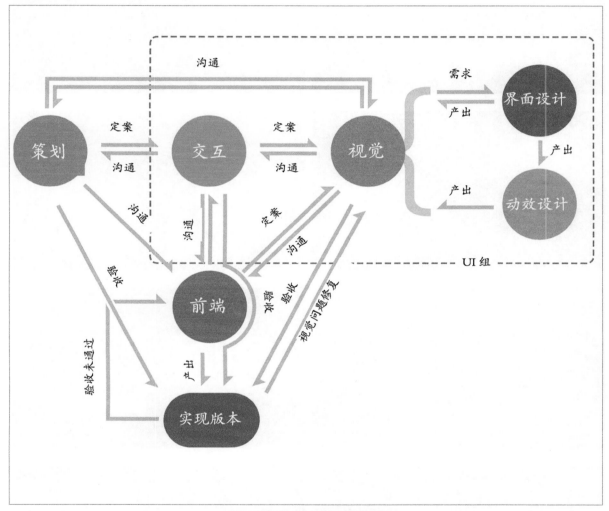

项目开发流程中的界面设计环节示意图

14.2.2 处理游戏界面的迭代问题

　　游戏界面的迭代与游戏版本的迭代是互相独立的，同时会受到游戏版本迭代的影响。游戏界面设计有着自己的规律，并且它的迭代是会有一些必要的原因并遵循一些原则的，而且游戏界面的迭代版本的管理对提升设计师的工作效率来说也起着非常关键的作用。

游戏界面的迭代有以下 3 个明显的特征，且这些特征与游戏项目所处的时期存在一定的关系。

首先，早期的游戏迭代是针对风格设计的调整。风格设计时期的界面设计不能看作是成熟的风格化设计，需要针对各种可能出现的问题和情况进行调整。这些问题和情况可能包括上级的意见、同事的意见或玩家在体验了产品之后反馈的意见。

"PRgame"项目的主界面和弹窗设计的迭代示意图

其次，中期的游戏迭代是指针对需求的功能性调整。这些调整可能包括细节修正、需求变更及需求取消等。针对的界面可能是单个的，也可能是成系统的。

A 增加场景功能入口设计
B 增加头像功能
C 任务相关的场景功能设计
D 优化图标的视觉效果
E 增加玩家交互功能
F 细化通告功能
G 优化界面内的视觉表现，缩小尺寸

最后，其他的一些迭代会因为各种问题而被引起，如界面设计的方式无法被开发人员实现或实现得不够好，效果差或效率低，都会造成设计的"妥协"。

🐸 提示

> 在设计师的日常工作中，界面设计师会面对大量的设计稿创作和设计修改工作，在这些工作过程中往往会产生非常多的迭代文件，因此养成保留众多版本的源文件（如 .psd 格式文件）的习惯是比较有必要且安全的做法。

14.3 如何优化切图方式并节省游戏包量

游戏界面在重构时会产生很多切图，利用这些切图，前端人员可以将界面设计最终还原在游戏版本中。与此同时，界面的切图也会影响游戏包体最终的大小。

在日常工作中，很多游戏公司会对游戏产品最终发布时的安装包的包量大小有严格的限制。因为游戏包量的大小会直接影响玩家下载游戏时所需要耗费的流量和时间，进而影响一款游戏产品的下载量，而下载量则决定了游戏能在多广泛的范围内得到推广使用。影响游戏最终包量的最大因素在于美术资源的大小。在美术资源中，游戏场景、人物和界面切图是几个主要的组成部分。其中，界面设计的不同形式会影响切图占包量的大小。因此，在注重游戏包量的情况下，设计师在做界面设计时也应考虑设计方式对最终游戏包量的影响，并注意优化切图方式和节省游戏包量。

由近年的数据表明，大体上移动应用的安装包越小，其转化率（用户进行了相应目标行动的访问次数与总访问次数的比率，这里指的就是执行下载的用户与看到你的应用的用户之间的比率）也会越高。例如，安装包大小为 1GB 和 100MB 的两个应用，在当下的网速条件下，无论是 5G 还是 Wi-Fi，用户点击下载后，1GB 大小的应用的下载时长还是要比 100MB 的长。在其他条件相同时，用户中途放弃下载、网速波动等客观因素都可能会导致 1GB 的应用的下载量要少于 100MB 的应用的下载量。与此同时，大的安装包也会增加应用的渠道推广和厂商预装的单价，从而增加推广成本。而且包量大小对应用市场的相关影响也不可小觑，如苹果的 App Store 就强制超过 150MB 的应用只能使用 Wi-Fi 网络下载，Google Play 则要求超过 100MB 的应用只能用 APK 扩展文件的方式上传，本质上是因为应用的安装包越大，应用市场的带宽成本也越高。

游戏和应用的包量大小与下载转化率的关系是类似的，不过对 500~3000MB 的游戏而言，包量每缩小 200MB，下载转化率只增加 1%。虽然游戏包量通常会很容易达到 500~3000MB 的量级，但是考虑到诸多因素的影响，优化安装包的大小依然具备实际的市场意义。游戏包量的影响因素包括场景贴图、人物贴图、动作文件、代码及界面切图。

界面设计对游戏包量的影响很大，因此在设计界面时就应该考虑到切图和实现的方式。设计师应将节省和复用切图作为核心的设计思维。而在笔者看来，节省切图量的方式有以下 4 种。

14.3.1 复用共用的控件切图

这是最基本的一种切图思维。在一套游戏界面里，设计规范中会规定在各种情况下的控件使用方式。一些常见的界面控件都是可以复用一套共用的切图的，这样就可以节省出大量的界面切图大小。下面图 1 所示为游戏项目对按钮切图的规定，每个按钮下方都列出了对应的切图，这些切图用极小的占用量承担了全部界面的按钮实现功能。

同时，几乎所有的游戏中，我们都可以看到这种切图复用的例子，如图 2 中 A 处所示的弹窗左侧标题区域底图、整个弹窗的底框、B 处所示的页签底图、关闭按钮、右下角的装饰图案，以及 C 处所示的普通形态的按钮等。

图1   图2

💡 提示

这种做法除了可以节省因重复切图而浪费的包量，还可以在重复控件出现的时候免去设计师重复切图的工作，进一步控制好整个界面设计的风格统一性。同时，这种方式需要设计师在设计某一类控件的时候做好分层设计，即将可复用部分与不可复用部分设计成可以被分层切图的方式，而不是将二者设计成结构上无法分离的样子。

结构上无法分离的部分，将导致重复切出尺寸大小几乎完全相同但效果差别并不大的切图，这是一种对切图量的极大浪费的行为。

如右图所示，代号为 *M-tank* 的战斗界面中，一系列的"击杀"提示就采用了极为相似的结构设计。

再看右图，经过进一步地对设计结构进行拆分，我们发现这些效果里所有共用的底图只有3类，即"首杀"底图、"陷入疯狂"底图和"天下无双"底图。文字部分占用的切图面积显然要比底图小很多，如果将文字和底图分离开，则只需要3个底图的切图。文字虽然互不相同，且数量较多，但这种方式显然要比文字和底图合并切图的方式节省更多的切图占用量。作为可扩展性的设计，如果后期增加更多的击杀提示，大概率是增加文字数量，而非底图样式。因此在具体的设计过程中，我们便使用了文字和底图相分离的切图方式，在保持美术效果不变的情况下，极大地优化了这部分效果的切图占用量。

14.3.2 使用可拉伸的设计方式

切图量的控制除了对数量的控制外，切图的尺寸控制也是很重要的部分。以 Unity 为开发环境的游戏为例，每个界面在前端重构的时候，几乎都会生成该界面中使用到的切图的一个集合，我们称之为"图集"。图集是 2 的 n 次幂像素见方的图片，最大尺寸为 1024 像素 ×1024 像素（也会有 2048 像素 ×2048 像素的，但极少用），即它们会有 64 像素 ×64 像素、128 像素 ×128 像素、512 像素 ×512 像素及 1024 像素 ×1024 像素这些尺寸。（一般不会有 2 像素 ×2 像素、4 像素 ×4 像素、8 像素 ×8 像素、16 像素 ×16 像素及 32 像素 ×32 像素等这样小的尺寸。）被归集在图集里的切图，一旦宽度超过某个尺寸（如 512 像素），就会导致图集默认扩展至下一个级别，如 1024 像素见方。但是一整个图集中只要有一个超过 512 像素尺寸的切图将会导致图集中剩余部分为空白。在前端代码实现某一个界面时，一整张图集都会被存入手机内存，这样大面积空白的图集和放满切图的图集所消耗的手机内存是相同的，会造成手机内存资源的极大浪费。对一款需要适配所有从高端到低端手机的手游来讲，这样的实现效率是不能被接受的。设计师的切图方式会极大地影响一个界面乃至一个游戏的实现效率和最终呈现效果。下面图 1 中所示的优化前的切图方式可能就会造成这批切图无法容纳于"512 像素 ×512 像素"这个尺寸的图集内；在图 2 所示的情况下，就会因为一些切图很少的面积溢出，而导致这张图集自动扩展成 1024 像素 ×1024 像素（绿色虚线范围所示），这个尺寸里的大部分都是没用的空白。而图 3 所示为优化过后的切图，它可以被容纳在 512 像素 ×512 像素的图集内（绿色虚线范围所示）。像这样的切图优化就是通过这种方式来间接优化图集，降低包量和内存压力的。

常用的图集大小示例示意图

"击杀提示"优化前切图的图集示意图

"击杀提示"优化后切图的图集示意图

因此，设计师在切图时需要考虑规避一些极限的尺寸。如在 512 像素尺寸附近的时候，应控制在 512 像素内。对于一些尺寸很大的切图，就应该考虑是不是可以设计为三宫拉伸或九宫拉伸（见 6.2.2 小节中关于切图拉伸的描述）的方式。这样切图就可以被输出得很小，且保证品质不受影响。

14.3.3 以变形拉伸的方式输出切图

在不影响最终品质的情况下，可以用变形拉伸的方式输出切图。

在有些情况下，如设计尺寸是 1136 像素 ×640 像素的大背景图，如果需要被放到图集里，图集根本无法将其容纳。这时候的方法就是将 1136 像素 ×640 像素的尺寸在 Photoshop 中变形缩小到 512 像素 ×512 像素，在前端实现的时候再变形拉伸回原尺寸 1136 像素 ×640 像素。这样就可以保证在一个 1024 像素 ×1024 像素的图集内完整放置 4 张大背景图（见本书 6.2.2 小节中框体第 2 个特征中第 1 个示例的相关操作过程演示）。这样做的过程中实际上已经降低了背景图的品质，但是背景图通常会被上层控件遮挡，这种损失就是可以被接受的。另一种可以接受的情况是大面积的泛光。在有些界面控件如"胜利""失败"这样的文字标识后方，有时候会被设计出大面积的泛光效果。这种效果单独分层切图时的特点是尺寸大，且有半透明到全透明的渐变，因此绝不能被原尺寸切出，否则不符合节省图集的原则。同时，它的半透明渐变可以被认为是一种模糊效果。基于这两点特征，我们可以把大面积泛光缩小到可以接受的尺寸后再切图，实现时再拉伸回合适的尺寸。由于其本身是一种模糊效果，拉伸后的损失也就很难被肉眼识别。

例如，下面图 1 所示的结算界面中的"战斗胜利"图标在输出时的切图方式是如下这样的。从图 2 中可以明显看出，如果这个图标被以整体的方式切图输出，这个切图尺寸显然已经超出了 512 像素 ×512 像素的图集，但要远小于 1024 像素 ×1024 像素的图集，进而会造成图集浪费。较好的方式是用图 3 中所示的方式对其进行拆分切图。在切图过程中，图标中出现的五角星和翅膀都可以只切一个，然后在重构的时候进行复用。背景的晕光面积过大，就会用到特别的处理方式。缩小原图后切图，针对这个效果的实现，程序会通过把切图拉伸回原设计尺寸的方式来进行处理，如图 4 所示。

图 1 某项目的"战斗胜利"结算界面　　图 2 整体切图方案示意图　　图 3 分离切图方案示意图　　图 4 背部光晕处理示意图

提示

在实际工作中，切图的处理过程中还会遇到很多复杂多变的情况，如上文所列举的这些方法一样，都需要设计师随机应变地找到相应的方法来节省图集，此处不再过多描述。

14.3.4 定期复查图集

定期复查图集，筛除老旧和重复的切图。一个项目是由很多人组成的团队来共同完成的，哪怕是相对较小的设计团队，也会有不少人员共同参与。针对这种多人参与的项目，无论人员与人员之间的沟通多么畅通，也会有人可能存在衔接不足的问题，这就要求我们通过不停地去复盘所做的工作，从而达到查漏补缺的目的。

对于切图的管理也是这样。在一个大的项目团队中，设计团队和前端团队应该协同起来，定期对项目的图集进行筛查，检查一些老旧的、重复的切图，进一步为包量"减负"。这种检查有时候收到的效果非常显著，对风格变化比较剧烈的项目来讲更是如此。

14.4　如何解决项目协作问题

游戏项目的开发离不开团队协作。开发一款游戏是一个团队共同努力达成一致的目标的过程。良好的团队协作是游戏项目成功的较基本的条件。

项目团队是由人组成的一个具备共同工作目标的团体。一个项目的有效进行需要建立在团队的有效沟通的基础上。一个团队的沟通出现阻塞和错位时，往往会出现效率低下、窝工及重复加班的状况。而界面设计作为项目工作流的一环，界面设计师在项目团队中起到承上启下的作用，如果缺失了项目沟通能力，则会对工作造成极大的困扰，轻则影响进度，重则被团队排斥。

对游戏界面设计师而言，在进行项目沟通时一般需要注意以下 4 个方面的问题。

14.4.1　明确自我定位

想要一个项目顺利开展，作为游戏界面设计师，首先要做的事情就是明确自我定位。那么针对如何明确自我定位的问题，笔者主要从以下 3 个方面来进行说明。

首先，理解策划需求。界面设计在整个项目的开发流程中处于策划案和前端实现之间的位置。在界面设计的工作中，设计师应该具备的一个基础能力是理解上游策划人员给出的需求，并给出符合要求品质的产出物，同时交付给下游的开发人员去实现功能保障设计品质及确保输出物容易被理解。

就笔者而言，理解需求的基本前提是明确需求的根本目的和功能原理。表面上看，这是具体功能在界面上体现的诸如点击某个按钮并跳转至某个页面，或者在某种条件下激活某个事件的发生这样的页面间逻辑关系。而从本质上来讲，设计师应该立足于项目的全局去理解具体的需求。这就与"盲人摸象"这个典故的道理一样，如果一个人没有对大象的整体形象有一个明确认知，就无法准确地去描述象腿最根本的存在目的是什么，进而可能出现把"象腿"当作"柱子"的情况。

其次，保障设计品质。保障设计品质是每个设计师终其职业生涯都应该在追求的目标。虽然有不少设计师并没有依赖设计品质而走到了比较高的位置，但是从客观上来讲，对绝大部分设计师来说作品的品质依然是自己的"一张脸"。可能有些极个别的人可以通过故弄玄虚、玩弄游戏文字、钻团队组织的漏洞，以及只是因为运气好等方式取得作为一个设计师能够达到的极高位置。有人看到这样的现象，也可能会学着这么去做，在设计之外的事情上投入过多的精力，以为这才是晋升之道。而在笔者看来，这实际上是对设计师这个行业的莫大侮辱，更是对自己的不负责任。

设计师的责任感应该是贯彻始终的，如右图所示。从技术维度上来说，从设计品质的把控到最终效果的实现跟进，都是设计师责任体系的一部分。而从个人成长时间线上来讲，涉及更多的就是与设计有关的责任了。

最后，保障输出物的易理解性。输出物的理解成本最能体现设计师的沟通能力了。沟通能力从本质上来讲是一种理解别人和让人理解自己的能力。这种能力潜在的要求就在于人是否可以换位思考。有的人可能会说："站在别人的角度看问题很简单，不就是设想我自己在那个情况下会怎样吗。"而事实上，因为每个人的思维方式都是不同的，所以即使切换角度，思维方式的差异一样可以造成不同人对同一事物的看法完全不同。所谓"站在别人的角度思考问题"，不仅需要切换思考问题的角度，还应该尽量去理解别人的思维方式，并按照别人的思维方式重新思考问题。在项目工作中，不同岗位人员之间思维方式的不同表现得非常明显，设计师和程序员之间较大的理解鸿沟就是形象化思维和逻辑性思维的差别。设计师可以注意到的一个像素的偏差，在程序员看来可能是不存在的。程序员眼中的界面实际上是数个逻辑块面的有机结合，设计师对界面的看法则是颜色、图形、材质的集合体。面对如此大的思维差别，两者居然还是上下游的合作关系，可以说在实际工作中出现沟通问题的可能性非常大。这要求设计师花费额外的精力去与程序员协商一种可以很好理解的输出物形式。

14.4.2 把控全局

设计师的工作涉及多个范畴，绝不仅限于做设计稿那么简单。从技术角度来说，界面设计师确定一款游戏界面的风格时，就需要从游戏背景建构出发，去考察市面上所有类似的游戏设计，并与策划人员、制作人讨论更多的设定；在做某个具体的需求时，需要和策划人员沟通，理解需求功能设计的实质；在实现界面的阶段，需要和开发人员沟通，寻找效率较高、质量较好的界面还原效果。在整个过程中，设计师几乎没有一刻是可以自己一个人闭门造车地工作的，一旦这样做，没有对游戏产品从头到尾的了解，没有对项目组流程里的人员从前到后的熟悉和沟通，设计工作进行起来将变得非常艰难。

以上是从客观角度分析的设计师需要具备全局观的原因。所谓"把控全局"，本质上其实就是关于"从哪里来到哪里去"的问题。游戏界面设计风格确定过程中的"从哪里来"是"依据什么样的准则去推导"，"到哪里去"是"得到什么样的设计稿"；设计需求消化过程中的"从哪里来"是"要做实现什么功能的界面设计"，"到哪里去"是"易用性和品质上的设计稿要做到什么程度"；设计稿还原过程中的"从哪里来"是"什么样的标注和切图可以被有效认知"，"到哪里去"是"什么程度的界面还原度可以被接受"。

除了项目视觉设计角度，设计师的全局观还应体现在项目协同能力上。项目协同的内容有且不限于需求管理、人力调配、版本规划及方案推进等。这些都是在设计师需求消化工作以外的工作，涉及的是整个项目或团队的协同工作内容。

以需求管理为例。一个项目中的需求不管是种类还是数量都非常多。每个需求都挂靠在不同的负责人身上，规划时间也各有不同，有些需求之间还会互相影响。如果没有有效的需求管理方式，项目的进度将非常混乱。在这样的情况下，设计师手上的需求也就不单只是一个独立的需求，而是可能会跟别的需求产生关联。有的是上下游的关联关系，有的是设计需求之间的关联关系。这两种关系都是基于设计师对整体项目的大方向的认知而去理解的，单独拿出来某个需求时，会对需求的理解造成很大的困扰。

例如，下面图1展示的是视觉环节上的一个需求的流动方式。在所有环节都按照计划时间推进时，需求会按照计划的时间完成。但是，如果其中一个环节的实际交付时间出现延误，就会对下游环节造成连环延误，如图2所示。在这样一个简单的模型里，一个环节的延误就已经造成了这样严重的问题，可想而知在实际工作中当面对关联更多、内容更复杂的需求时一旦处理不当，会带来多大的不利影响。

图1

图2

但就界面设计需求来说，关联到的重要环节就是策划和交互，这两者对视觉设计的需求处理时间的影响非常重大。因此在内容繁多的实际项目工作中，笔者利用谷歌在线文档建立了一套有效的需求管理方式，如下图所示。在下图中，我们可以很明确地看到用不同颜色标识出的不同状态的需求。所有参与到项目中的环节，无论是策划人员、交互人员还是视觉人员，都能快速地定位到需要处理的需求上。视觉人员可以关注马上要做的需求是处于"策划已定案"还是"交互已完成"，策划人员可以根据需求是处于"交互已完成"还是"视觉进行中"来规划下一批的需求案。通过这种在线表格工具，海量的需求就被整合在一起，按照规律进行了排布，处理效率就高了很多。

下图所示为笔者在游戏项目中用于协调视觉环节需求的在线排期表的截图。

迭代	优先级	需求名称	对应策划	对应交互	交互计划交付时间	对应视觉	工作量评估（天）	实际开始时间	视觉计划交付时间	实际交付时间	需求UI状态
公测	High		carlxang	arv...seu		lesenli	1		201...15	201...14	视觉已完成
公测	High	【派别】	eri...ang			lesenli	0.5		201...15	201...14	视觉已完成
公测	High	【9时	si...ang	arv...seu	201...04	lesenli	0.5		201...15	201...14	视觉已完成
公测	High		carlxang			lesenli	0.5		201...15	201...15	视觉已完成
公测	High		carlxang	arv...seu		lesenli	0.5		201...15	201...15	视觉已完成
公测	High	【0时	si...ang			lesenli	0.5		201...15	201...15	视觉已完成
动效	High		carlxang			alxebu	可开始				视觉已完成
动效	High		ck...hen			alxebu	可开始				视觉已完成
公测	High					lesenli	2		201...22		视觉已完成
公测	High		eri...ang	arv...seu		lesenli	0.5	201...4	201...14	201...16	视觉已完成
公测	High		eri...ang			lesenli	0.5	201...4	201...14	201...16	视觉已完成
公测	High	【派别】	si...ang	arv...seu		lesenli	1		201...15	201...16	视觉已完成
公测	High		carlxang	arv...seu	201...04	lesenli	1		201...16	201...16	视觉已完成
公测	High		si...ang			lesenli	0.5		201...17		视觉已完成
公测	High		carlxang	arv...seu		lesenli	0.5		201...17		视觉已完成
公测	Middle	【派对】	ck...hen	arv...seu		lesenli	1.5		201...19		设计进行中
公测	Middle		ck...hen	arv...seu		lesenli	0.5		201...19		设计进行中
公测	Middle		carlxang	arv...seu		lesenli	1		201...30		交互已完成
公测	Middle		carlxang		201...28	lesenli					策划已定稿
公测	Middle	【派对】	ck...hen		201...29	lesenli					策划已定稿
公测	Middle		carlxang	arv...seu	201...26	lesenli	1				交互已完成
公测	Middle		carlxang		201...26	lesenli					交互已完成
公测	Middle		ck...hen	arv...seu	201...27	lesenli					交互已完成
公测	Low	宣传	sof...ang	arv...seu		lesenli					策划已定稿
公测	Low					lesenli					策划已定稿
公测	Low	【活动】	ck...hen		201...3	lesenli	2				交互已完成
备选	Low		eri...ang			lesenli					策划已定稿
备选	Low		eri...ang			lesenli					策划已定稿
备选	Low	【派对】	ck...hen	arv...seu	201...29	lesenli				策划调整中	交互已完成
动效	High		carlxang	/	/	alxebu	可开始				设计进行中
动效	High	获得	carlxang	/	/	alxebu	可开始				设计进行中
动效	Middle	【画	carlxang	/	/	alxebu	可开始				设计进行中
动效	Middle		eri...ang	/	/	alxebu	可开始				设计进行中

14.4.3 关于界面还原的问题

很多设计师认为完成了设计需求的设计环节并交付了产出物之后，就算是完成了需求，这样的认知未免有失偏颇。就笔者而言，设计师的设计只有在被还原到游戏版本里，才算是真正地完成了使命。而且设计的较根本的目的在于实现游戏的功能需求，而不是做设计稿。

下图上半部分所示为游戏界面设计的完全责任路径，下半部分所示为游戏界面设计的完整路径。

需求文档　　交互稿　　视觉稿

需求文档　　交互稿　　视觉稿　　版本还原

从另一方面来讲，程序员乃至策划人员对设计稿的细节认知大部分情况下是有比较大的偏差的，他们通常无法有效识别设计稿和版本还原之间比较微妙的差异。这些差异在很多情况下可能无关紧要，但也会在关键的时候引起比较大的问题。这就要求设计师在设计稿到游戏版本还原的过程中适当地树立起"监制"的责任，去走查版本，并检查版本还原里与设计稿不相符合的地方，然后与团队一起提出解决办法，并最终予以修正。

"走查版本→找出问题→提出解决办法→修正问题"是走查版本时的一个完整的工作流程，如下图所示。

设计师走查界面实现的过程中的若干种方式和方法详见 15.3 节的内容。在各种走查界面的过程中，设计师需要面临 3 个方面的交流与沟通，即与其他设计师的沟通、与策划人员的沟通和与程序员的沟通。

项目团队中的设计团队一般会有几个界面设计师协同工作，这要求设计师们之间的沟通一定得是顺畅的。设计师之间的沟通主要涉及两个层面的内容。一个是对界面风格维护的一致性，另一个是对文件版本的同步化处理。界面风格的一致性维护可以通过制定统一的界面设计规范来达成，虽然在实际工作中界面规范有时候也会产生一定的问题，如早期的界面规范无法适用于新的设计情境等，这些都可以通过设计规范的及时修订与更新来达成。设计师之间因为工作需要是要频繁地交流文件的，同一文件在不同人手里可能会经过不同的修改，文件版本的一致性会影响设计师之间的文件是否同步，所提供的文件是不是较新的版本等，这些可以通过对文件版本有一致性规律的编号来达成。在进行游戏版本的界面走查时，这两个方面的沟通可以作为设计师们的一个基础性的共同语言。例如，在版本里发现的某个界面的实现问题，就可以通过已有的设计规范和设计师文件版本编号迅速定位到某位设计师的某个版本的设计稿中，方便大家快速地找到问题是出在设计稿还是版本还原上。

版本走查时与策划人员的沟通是很重要的。从理论上来说，每一个需求都是由策划人员来规划的，他们是了解某一个具体需求、具体的页面所要实现的功能，以及功能目的的人。在英文中的策划一词 Designer 可以被直译为"设计师"，这也是一个很能说明策划这一岗位性质的事实。每个需求在开发人员开发完成之后，也都需要策划人员进行验收操作，通过策划验收的具体功能才可以被认为是已经完成的需求。策划人员在验收具体需求的时候，需要检测的问题包括界面的实现、功能的实现和进行一定的压力测试，保证从前端到后台服务器没有问题。在所需要验收的内容中，界面的实现是策划人员相对界面设计师而言不够擅长的内容。因此，这个过程里有界面设计师的参与，会起到非常好的效果。通过对策划中的具体功能的理解，界面设计师不但可以做出相对准确合理的设计，还可以在需求验收阶段敏锐地发现设计还原问题。

再看下面这几张图。图 1 中所示的多层切图拼接的框体出现了一些错位溢出这样的拼接错位问题，图 2 中所示的浮窗控件与画面边缘的间距，以及与下方按钮与人物的间距等在实现上出现了很大的间距错误问题，具体表现在：图 3 中因为没有仔细查看标注而用错了切图，图 4 中用错了字体样式和字体颜色。而在实际工作中，策划人员和程序员一般都很难发现类似这种非常细节化的设计问题，而这些问题也只有依靠设计师不断跟进、走查和验收来予以解决。

图 1 无法被策划人员验收发现的问题之"拼接错位"
（上为设计稿，下为实现截图）

图 2 无法被策划人员验收发现的问题之"间距错误"
（上为设计稿，下为实现截图）

图 3 无法被策划人员验收发现的问题之"用错切图"
（上为设计稿，下为实现截图）

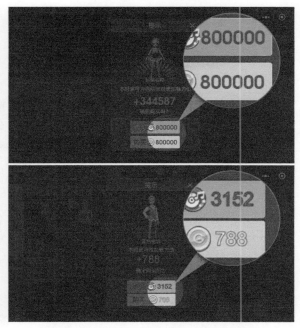

图 4 无法被策划人员验收发现的问题之"字色错误"
（上为设计稿，下为实现截图）

在这里，设计师将涉及一个与开发人员沟通的问题。设计师与开发人员沟通一般存在两个时间节点：一个是设计之前，一个是设计还原之后。

在设计之前，设计师一般情况下是不需要和开发人员进行沟通的。一个熟练的设计师在做每一个设计稿之前都需要事先考虑好最终还原时的方式，大部分情况都是符合预期的。但是有一些极端的情况或设计师头一次碰到的情况，设计师无法理解将来前端人员会以何种方式实现，或者在设计师已知的实现方式中可能无法实现既定的设计效果时，就需要设计师和开发人员提前进行沟通。设计师需要询问开发人员自己想要的某种效果，在实现上会有什么问题，会考虑用什么方法，如果用某种方法可行，输出的方式应该是怎样的。这些都直接关乎设计师设计稿的设计方式。设计还原之后的沟通通常是搞清楚界面还原度降低的原因。在大部分情况下，还原度降低的原因是类似前面那些开发人员用错了切图资源，包括控件尺寸出错、位置错位、文字字号和颜色出错等。这些差错极其容易发生，设计师有可能会经常碰到，以至于直接目视游戏版本就可以判断原因。但偶尔也会出现一些"疑难杂症"，如 Unity 中一些透明边缘的切图出现图中并未设计的黑线边缘问题。

这个问题是 Unity 的图形渲染在很偶然的情况下才会出现的问题，根本原因是采集到了不属于某个切图有效像素的区域外像素（如下面图 1 中所示的人物的切图），形成了一条黑线。跟前端人员深入研究后，发现这个问题的发生概率比较低，而且属于游戏引擎自身的问题。既然明确了问题的发生机制，那解决办法就是在切图上进行"取巧"来解决。最后采取的办法是将出现问题的切图的"画布"（即透明无像素区域）向外延伸 1~2 个像素（见图 2）。这么做之后，原先的问题被我们"利用"，虽然依然会采集到切图有效像素之外的像素，但通过扩展的 1~2 个像素就可以解决这个问题，从而解决掉黑线的问题。

图1   图2

这类问题就需要设计师去对设计稿或输出的切图进行修正，而不是单纯让开发人员去解决问题。

不管怎么说，问题是客观存在的事物，必定是由一定的原因引起的。团队协作下的工作产物如果出现问题，主要要做的就是进行充分的沟通，并齐心协力地去修正这些问题。所以说，项目沟通的本质就是为了找到问题从而修正问题。一切借题发挥或顾左右而言他的行为都会导致"解决问题"本身的行为发生质变，这是设计师在沟通过程中需要时刻牢固把握的行为底线和逻辑主轴。

14.4.4 关于界面设计的决策源问题

　　游戏项目的开发过程是一个以目标为导向的组织的协同行为。一切组织的协同行为都需要依赖决策来指示目标。这与"在大海中航行主要靠舵手"是一个道理。一个像游戏项目组这样的完整的、可以有效执行决策的组织就像航行在大海中的船只，其航行的方向是需要舵手来控制的。当然，决策必须来自船长。如果一条船上有多个船长，同时发布不同的决策，舵手将无法判断究竟该执行哪条决策，接下来的工作也就无从开展了。

　　在游戏项目组里，一般来说都会以制作人的决策为唯一标准。对游戏界面设计这一个环节来讲，它同样需要唯一的决策源。在典型的游戏项目组中，最终传达到界面设计师这里的决策的最终来源依然会是游戏制作人。

游戏项目中的决策流动方式示意图

　　然而在日常工作中，设计师所遇到的情况并没有这么简单。除了个别因为组织架构原因而造成的多个决策源的情况，还有接收到的意见和建议比较杂乱的情况。而这些情况都会对设计师的工作造成困扰。

设计师收到的意见和建议来源示意图

　　想要排除这些干扰并集中精力做设计本身的改进，设计师可以参照以下 3 种做法。

　　首先，设计本身要有理有据。游戏界面设计是为游戏产品的需求服务的，每个设计细节都不是凭借设计师主观上的意图去设计的。针对这一点，在"如何根据游戏背景建构设定界面风格"一节中所讲述的内容实际上非常彻底地贯彻了这一种设计思维。没有任何设计依据的设计很难做到具有美观性和易用性，而且还非常容易被人找到漏洞，从而引起对设计品质的质疑。因此，设计师的作品理应是防止杂乱意见的"第 1 道防火墙"。无论是色彩的设定和使用，还是质感的分布和刻画，设计的每个细节都要经得起推敲。

其次，原则上只接受专业性意见。设计师原则上应该接受的意见和建议主要来自自上而下的部门人员对界面中功能性的意见。非专业的意见指的是非设计类人员提出的意见的总称，如"我感觉这个颜色好难看""那个按钮让我好难受，能不能去掉？"等一些玩家或策划人员对美术方面的意见。这些意见看起来可能并不那么专业，因此设计师在面对这些意见的时候，第一反应可能是"颜色难不难看不是你们这样的非专业人士可以评判的"，从而大可能选择忽略。而就笔者而言，这样的一些意见同样是具有一定价值的。例如针对"我感觉这个颜色好难看"的意见，其所潜藏的信息有可能是你在错误的地方用了错误的颜色，从而导致了受众的不适，而受众又并非专业人士，所以只能提供这种主观性很强的感性的意见。在工作中，这种有隐藏需求的意见有时候可能是很重要的意见，甚至也可能成为重要的产品改进方向。对设计师来说，应该学会从这样一些意见的表面找到背后真正的需求和问题所在。

最后，不接受含有主观意图的意见。这种类型的意见实际上是非常不负责任的。很多人会站在自己的审美角度去审视一些经过了严谨设计过程的设计，不符合自己审美的都认为是一种设计上的错误。而设计需要有依据，本身就是为了规避设计师因为自己的喜好或审美而导致的主观的设计偏差问题。这类意见之所以不能被接受，就是因为它可能会影响设计的"客观性"和"科学性"。而这里说的"主观意图"不仅包括了主观性，还包括一些带特殊目的的意见。这样的意见可以从提意见的人所处的位置分辨出来，如策划人员没有关注界面设计的功能性问题而过于关注美术方向的问题，提出"这样的配色不好吧，我认为某某配色会更好"。当然，前提是设计师需要审慎地去观察自己的设计是否的确有这样的问题，并分析策划人员的这种意见背后是不是存在一些隐藏需求。在模棱两可的设计方案中，有人会明确地倾向于某个方案而否认另一个方案，并无法提出有说服力的理由。类似这样的意见，其背后的意图可能非常复杂，但是可以肯定的是，这种意见对设计和项目需求本身并没有什么积极作用。

	有效意见	无效意见	示例
是否关注功能	是	否	"这里相对并不重要，需设计得轻量些"
			"别的地方没有空间了，就塞在这里"
有无针对性	有	无	"改用某设计方式更利于用户理解这个特有功能"
			"某某游戏就是那样的，我们也那样"
是否出于主观感受	否	是	"在我们游戏整体色调下，这个颜色搭配不合适"
			"这个颜色给我感受很不好"
有无利益瓜葛	无	有	"这个不好实现，但是个不错的主意。我会试试看"
			"这个效果不好实现"
有无理解产品	有	无	"我们的这种游戏背景建构和这种图形设计不搭"
			"最近流行别的图形"

总的来说，无论客观环境如何，都需要设计师去审视和分析每条意见，挖掘和筛选有意义的真实需求，从而改进自己的设计。

15

第 15 章

项目设计中的一些经验

本章概述

在项目设计中，我们总会遇到一些原本很重要但是我们又容易忽视的设计问题。而本章主要介绍游戏界面设计师在项目设计中会遇到的一些常见的问题以及问题的解决方法。

本章要点

» 如何确保界面设计的规范性
» 如何解决游戏界面还原过程中的问题
» 如何走查界面实现

行业经验篇 ▶

15.1 如何确保界面设计的规范性

游戏界面体系繁杂，在大型项目中更是如此。因此，在游戏界面设计过程中，保证整个界面设计的规范性就显得特别重要。

在游戏项目的界面设计过程中，规范的界面设计是保证项目界面设计工作效率和品质的一个很重要的因素。一般情况下，一个游戏项目的界面设计工作会由数个界面设计师来共同承担。这其中起到主要作用的设计师，在项目中被称为主设（全称为主设计师）。主设在界面设计中有两个作用：一个是作为界面设计风格的主要设定人，带领大家研究和探讨一款游戏界面设计的风格设定，二是制定游戏界面设计的规范文档，保证后续的界面设计输出在风格和品质上的稳定性。

如何设定一款游戏的界面设计风格，我们在前边已经探讨过。界面设计规范的相关内容也在第9章和第10章中有比较全面的分析。这里主要需要明确的是遵守设计规范的设计方法。对主设和其他设计师来讲，出发点的不同导致了他们对界面设计的规范处理方式不尽相同。具体表现在两个方面：一方是主设主导了一款游戏界面的风格化设计，对风格的设计方式和细节设计有非常明确的概念，知道所负责的界面所特有的设计表现方式和设计扩展方式；二是对其他设计师尤其是没有共同参与过界面设计风格设定过程的设计师来讲，对风格设定内容的认知通常是没有主设这么明确的。

设定界面设计风格　　制定界面设计规范

提示

还值得强调的一点是，由于团队组织形式的不同，这种出发点上的差异在不同的团队中可能会有比较大的差别。针对一些固定化的设计团队（这种设计团队往往是以固定的项目组团队中的一个小组的形式存在的），在工作中团队里的成员与成员之间都彼此熟悉，并且在从头到尾都共同参与一个项目的情况下，是不太可能出现这种差异的。而在一些常年业务不太固定的团队（如一些以资源池为性质的、专业化的纯设计团队）中，这种差异就会特别大，而且还会经常出现突然调配人力到一个完全陌生的项目的情况。

针对如何确保界面设计的规范性的问题，接下来笔者主要从以下3个方面进行讲解。

15.1.1 发挥界面设计规范的实用价值

在前边有关游戏界面设计工作沟通的内容中，笔者强调了一种规避交流过程中信息流失的方法——固化信息（即通过文字和图片，将人脑中成形的信息予以记载，方便中心化的信息流转）。这种方式可以防止虚化信息（如普通的面对面交谈这样没有留下任何实质内容的沟通方式中的信息）在多人团队中发生扭曲和流失的情况，方便信息流转、再编辑和迭代。

沟通中的信息虚化　　　　沟通中的信息固化

界面设计规范就是用固化信息的形式将风格设定的内容和界面设计细节上的扩展方式转化为一种共同语言。而规范的界面设计指的就是在这种"共同语言"的基础上所做出的界面设计。界面设计规范在主设计师和其他设计师之间建立了坚固的信息载体，弥合了两者在对同一款游戏产品的界面设计风格认知上的鸿沟。好的界面设计必然建立在界面设计规范的基础上，没有设计规范的界面设计会造成团队输出紊乱。界面设计规范可以弥合团队中不同成员之间的认知，以便更轻松快捷地控制输出产物的风格的统一。

> **提示**
>
> 不过，界面设计规范也是有它的局限性的。在实际工作中，大部分情况下界面设计规范都是有效和可靠的设计协同工具，但一款游戏的系统可能是非常复杂的，而与其相关联的界面设计体系则可能表现得更为复杂。再完善的界面设计规范都不可能覆盖所有的细节。而且一个设计师可以在对一款陌生的游戏项目的界面设计完全没有认知的情况下，依靠它的界面设计规范来进行基本的界面设计需求输出，但是却依然做不到像长期为该项目界面设计服务的设计师那样游刃有余。这种局限性需要设计师针对某些特定的情况来进行处理。

15.1.2 寻找项目限定范围内的发挥余地

设计规范的第 1 个局限性在于，不可能从客观上完全规定好设计师在设计上的发挥余地和项目本身限制的关系处理模式。这是一个偏"软"的区域，设计师往往会对界面设计中的某些功能设计产生诸多的想法和创意，但是还需要考虑整个界面设计规范对设计手法的限制。有些限制是非常明显的，如在界面规范中已经明确界定的关于风格上的细则、在一款偏向卡通的界面中禁止使用偏硬朗的线条去勾画图标等。而有些限制则模棱两可，在界面设计规范中可能没有明确的界定，需要设计师去根据实际情况仔细斟酌和商讨，如一个表现获得宝箱的界面中，宝箱的具体形式是采用箱子的形式还是礼包的形式等。这两种情况里都涉及设计师本身的想法和项目本身的限制的矛盾。同时，其中的第 2 种情况相较而言比较难以处理，也比较依赖设计师的相关经验。

获得重要物品的界面，可以用箱子来表现，也可以用礼包来表现。不过具体如何表现，是需要根据具体的使用情境、游戏的相关情节来设定的。对于这样的表现细节，界面设计规范是不可能规定得到的。例如，下图所示为一个获得英勇宝箱的界面，其画风接近美式卡通风格。在这样的情况下，针对"补给""奖励"等物件的处理会倾向于使用宝箱和勋章等物品。

在比较难以处理的情况下，设计师可以通过以下3种方式来做到更优化的设计。

第1种方式是多方案的比较。这种方式算是比较"笨"的一种方法。有时候一个设计方案并不能被确认为最佳方案时，较好的方式就是多设计几个方案，然后进行对比，并选择出最佳方案。鉴于设计是一项常做常新性质的工作内容，设计师可能并不满足于最终选择的方案，即便如此也没有关系。这时候，设计师可以考虑在界面的量级达到一定程度之后，再返回到重新思考并优化。

第2种方式是团队商讨。游戏界面设计工作本来就不是某个设计师一个人的活动。在比较极端的情况下，设计师可以把问题拿出来，和整个团队共同解决。一个人的想法总会有一定的局限性，团队多人的意见可能会促使设计师产生新的解决问题的思路。

第3种方式是寻找游戏内的参照物。前面的宝箱和礼包的例子就可以通过这种方式来解决。在一个游戏项目开发的中后期，游戏项目里往往已经积累了很大数量的美术资源，这些美术资源不仅包括了数量众多的界面设计、图标设计，还有很多场景设计和人物设计。美术资源相互之间是有"血缘关系"的。它们都是同属于一款游戏背景建构下的美术表现素材。因此当我们在一些界面设计中难以找到表现形式的突破口时，却有可能在其他美术资源中会有所体现。以宝箱的例子来讲，设计师在所有已有的美术资源中可能并没有找到支持以宝箱为形式来表达获取的包裹，这时候假设用礼包代替也可能是合适的。当然，也有可能这两者都不合适，这时候选择再寻找一些与这两者相关的元素来进行表现，也是一种不错的选择。此外，针对还会存在一些独有的图形表现的游戏项目，这对于界面设计师对所做的项目美术资源的熟悉程度的要求就更高了。

《王者荣耀》的部分统一化图形表现示意图

15.1.3 功能性设计与创意性设计的平衡

功能性设计和创意性设计之间的平衡，通常被认为是微妙的，设计师只能靠感觉去进行把握。其实这并不是一个"玄学"问题，而是一个科学设计问题。

首先，需要明白游戏界面中创意性设计的性质。实际上创意性的设计是游戏界面中不可或缺的，甚至是其主体构成部分。但以功能性为基础去做的创意性设计和界面系统的规范性是不矛盾的，两者之间有很大的交集。常见的创意性设计往往是以形象化的表现手法去做设计展现的。这其实还是以生活化经验为出发点的一种设计思路。从界面设计诞生到现在，即便有很大量的扁平化设计，但从根本上来讲，界面设计还是一种视觉化、形象化认知的产物。仅就游戏界面设计来讲，主流的创意性设计无一不把场景化、形象化作为表现的核心。而越具备视觉冲击力的设计就越会被认为是有创意的。这其中还会穿插富有创造力的动效设计乃至镜头设计、丰富的转场表现等。因此可以得出的结论是，游戏界面中的创意性设计是一种创造性的表达方式。

其次，如果仔细分析，我们会发现不管如何在创意性上进行表现，其舞台必须始终是以功能性和规范性设计为边界的。这就是游戏界面中创意性设计的特点，即它是一种受限的表现形式。

最后，创意性的表现，其目的仍然是表达游戏界面中的某种功能。这种功能可能是某个想要有极强视觉表现力的活动，也有可能是某个有趣的新玩法。总之，它并非无本之木、无源之水，而是一个有机的基于游戏功能的视觉化表现。

游戏产品需要有丰富、富有创造力、吸引人的外在形象，这个形象是由游戏中包括了界面设计在内的美术元素一起进行表达的。这也是游戏界面拥有最多创意性设计的很大一部分原因。

例如，下图展示的就是一个非常典型的创意性设计。其具体表现形式就是游戏界面创意性设计中常用的场景化设计方式。这个场景是《梦幻水族箱》游戏中的一个活动玩法。在这个玩法中，玩家只能一次性通关，在任意一个关卡里失败，都必须从第 1 关重新开始游戏。这个玩法被设计成在"深海"中发生的故事，玩家需要通过的关卡正是海底渐次降低的几个水雷样球状物。打到哪一关，潜艇就开到对应关卡的球旁边。3 关全过后，潜艇会抵达最深处，即画面右下方的宝箱处，开启一个大的奖励。这个设计的高明之处在于，它结合了水族的概念。玩家对日常的普通关卡所在的水族箱是有审美疲劳的。这种周期性的活动被设计成在深邃的海洋里，很快就把探索和神秘的感受带给了玩家。这正是游戏界面中，结合场景化设计的较明显的好处，即快速地把玩家带到指定的情境中。

类似的设计在游戏界面设计中非常常见，这么做的主要目的是使得玩家获得一种沉浸感。人是一种视觉化动物，不会判断视觉上的真实性，而是先判断合理性。如果将对应的功能设计为模仿了真实场景的画面，人脑就会认为自己已经进入相关的情境。正是基于这一点理由，游戏界面设计师利用场景化设计手法，在很多功能性界面的设计上发挥了非常多的设计创意。

功能性是游戏界面设计的出发点，创意性的东西可以提升某些视觉化表现对功能的体现，但绝对不能抛开功能性的基础去无限制地做创意性的内容。除此之外，还需要考虑特定条件限制下的创意性设计。前文中我们提到过的很多因为包量和内存损耗的原因而对设计做出优化修改的内容，就可以直接套用在对创意性和限制条件关系的理解上。这些条件共同构成了功能、性能及创意之间的平衡。

🖐 提示

> 创意并非越多越好，尤其对一些独有的概念或难以理解的概念来讲更是如此。游戏的世界里幻想的元素居多，但不管是怎样的场景化设计，都需要基于玩家对生活中真实场景的映射来达成。否则，一旦做出一些脱离了现实场景太多的设计，玩家将由于这种设计与现实的脱节而无法理解它。这也是界面设计中需要谨慎面对的一个关键点。

15.2 如何解决游戏界面还原过程中的问题

游戏界面的重构直接关系到最终版本的效果。在游戏设计中，无论设计稿效果如何出色，在还原过程中或多或少都会出现一些问题，下面笔者就给大家介绍一下。

游戏界面的设计工作在还原到游戏版本之后才算完成。作为完整的游戏界面设计工作闭环的一部分，游戏界面设计的还原环节是游戏界面设计最终得以呈现的重要基础。在工作实践中，游戏界面的还原不是一件容易的事，需要界面设计、前端开发、动效设计及策划等环节的相关人员共同合作来达成理想中的效果。这项工作的实质是设计师的产出物与前端实现逻辑的吻合，要做到这一点，需要设计师理解前端开发的实现逻辑，也需要前端去理解设计师的设计意图。这里边唯一的产出物来源是设计师在设计稿完成稿的基础上所做的输出物。因此，本节将以"设计师侧的产出物规则"到"前端实现逻辑"的实现逻辑顺序来说明游戏界面还原中常见的问题和解决方式。

界面设计还原的本质示意图

15.2.1 处理不符合规范的设计问题

在还原界面或对界面进行重构的过程中，设计师们经常会发现界面还原的相当大的一部分问题是来自设计本身。产生这种问题很可能是因为游戏界面体系的复杂性，也有设计团队的配合程度等因素。在因为设计而导致的问题里，较容易出现和较常见的问题就是设计产出物与设计规范有明显的出入。例如，在规定使用层级的控件上出现错误，在设计规范中规定的情境应使用一级按钮的情况下使用了二级按钮，以及在规定的文字色值使用上有错误甚至无根据的色值使用等。

右图中所示的左边界面的底部附近有一个按钮。这个按钮的样式在这个游戏界面的设计规范中属于一级按钮的样式。但从这个按钮的操作功能来讲，它是整个页面中处于一级操作之下的操作。这个页面里的一级操作是位于界面底部的功能按钮和位于顶部的页签按钮所承担的，这个按钮用承担了一级操作的一级按钮来作为设计样式是不合适的。而从按钮所处的版面位置来讲，它被嵌套在这个页面中 3 个主要面板的其中一个面板之中，视觉层级也比首要层级的控件要低一些。基于这两个方面的考虑，这个按钮不应该套用一级按钮的样式，而最合适的样式应该是右侧界面中所示的二级按钮样式。

在游戏界面设计中，文字在功能上和图标有着类似的展示逻辑，即本身所包含的字面含义及它的样式所传达的含义。在这两层含义中，文字本身的字面含义是不容易出错的，但文字的样式所传达的含义却通常会被忽略。文字的样式包括了文字的字体、颜色、字号、描边、投影及渐变等设计样式。其中，较常用的且较常出错的就是文字的颜色。文字的颜色所传达的情感化内容是非常直观和易被理解的，所以当文字的颜色被不恰当使用时，所导致的易用性问题也会比较严重。

右图中左侧界面所示的几个文字的设计目的显然是为了凸显各个文字所表现的功能不同，但文字的存在不仅需要它们本身，还需要从页面整体的规划和版面布局来考虑，即我们前文中说过的"页面的节奏感"这个概念。文字需要从属于整个页面的节奏感设计，再在此基础上进行颜色和样式的设计。这个页面的设计重点在上部区域的环形进度条，数字和文字只需要具备识别性即可，而不用再进行内容上的明显区分，因此正确的做法是如右侧的图片所展示的将数字颜色保持一致，然后将数字的字号设置得较大一些，将文字的字号设置得较小一些。

🐸 **提示**

在现实生活中，发生以上所述的问题一般根源在于设计师对设计规范的不熟悉，不过纠错成本通常比较小。

　　与设计规范中定义的设计方式有出入的错误还有可能发生在前端开发过程中。例如，在项目中经常使用的界面布局里，有一些约定俗成的设计方式，具体表现在同一个游戏项目中，当出现了新的相似的页面时，无论是策划人员还是设计师都会认为不需要再设计新的界面设计稿，而是由前端人员直接去实现，这时候就可能因前端人员对设计的不敏感而导致一系列细节问题的出现。而用由设计师专门输出的设计稿来纠正这些问题，才是较有效的办法。

　　以下面组图为例。左图展示的页面是由前端人员在没有参照的设计稿的情况下直接拼接的，从中我们可以看到不少问题，如 A 处的文字样式问题、B 处的切图问题、C 处的排版间距问题、D 处的按钮样式问题及文字样式问题。右图展示的为用设计师专门输出的设计稿纠正了这些问题之后的界面效果。

纠正前　　　　　　　　　　　　　　　　　　纠正后

　　还会有一些明显不需要重新输出设计稿的页面，在前端人员实现这样的页面时，设计师需要时刻进行跟进，即将设计的过程改为在编辑器中进行，而不是在设计软件中进行。但是有些页面只是看起来相似，其实细节差别还是很大的，设计师应该细心地进行核对，真正地去理解了具体页面的功能设计后，再决定是否重新输出专门的设计稿。毕竟即使设计师就坐在前端开发人员一旁进行像素级的跟进，也不如设计稿来得直观、有效一些。

15.2.2 处理图形变形和图形模糊问题

如果在设计稿没有问题的情况下，游戏版本中的界面还原出现了问题，其问题的根源很有可能是前端人员对切图的理解出错和设计师对实现方式的理解出错。这种问题导致的现象就是在有些界面里出现了明显的控件变形和模糊。

变形这个问题通常是由对切图的不适当拉伸所造成的。在出现这种情况时，设计师需要从以下两个方面进行检查。

首先，检查切图是否按照了"三宫拉伸"的方式进行切图。这种切图一般会先将某色彩和质感分布均匀的切片在横向或纵向上进行缩短，再进行切图，目的是尽可能节省图集。如果设计师按照"三宫拉伸"的方式进行了切图，但是前端人员在实现的时候却将其直接拉伸，则会造成非常明显的变形，这时可以在编辑器中对此切图进行"三宫拉伸"设置。

例如，下图中红色的区域代表可以被拉伸的区域，左侧所示为切图示例，右侧所示为相应拉伸方式实现后的样式。其中，①处展示的是切图在纵向上有一个可拉伸区域。这个拉伸区域需要避开圆角矩形的 4 个圆角区域，这样实现之后的效果为圆角矩形的纯色图形的纵向拉伸。按照同样的逻辑，②处所示的圆角矩形可以在保证圆角不变形的情况下被横向拉伸。在①和②中，切图上不被变形的区域是圆角矩形的 4 个圆角，通过定义横向和纵向的"三宫拉伸"区域，可以在扩大尺寸的同时，避免这 4 个圆角变形。按照这个方式延伸到③所示的例子。这个按钮底图两侧是不能被拉伸变形的，横向和纵向都不能，我们就可以将它的可拉伸区域定义为中间几个像素的宽度范围。这样得到的结果是横向上的尺寸扩大，同时两侧不会变形。但如果在定义"三宫拉伸"的可拉伸区域时，没有考虑到切图上不可变形的区域，就会产生④所示的灾难性后果，即不可变形区域被拉伸得惨不忍睹。

右图展示的是在编辑器中未对尺寸上明显偏大的某个切图进行"三宫拉伸"设置的效果和设置了"三宫拉伸"之后的效果。

其次，检查切图是否出现使用性错误。在设计师和前端人员进行美术资源传递的时候，一般需要有一个双方共同认定的切图命名方式。这种命名方式大同小异，但是都会有一些特征，如统一的英文命名，或者在不同界面中如果使用同一个切图，在新的界面中则不再重复进行切图，只提供前述已有切图的名称即可。同时，由于游戏界面非常庞杂，加之有一些切图尺寸极小且"长相"相似，因此在前端人员切图使用时难免会出现用错切图的情况，而一旦使用错切图，就可能导致切图出现不适当的拉伸变形。就笔者而言，想要规避这一问题，建立统一的"常用切图名称列表"是比较可行的方法之一。

以右图为例。在该界面中，正是因为前端人员在使用切图时仅根据"看起来一样"而错误使用了切图，导致界面中的图形被异常压缩而变得模糊。

为了方便理解，这里再以 Unity 中的操作为例。在 Unity 的 NGUI 插件中对界面进行重构时，都会通过一个固有的算法将图集进行一定程度上的压缩。通过 PC 端编辑器，可以在重构后的界面上目视到一定的压缩效果。但是同样的压缩问题在手机端这种屏幕的像素密度更大的情况下通过肉眼是无法识别的。所以普遍上认为这种压缩是可以被接受的。但是在实际工作中，也有一些因为压缩设置的问题而导致的非常严重的设计问题，需要引起重视。而造成压缩问题的原因也比较多，有时候是系统问题所直接导致的，有时候又是因为前端人员无意间进行的某项逻辑设置所导致的，这些都可以通过前端人员的排查来予以解决。

下图所示为在 PC 端编辑器上看到的图集压缩效果和在手机端上看到的效果的区别。

15.2.3 处理大尺寸切图问题

游戏界面中经常会使用一些华丽的视觉效果，这些效果的实现有时候非常依赖大尺寸的图片（如很大的界面背景图片、一些活动的宣传图等）。这些图片在尺寸上与一般的界面切图不尽相同，在合入游戏版本中时可能会面临一些实现方面的问题，因此需要在输出和合入的时候针对遇到的不同情况来用不同的方法进行处理，主要表现为以下 7 种情况。

第 1 种情况是在界面中使用到的全屏背景图。这种情况经常会碰到。一般在这时候，设计师会为了保持界面设计风格的统一性和节省游戏最终的包量，用归纳法在类似的页面或同一个系统下的页面内使用同一个背景图。

同时，有些页面中为了烘托游戏氛围，还会在背景图上层加入一些动态的效果。这种分层处理可以避免整个画面都使用循环视频，大大节省了游戏的包量。以下图为例，图中所示的这个界面的背景接近纯色，但是画面底部有一个循环的烟雾和火星飘动的动态效果，并且这种效果是通过将背景层和动态效果层分离的方式来实现的。

如果背景的效果不通过这种形式来实现，而是一个整体，则可能会面临用一整个循环动画视频来展示这个界面的麻烦，这显然会极大地增加游戏的包量。

带火星动态效果的界面背景的实现方
式示意图

《QQ飞车》部分主要系统界面

　　第2种情况是特别的选项控件中使用了大图片的形式。这种情形中的图片尺寸一般都在图集的可接受范围内，并通过普通的切图方式进行输出。针对这些图片的使用，需要注意在设计的时候就考虑到最终实现时切图的尺寸对图集的影响。

　　例如，《王者荣耀》主界面中的几个主要入口，都采用的是大图片的形式。

　　第3种情况是活动图片。这种图片有两个非常明显的特征。一是临时性。这种图片通常在节日或运营活动时使用，节日结束或运营活动结束后即被撤下，是玩家在特定时间段内用网络进行更新后才可以看到的内容，其容量的影响点主要是网络流量，所以对这样的图片的压缩也需要考虑占用的文件大小。另一个是尺寸极大的图片，通常情况下这类图片会以"拍脸图"的形式展现在游戏中。拍脸图通常被设计成尺寸比较大的异形弹窗，同时在部分游戏中，这些图片甚至可以达到接近全屏的尺寸。这样做一方面是考虑到图片内容的视觉冲击力，一般来说足够大的尺寸才有足够强的视觉吸引力。另一方面是这类图片需要足够大的尺寸来容纳相关的活动信息，如游戏内的道具或代币的赠送信息等。

"拍脸图"是一种展现游戏内容的控件，通常以弹窗为承载物，在玩家进入游戏的第一时间自动弹出，有一种迎面拍上来的效果，其名称由此得来。这种弹窗给人的视觉冲击力非常强，非常适合用来宣传游戏内的各项活动（如图 1 所示），并且是临时性的。同时，有些游戏的拍脸图会出现多张，需要玩家连续点击并关闭。

当然，也并非所有的拍脸图都是临时性的。在有些游戏内部功能上，会有一些永久的需要吸引玩家注意力的信息，这时候利用拍脸图来吸引玩家关注也是不错的选择。不过，这类拍脸图需要严格考虑设计方式和切图形式，以避免对系统包量和性能产生影响（如图 2 所示）。

图1 《轩辕传奇》中的活动宣传型拍脸图

图2 "建议反馈"的永久性拍脸图

这类拍脸图属于线上可以配置的游戏资源，有一部分不属于永久性的游戏包量中的内容，但是加载这样的图片需要耗费玩家额外的网络流量。游戏设计者一般不会专门判断玩家在加载这样的图片时所处的具体情境（如使用的是移动流量还是 Wi-Fi），所以其可能耗费的网络流量也是影响玩家使用体验的一个因素，因此在设计和实现这样的图片的过程中，也需要谨慎考虑图片的效果和压缩程度的接受度之间的平衡。

有些游戏为了避免这样的问题，逐渐开始用尺寸较小的图片来宣传游戏内的运营活动，这是减少图片流量耗费的其中一种方法。

右图所示为《镇魔曲》中的活动宣传型拍脸图，尺寸较小，节省流量耗费的同时，也符合其界面设计风格。

第 4 种情况为游戏中的光芒和循环图形效果的切图。这种效果的特点是原始效果中的切图尺寸极大，且边缘模糊。我们抓住它边缘模糊的特点，将切图方式稍微变通一下，即可解决实现效果和包量之间的平衡问题。

原图

切图

程序拉伸

第 5 种情况为规则物体的重复部分切图。在这里，我们可以将该图形中重复的图形部分单独切出成一个切图，然后让前端人员利用这一切图将原本的图形还原，极大地缩小原图。当然，同样的方法也可以应用于圆形等任意一个颜色和质感均匀的规则图形的切图上。

应实现图形

第 6 种情况为结构复杂物体的分层切图，如结构复杂弹窗的切图。利用这种方式可以将单个尺寸较大的物体经过结构分解，分成较小的若干切片，再由前端人员仿照设计样式进行还原。同时，有些层级的部分也可以通过规则物体部分切图法和光芒切图法来进一步缩小切图。

第 7 种情况为多个相似效果共享切图，适用于使用了同一个控件的图标和按钮等界面控件。如下图中所示的一排图标，它们在设计手法上极其相似，在处理过程中笔者使用同一个衬底来达成风格的统一。假设在切图时将统一的衬底切到单独的图标切图内，则会使得每个图标占用的空间过多，这种小的浪费会随着图标数量的增多而变成大的浪费。如果将衬底统一切出，其他的部分单独切出，则会节省很大一部分切图所占的储存空间。游戏中的通用型按钮就是利用这种方法进行切图的。

15.2.4 处理动效优化问题

　　游戏中的动效主要用来烘托游戏气氛，并表达特定的情感化内容，这是使得游戏成为"完成品"的关键部分。一般的游戏开发者尤其是智能移动平台的开发者都会比较关注自己的游戏产品所能覆盖的广度，这种广度不但会受到移动操作系统平台的影响，还会受到市场上高端、中端及低端机的分布的影响。相关数据显示，国内移动智能平台的终端中，低端机所占比例较大，这是游戏开发者在进行游戏开发时所必须要考虑的因素。

　　一款游戏是否能够适配所有的平台，关键在于低端平台的承受能力。因此游戏中的一些特效和动效都必须考虑其在效果可接受的范围内，使得低端机也可以顺畅运行。这其中，游戏界面中的动效在设计和还原的时候就应该考虑清楚。

　　游戏的动效实现方式通常有以下两种。

　　第 1 种是序列帧的方式。这种方式是将在其他设计软件中设计好的动态效果进行序列帧输出后，将序列帧像普通的界面切图一样打入图集，最终实现在游戏界面上。这种方式的优点是无须考虑动效对性能的损耗，也就几乎不存在在低端机上出现卡顿的隐忧，不过与此同时其缺点也非常明显。在前边的内容里我们提到过，每个游戏界面都对应了一张最大为 1024 像素见方的图集，图集的储存空间都是极为有限的。与此同时，复杂或顺畅的动效需要的帧数也很多，如此一来就产生了一个矛盾，即复杂的动效用序列帧的方式实现会占用非常多的图集空间，而图集可接受的序列帧动效，其实际效果却不尽如人意。

　　下图展示的是某项目中一个动效输出物的优化过程。这个动效使用了序列帧的实现方式，通过优化动作，剪除了很多帧数之后才得以实现，但最终的动效效果并不如最初设计的顺畅和精彩。

第 2 种是编辑器还原。利用 Unity 中的 NGUI 编辑插件或 Cocos 编辑器，都可以模仿制作出在其他动效设计软件（如 Animate 和 After Effects）中的动效效果，还可以在原本的设计效果上加入一些常见的粒子效果（如爆炸、炫光等）。这种实现方式应用得极为普遍，原因就是它相对于序列帧方式，并不额外耗费图集空间，使用单独的切图和它自有的时间轴及曲线控制就可以达成很多帧的序列帧可以达到的效果。但同时它也有缺点，在使用了过多层级或动作比较复杂的粒子动画后，低端机就可能会产生卡顿。虽然在大部分情况下，适配低端机后造成卡顿的主要原因在于游戏场景中的 3D 物品、游戏特效等这些元素的存在，但是不恰当的动效设计依然会对设计产生很多不好的影响。

下图所示为 Cocos 编辑器中的动画编辑界面。

下图所示为使用 Unity 中的 NGUI 插件并利用 Tween 组件（右侧视图）调整动画曲线的界面。

下图所示为同一个动效利用序列帧和利用编辑器实现时所占用的图集对比示意图。

因此，在游戏实现过程中，对动效的考虑需要基于两点。一是所占用的图集大小，应该尽量规避使用序列帧的方式去实现动效，或者将序列帧动画优化到效果和帧数都可以接受的平衡点。二是动效的复杂程度对性能的影响，应该尽量避免使用粒子动画。如果必须要使用，则建议尽量使粒子效果简单。

15.2.5 处理界面控件的适配问题

在移动端的游戏实现过程中，设计师一般不需要考虑游戏界面的多端适配问题。以 Unity 为例，它在进行游戏包发布的时候，会自动适配到各个平台的规范中。这是因为在每一个界面的还原过程中，Unity 都有各个控件的适配规则，前端人员在进行界面重构的时候根据这些规则对每个控件进行设置，就能够使界面实现后适应到多个平台中。

在 Unity、Cocos 及 Unreal 等游戏引擎的界面编辑器中，都有相似的界面元素"吸附规则"。通过这些规则来设置界面控件的吸附点，可以实现多平台的界面适配，通常一个画面中都会有 9 个吸附点供界面元素吸附，如图 1 所示。同时每个界面元素都会有 4 个点用于锚定这些吸附点，且这 4 个点分别对应着界面元素矩形外框的 4 个角点。不同的点与吸附点的锚定，会产生不同的适配逻辑。

以布局在界面顶部的通栏为例，我们设置它顶部两侧的点锚定在画面的顶部两侧的吸附点上，当画面变大时，这个通栏就会在高度不发生变化的情况下，宽度自动随着画面的宽度变化而变化，如图 1 所示。如果将它的底部两侧的角点也锚定在画面的下部的两个吸附点上，如图 2 所示。当画面变大时，它的高度和宽度也都会自适应变大。当这个通栏不再是通栏，且只用左上角角点锚定画面左上角的吸附点时，画面变化不会影响它的尺寸变化，如图 3 所示。

图 1 吸附顶部两个角的自适应示意图　　图 2 吸附顶部和底部两个角的自适应示意图　　图 3 只吸附左上角的自适应示意图

因此，利用 Unity 这类游戏引擎为开发工具的设计师不用像应用开发团队里的设计师那样考虑多个平台的设计规范乃至输出多套切图，这一切都通过在游戏引擎的界面编辑器中进行设置后，自动被完成了。但是在一些情况下，依然会有一些适配问题。这里笔者给大家列举分析一下。

第 1 种情况是设计界面的时候没有考虑极端的适配情况。这种考虑分为整体性设计的考虑和细节性设计的考虑。

整体性的考虑指的是设计界面时考虑到全体系所有界面的普遍适配规则。以横屏情况为例，设计师应该考虑极窄屏幕和极宽屏幕两种情况。设计稿的分辨率和画面比例会影响最终适配时一些控件的位置。如以 1136 像素 ×640 像素这样的尺寸进行的界面设计，过去的一段时间内会考虑到更窄的尺寸，以 960 像素 ×640 像素的尺寸进行设计，这样的尺寸就属于极窄屏幕（但是目前这种屏幕尺寸的智能硬件几乎已经"绝迹"，所以一般团队不会考虑用这样的尺寸进行设计），在早期这样的尺寸设计的界面中，如果没有考虑居于屏幕两侧的控件的适配规则，就会出现图 2 所示的还原效果。

图 1 所示为依照 960 像素 ×640 像素的窄屏尺寸输出的设计稿，还原时没有考虑屏幕两侧的控件的适配规则而出现了图 2 所示的纰漏。左侧和右侧的控件应该始终锚定并吸附在距画面的左侧和右侧边缘一定距离的位置，而左侧的人物及其前方的控件应始终在左侧空间内居中。图 3 所示为 960 像素 ×640 像素设计稿在 1136 像素 ×640 像素屏幕尺寸下应有的适配样式。

图 1 "详细信息"界面设计稿

图 2 "详细信息"界面错误的实现样式

图 3 "详细信息"页面修正后的实现样式

鉴于 Unity 在渲染最终效果时会对界面切图进行一定程度的压缩，有些团队会用比例相似但是分辨率更高的设计尺寸进行界面设计。其中，1334 像素 ×750 像素这种尺寸从比例上来讲与 1136 像素 ×640 像素并没有很大的差别，而最大的差别在于界面中控件的尺寸控制和字号不同。

下图所示为按照 1136 像素 ×640 像素和 1334 像素 ×750 像素两种尺寸设计的同一界面的效果。对比控件尺寸和字号，1334 像素 ×750 像素尺寸的界面相比 1136 像素 ×640 像素尺寸的界面要大一些，但是在实现的过程中会被渲染成同样的尺寸，那么 1334 像素 ×750 像素尺寸乃至更大尺寸设计稿直接输出的切图的视觉感受就会更清晰一些。但同时会导致图集变大。这也是一个矛盾点，因此目前的两种乃至多种的设计尺寸都在设计实践中被同时应用到。

相较于 960 像素 ×640 像素适配到更宽屏幕下出现的不足，这几个大尺寸的设计稿由于有着与市面上大多数移动智能平台屏幕相似的宽高比情况，因此边缘控件的适配问题实际上几乎并不存在。这样尺寸设计稿中容易出现的适配问题，反而是一些细节设计问题所导致的。其主要表现在 ID 这样的动态文字在设计的时候没有考虑极限长度、界面中的控件在设计时没有考虑清楚吸附的角度，以及有些大尺寸的背景的适配方式选择错误导致的实际效果偏差等方面。

首先，针对动态文字如货币数值这样的文字适配。在很多情况下，设计师为了使这种动态文字可以在多变的背景下依然保持有较高的识别度而为文字设计了衬底。针对文字衬底的设计，其通常会根据文字长度的变化而变化。在页面中比较空旷的区域里，这样的设计一般是没有什么问题的。但是如果在这样的控件周边有较多的其他控件的情况下，设计师需要考虑到文字过长或者过短时的适配方式。这时候需要设计师和策划人员确定文字的最大长度（当文字是 ID 、战斗数值等短字符串时）、文字的最大和最小覆盖范围（当文字是大段说明时）后再根据具体情境进行设计。其次，针对界面中的控件的适配吸附角度，在本节一开始笔者就展示了游戏引擎的界面编辑器在做界面适配时，针对页面中不同位置的控件的吸附角度规律。一般来说，处于边角的控件非常容易找到它们的吸附角度，适配出问题的可能性不大。但是针对位于偏中心位置的一些控件，往往会出现界面适配凌乱的情况。这种错误可以通过寻找该控件的父级控件并关联它的吸附方式来修复。最后，针对大尺寸背景的变形适配，在 Unity 中用我们前文讲过的变形大背景实现方式，一般的界面都不会出现什么问题。但是一旦游戏画面出现比较大的比例调整，这种适配方式就会出现奇怪的背景拉伸。这是因为这种背景被设置成铺满全屏的适配方式。规避这种问题的方法有将背景的适配方式改为始终以界面中的一个边为标准长度，在屏幕比例发生变化时，另一个边缘的尺寸变化不会导致背景图的变形。以竖屏界面为例，则以宽为标准长度，当屏幕尺寸中的高变化时，多出的部分出画，而不必将背景图变形。

右图所示为"PRgame"项目中的顶栏代币扩展效果。其中，字符的最大长度是这个扩展设计首先需要考量的因素。

在界面适配中，控件内部也可自成一套吸附点和锚定点，如下图所示。

大背景图变形适配出问题的解决方式如下图所示。

第 2 种情况是旧有的机型无法适配新的机型，如 iPhone7 与 iPhone X。这是一种随着市面上新的硬件出现而导致的问题。像苹果手机这类硬件，覆盖面广，影响力大，也是各个游戏厂商优先适配的机型之一。在以往的苹果机型中并没有出现特别的屏幕比例（除了苹果手表这样比较特别的硬件外），iPhone X 的出现给设计师出了不少的适配难题。它的屏幕中出现了众所周知的"小刘海"。在这种情况下，如果直接适配，结果就是"小刘海"所在区域的界面被裁切掉。因此这种适配需要采用额外的一些方案。在横屏的情况下，目前主流的解决方式是将左侧的"小刘海"所在区域视作界面禁区，所有左侧边缘的控件都以屏幕虚拟的左边缘为基准，向右大致平移"小刘海"的宽度值。同时右侧会相对传统尺寸多出一些空间，应注意在这样的多余空间中一些贴边控件的适配与调整。

iPhone7 Plus 1920 像素 × 1080 像素分辨率 PPI=401

iPhoneX 2436 像素 × 1125 像素分辨率 PPI=458

小米 8 2248 像素 × 1080 FHD+ 分辨率 PPI=402

"PRgame"项目对各个尺寸尤其是"小刘海"屏幕的适配规律

15.3 如何走查界面实现

在游戏界面开发过程中，版本走查是检查界面还原度的一个重要的手段。通过人力排查和跟进过程来避免一些疏漏，这应该作为开发流程中设计师参与的例行工作内容之一。

15.3.1 每日版本走查

一些拥有比较完整和严谨开发流程的游戏开发团队，一般都会在每天的固定时间对截至当天的游戏版本进行打包，对应项目的开发人员，包括设计师在内，都可以及时安装上当天的游戏版本，进入游戏以进行每日版本走查。

每日版本走查通常包括两个内容。第1个内容是整体流程跑动。这块针对的是整个操作闭环流程中的界面以及相关操作反馈的检查。游戏的操作流程是基本固定的，但由于每天都会增加新的内容，因此需要每天例行跑动来检查可能产生的问题。这些问题包括但不限于界面的还原问题、临时的问题等。第2个内容是新实现内容的检查和运行检测。新实现的功能面是当天刚进入版本时会看到的内容，检查点主要包含实现逻辑、界面还原等，发生问题的可能性要比既有的部分高一些。在实现进入版本的当天，及时发现并解决问题可以极大提高整个开发流程的工作效率，也有助于增强游戏整体的可用性。

发现问题后需要及时将问题进行整理，并进入优化流程。问题优化流程可以划分为4个阶段，即搜集→整理→规划→跟进。

首先，在问题搜集阶段，设计师需要检查的内容主要是界面方面的问题。除了将界面的还原作为重点，还需要关注在交互设计阶段设计出的流程的合理性。对于界面还原的问题，以截图的形式将问题页面保存。如果是交互流程中的或者是复杂一点的实现问题，如动效的时间节奏不理想、某些操作反馈无响应等，那么最好是能提供录屏内容。

其次，在完成每日版本走查之后，将上一步搜集到的截图和录屏（主要是截图）归集在文档中。以 Word 为例，可以将问题按条罗列，每条应包括"问题名称"、"问题对应截图"和"问题描述"这3项内容。如果有现成的解决方案，则需要将解决方案附在"问题描述"之后。

再次，在完成问题归集整理之后，将每条问题流转给对应的策划人员，策划人员再将其插入项目工作流程中的"界面优化需求"中来将问题转换为需求，并插入开发流程中。根据公司和团队的不同，将问题插入开发流程中的方式也不尽相同。就拿腾讯游戏的普遍开发方式来说，主要是将单个问题做提单处理（指在腾讯的开发需求管理平台 TAPD 上建立问题的需求单，在需求单中需要描述问题并附上相关截图、录屏等素材，并且每个需求单都会关联到对应的策划人员、交互人员、视觉人员和开发人员）。通过这样的方式将每个问题都转化为需求之后，我们再将其排期进入项目开发流程中。

最后是跟进阶段。跟进阶段中的问题处理可以分为两种。一种是无新增视觉需求。这时候设计师可能面临的问题一般有已有设计稿在界面重构时的还原度过低，或者用错了切图、字号或变形等，设计师只需要跟进需求的实现即可，当需求已处于解决状态时，设计师需要再次查看问题所在页面并确认问题已解决。另一种是需要设计师增加新视觉需求。这种情况比较复杂，通常是由于现有的设计方案无法充分满足原有设计目的，需要修改交互逻辑或实现逻辑，界面的设计需要一定程度的更改甚至是整体需求推倒重来。此时该问题已由"优化需求"实质转换为"新增需求"，按照正常的设计需求来处理即可。

以"Fexgame"项目为例，这里我们用了这种走查问题的解决方式。具体表现为以下两个方面。

首先，把每次或每次走查时发现的问题截图保存并归为一个文件夹，同时保持每个文件夹中包括了界面问题截图和整理后的文档。

其次，将每天的问题都梳理一下并整理到文档当中。每个文档中包括了当天发现的所有问题，且每一个问题都被罗列了出来。在每个问题的条目下，都有该问题的详细描述、相关截图和解决方案。如果已经提交过缺陷需求单的话，还需要附上需求单的链接。

以下图为例。下面右边两张图展示了问题梳理文档中对界面问题进行描述时的基本结构。其中 A 处所示为标题，需要简单描述该问题。B 处所示为问题的详细描述和相关截图。C 处所示为解决方案。图中的这个问题是界面还原度的问题，因此解决方案直接就贴了设计稿和标注。D 处所示为已经将该问题提交为缺陷需求后的需求单链接。

问题归集文档内容 1

问题归集文档内容 2

右图所示为需求单的部分截图，需求单中会直接复制文档中对这一问题的这部分描述。在这个需求单上会挂名有策划人员和开发人员。由于所有挂名的需求单都会自动进入对应人员的工作排期表中，因此所有的被提单需求都会自动进入修复阶段。设计师关注需求单后，会及时得到流转信息，可以随时跟进协助，并让相关问题最终得到解决。

15.3.2 前端合入时的视觉验收

走查界面的方式除了每日版本走查这种"事后检查"的方式，还可以通过"防患于未然"的方式从早期阶段着手预防问题的产生。设计师在前端人员把界面合入每日版本之前就参与验收过程，就是一种"防患于未然"的问题解决思路。

这种验收方式是对策划工作流程的一种参与和改良。在典型的项目需求工作流程中，与界面设计相关的策划工作流程如下图所示。其带有黑色底的数字为流程时间顺序。

策划人员是需要对最终界面还原进行验收工作的，这项工作的内容包括界面还原检查、界面操作功能检查及若干功能性问题的检查等。但是限于工作性质的专业性，在前端开发人员和策划人员验收的过程中，无论是前端人员，还是策划人员，都会有很大概率漏掉一些界面设计的问题。而这些问题又是界面设计师可以敏锐觉察到的。因此，我们在典型的策划工作流中的"策划验收"阶段加入了设计师的验收，这样就可以规避掉这种漏洞，设计师可以直接在前端还原界面的编辑器中直观地检查一些界面还原的问题，并及时纠正，避免在每日版本走查时再发现问题，从而节省时间和人力成本。

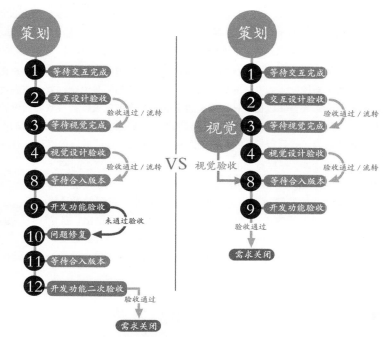

设计师每日版本走查发现问题和参与到策划验收阶段发现问题的效率差异

15.3.3 从设计之初规避问题

从前端还原的问题产生节点再往前回顾的话，在设计阶段就避免问题的产生是一项对整体工作流来讲效率更高的方式。

设计阶段产生问题导致最终还原的效果不理想的设计方式主要会出现以下 3 种情况。

第 1 种情况是没有功能性和交互性考虑的设计。这种设计较明显的特点是将设计稿看作是"死"设计，仅停留在设计稿的美观上。有些界面设计稿甚至连交互方式的合理性都不加考虑，仅以单个页面在美术上的观赏性为唯一性的考虑。设计师需要在下手设计之前就理解了所设计界面的页面所要达成的功能，理解好交互设计的目的，然后在这样的基础上进行具体的细节设计。

一些欠缺功能化思维和交互思路的设计经常会出现在网络上设计师们发布的作品里。这些作品往往只是为了"炫技"，目的是给大家看自己的设计技能，也就会把视觉上、美术上的美观放在首位，从而缺乏交互性、功能性、易用性特征。下图所示为某国外设计师设计的作品，风格写实，细节表现也极为细腻。在他的作品集中经常可以见到精致的线稿和细节极为考究的作品。其中也有不少游戏界面设计的原型性质的想法。下图所示的作品就是这些作品中的其中一个。即便如此，如果仔细分析，也会发现它欠缺一些易用性层面的设计。例如，位于页面顶部的按钮，显然是为了切换角色所用的控件，左右按钮的设计就不是很好用。左右切换的按钮放在屏幕的中央两侧会更好。底部的两个按钮属于极为个性化的设计，只有熟悉游戏的玩家才会很快明了这两个按钮的含义。

在前文中笔者也讲过，像这类非通用型的图标设计，应该加上文字示意。无论是熟练的玩家，还是新手玩家，没有可以快速理解界面的设计形式都会增加玩家对游戏的理解难度。这些都是在实际游戏界面设计里比较基础的交互设计思维，然而这个作品并没有这方面的考量。游戏界面设计师需要明白"对外发布的练习性质的作品多数考虑美术效果"这一点，在这类作品中自然可以自由发挥，想做成什么样子都无所谓，但实际商用的界面设计一定得是从功能性出发来设计的。

第 2 种情况是对最终实现方式欠缺应有的考虑的设计。这类界面设计可能考虑了界面的功能性和交互性，但是在设计过程中没有提前去理解和思考最终应用的实现方式，而导致切图阶段出现一些问题。如无法通过合理分层进行分割切图的大控件，无法有效省切图尺寸的质感设计，很难被多种尺寸适配的细节纹理设计。

第 3 种情况是脱离了设计规范的设计。设计规范在全局上的有效性是通过在每个界面内的遵守来达成的。设计师在进行每个新增控件的设计时如果脱离了设计规范的相关设定，就会有脱离设计规范的设计。在少量的界面内出现这种脱离不会影响整体风格设计，但是过多的脱离规范的设计会导致界面设计在系统层面的崩坏。这不仅在美术层面上是一种混乱，还造成了切图量的增加和切图重复的情况。大量没有规律的设计堆积在一个号称是系统性设计的游戏界面设计体系内，并且有与其相关联的大量重复切图，会严重浪费游戏包的储存空间。

在项目中期，一些页面的设计就出现了规范方面的严重问题。例如，右图中展示的几个按钮属于这个项目中的"一级按钮"样式。但是就在这些按钮上，不同的设计师却使用了不同的设计样式。这在一段时间内造成了这个项目的界面设计花样百出，各个系统甚至一个系统内部的不同页面被变成了不同的风格。在这里，笔者通过对这些按钮和其他控件的统一化规范来解决了这个问题。

15.3.4 避免同类错误重复发生

在纠正界面还原度的问题上，我们发现很多问题发生在对同一个事物不同的理解上，即常说的误解。误解是一种实质上的信息误读和进一步的差异化理解。在同一个团队中，工作协同的内容实际上是多个人针对特定的同一个对象做相关的工作，因此对同一个对象信息的解读需要保持一致才能保证最终工作结果的一致。这种一致性只能通过顺畅的沟通来达成。在这里，设计师若想要保持顺畅的沟通，则需要做到以下 3 点。

首先，对特定对象要有统一一致的称呼。在界面设计中，很多界面的名称、控件的名称都是大家在工作时约定俗成的。但针对一些特有的物件则大家各执一词，并可能用不同的称呼来指代同一个物件。甲称呼为 A 的物件和乙称呼为 B 的物件指代的是同一个物件，但是在乙的认知中可能会认为 A 指代的是另外一个物件。当甲需要乙提供他口中为 A 的物件相关的帮助时，乙可能根本意识不到甲称呼的 A 其实是自己所知道的 B，而提供了错误的帮助。这种情况在现实工作中是极其容易发生的，我们俗称"驴唇不对马嘴"。针对这种情况的解决思路是人为地去认定一个"官方"的名称，最终统一指定一个称呼给特定的物件。

当然，有一些约定成俗的控件称呼也不尽一致，例如，有些人会称呼 Tab 为页签，但是这种名词概念非常接近的不同还不会引起很大的问题。如果一个设计师认为游戏中特定的 A 页面为主界面，但是另一个设计师认为 B 才是主界面，两人之间并没有针对此问题进行过互通，那么一旦涉及"主界面"相关的工作时，则可能会引起非常大的误解。

其次，设计师团队中需要有统一的已知错误库。虽然游戏的界面设计在每个不同的项目中都有一些"放之四海而皆准"的规则，如我们之前所讲到的游戏界面中都会有哪些类型的控件这样的概念体系，但是在特定的某个游戏界面设计中，还是会有一些意想不到的特殊设计方式。设计师对特定事物的认知都会有一定的共通性。这意味着不同的设计师可能会在特定的点上犯同样的错误。在一个团队中，应该尽量避免不同的团队成员重复地去犯同一个错误。而想要避免这一情况，首先设计师的团队中需要有互相告知错误预警的机制。其中比较有效的机制包括建立已知的错误库，针对特定游戏的特定设计方式罗列出可能会犯错的地方，给出具体的示例，并通告团队中的每个人。其次是通过定期的设计师例会来分享各个设计师的经验和教训。这种频繁的信息交流会使得一个人的经验快速地变成多人的经验，于团队的成长来说是非常有利的，同时也可以规避掉一些重复性的错误。

最后一点也是比较综合的一点，无论是出过错的预警，还是做过的需求，设计师之间需要有一个常设且易于更新这些信息的同步机制。这里以需求处理为例，游戏系统的设计在有些情况下会非常复杂，需求之间的界限有可能非常模糊，这就会导致需求之间可能会有重复的内容。这些内容可能是某个新增控件的设计，也可能是某个图标的设计。有时候这种重复的内容可能还需要耗费设计师比较多的时间。如果需求与需求之间、设计师和设计师之间没有有效透明的信息同步机制，就有可能发生如坐在一起的两个人互相不知道对方做了同样的内容的情况。对项目的进度来讲，花费了双倍的时间获得了两个方案是一种比较浪费时间的工作方式。对设计师来讲，使用双倍人力在同一个需求上也是一种精力上的极大浪费。

需求之间可能会有重复的内容和不同的处理问题的人，这时候如果缺乏同步机制，就可能导致两个人做了同样的工作并出现窝工的现象。下面图 1 所示为一个完整的需求，从上到下，第 1 部分展示的是需求单，第 2 部分展示的是这个需求里交互设计师输出的交互示意图，第 3 部分展示的是最终设计稿。图 2 所示为另外一个功能相似的需求，但是这个需求在另一个系统内与图 1 所示的需求所要求的设计结构类似，也可以看到需求单、交互稿和视觉稿。我们最终确认这两个需求最终的功能性是极为一致的，对应功能上想要的设计稿也基本上相同。如果这两个需求分别被分配给不同的设计师，两人又不知道对方在做什么，就有可能输出两套同样功能的设计，这种事倍功半的情况显然是大家都不希望发生的。

图1

图2

这种类似的问题的本质在于大家不知道对方在做什么内容。但是团队内单个人对单个人的沟通效率太低，也太依赖个人的主观能动性。团队协作过程中对信息的同步是一个比较复杂的问题。在一个团队中，每一个人都代表着一个信息源（见图1），而团队中的信息流动就是通过两个信息源之间的信息交流来完成的（见图2）。当这种信息交流扩大到两个人以上时，去中心化的信息交流就会造成类似"谣言变异"的信息流失和异化（见图3）。

图1　　　　　图2　　　　　图3

团队协作过程中需要尽量避免这种情况的发生，因此中心化的信息传递被作为较有效的团队协作信息交流机制（见图1）。该机制中涉及的较有效的方式有两种，一种是传统意义上的信息中心化传递方式，即会议（见图2）；另一个是文档协作方式（见图3）。

图1　　　　　图2　　　　　图3

在以上所述的两种方式中，会议的特点是要求参与会议的人员专门抽出特定的时间段投入会议活动中，如下图所示。这是一种运动式的、强加性质的信息同步方案，优点是印象深刻、主题明确，而且大家有可以针对某一疑难问题进行有效讨论的可能性。而缺点在于压迫性强，对大段时间的占用需求强，不利于快捷和碎片化的信息传递。

文档协作的方式具体划分下来又可以分为两种。一种是本地文档协作。团队中的文档大多通过邮件、IM 类工具进行传递。在这两者里，国内工作的人普遍使用 IM。在笔者所经历的工作环境中，IM 群（如企业微信群）是很常见的协作工具。每个攻艰需求或稍微有些难点的大小项目都会有人拉群讨论。当本地文档在 IM 群中传递时，维护文档的每个人都需要接收文档到本地并修改文档内容。同时为了文档与文档之间因为同名而产生冲突，在发文档之前，一般还需要适当修改文档名称，并由一个总的维护人把所有信息更新在一个最终的文档中（见图1）。这个过程不但烦琐，而且还需要人花精力去分辨文档的版本，是一个效率偏低的方法。这时候我们可以采取另外一种方法，即在线即时更新文档。这种方法省去了在 IM 群里来回发送、接收及修改文档的麻烦，也是一种非常中心化的文档协作方式。只需点击链接，有权限的人就可以很快地把自己的修改信息更新进去，所有的文档编辑者也都可以即时看到这种更新（见图2）。它的优点是碎片化，即时同步信息，可以保证信息被文档固化，可以随时进行编辑优化，每个人开启文档后都可以及时关注到最新的信息。而缺点在于缺乏信息推送能力，需要人主动查看，而且大家没有一种即时讨论的空间。

图1

图2

基于以上这一点，笔者在日常工作中利用这种在线文档创造了一个需求管理机制，这种机制利用的在线文档是谷歌的 Google Sheet（也可使用"腾讯文档"），如图 1 所示。在这里，所有的需求都被罗列在表格中，从左至右分别是迭代、优先级、需求名称、对应策划、对应交互、交互计划交付时间、对应视觉、工作量评估（天）、实际开始时间、视觉计划交付时间、实际交付时间及需求 UI 状态。

这些内容都是在实际需求变化过程中非常重要的属性。具体表现在以下 3 个方面：（1）需求名称上附有该需求的 TAPD 链接，与需求相关的人可以点击链接进入需求单关注相关内容；（2）对应策划、交互和视觉的名字可以让任何人找到该需求特定阶段的对接人；（3）估时、预计交付时间都可以协助策划人员和视觉设计师规划近期的需求计划时间等。

图 1 所示的信息为需求在各个阶段的状态，在需求流程上所有人通过颜色的变化，可以明确该需求的状态，操作起来非常简单和快捷。更重要的是，这个文档是一个在线的文档，任何有编辑权限的人都可以对文档中的内容进行更改。由于所有对于该文档的更改都会即时同步，因此省掉了传统本地文档来回传递修改且需要专人维护的麻烦。图 2 为各个颜色分别指代的状态信息。

迭代	优先级	需求名称	对应策划	对应交互	交互计划交付时间	对应视觉	工作量评估（天）	实际开始时间	视觉计划交付时间	实际交付时间	需求 UI 状态
Demo	High	欢乐游 0.1	erikayang	/	/	lesenli	/	20180228			视觉已完成
Demo	High	欢乐游 0.2	erikayang	arvinmzhou	20180302	lesenli	2	20180306			视觉已完成
Demo	High	欢乐游 0.3	erikayang	arvinmzhou	20180307	lesenli			20180312	20180313	视觉已完成
Demo	High	欢乐游 0.4	carlzang	arvinmzhou	20180306	lesenli	2	20180313	20180314	20180316	视觉已完成
Demo	High	欢乐游 0.5	carlzang	arvinmzhou	20180312	lesenli	3	20180316	20180319	20180321	视觉已完成
Demo	High	欢乐游 0.6	sinwang	qinghuaxiao	20180315	lesenli	2	20180322	20180324	20180326	视觉已完成
Demo	High	欢乐游 0.7	sinwang									
Demo	High	欢乐游 0.8	sinwang	qinghuaxiao	20180315	lesenli	1			20180326	视觉已完成
Demo	High	欢乐游 0.9	sinwang	qinghuaxiao	20180315						

图 1 Google Sheet 在线文档示意图

下列为图例，新增需求请在上方插入新行	
Middle	
High	
Low	
策划未定稿	
策划已定稿	
无须 / 交互已完成	
设计进行中	
交互进行中	
视觉已完成	
动效进行中	
动效已完成	
需求已取消	

图 2 需求管理文档示意图

提示

总的来讲，以上说到的这两种方式在具体使用过程中各有优劣，因此一般需要考虑结合使用。

15.3.5 时刻试玩产品

无论是什么样的工作方法，从本质上来说其都带有任务性。不管从什么角度来讲，在工作任务中人的行为可能会带有强迫属性。而我们都知道，当我们在做一些自发的事情时，内心的原动力往往更充足，表现在事情结果上的效果往往也会更好。而任务性的事务则会欠缺一些用心和内在的原动力，在被强迫的一种心理压力下，其效果也未必会很好。

游戏开发是一系列且任务繁重的工作。就笔者了解来看，游戏界面设计师在工作上的时间和精力的投入可能要超过在生活上的时间和精力的投入。游戏本身是要为玩家带来快乐和不一样的感官体验。这本应是一项充满创意和灵动气息的事务。每一个奋战在游戏开发第一线的游戏开发者（包括游戏界面设计师在内）如果抱着"只是任务而已，我只想完成它"这样的想法来对待自己的工作，并因为任务性的事务而失去了为玩家提供好玩的游戏的初衷，他们的产品将失去光泽，进而失去生命并被市场抛弃。这样的例子过去有很多，现在依然有，将来可能还有。无论是从产品开发的客观规律，还是从开发人员的心态上来讲，把任务性的事务变成融入工作习惯中的对产品的试玩，将对产品的修正思维转换成潜移默化的思维方式，都是积极的工作方法。

就笔者看来，想要成为一名好的游戏界面设计师，试玩产品是寻找设计灵感并检验产品问题的有效方法，也是值得长期坚持的，这也是设计师对于游戏界面设计这项工作的热爱本心的体现。不过，每个人的价值观都不一样，不可能每个人都做到这样的程度，也不能一概而论地认为强迫性的事务最终的结果就一定是不好的。《资治通鉴·卷六 秦纪一·孝文王》中子顺提到的"作之不止，乃成君子；作之不变，习与体成，则自然也"即是说，即便做事并非出于本心，即便是基于一定的压力去做的，但只要坚持去做，也称得上君子。对游戏界面设计师而言，坚持做一件于项目而言有利的事，并把这种做事方式转变为自己的一种行为习惯，对事情的结果和对自己都是有益的。

抛开这些大道理，一个产品客观上所要求的，就是让开发它的人能够更彻底地了解它。如果你的游戏排行还不足够高，你或许无法理解高阶玩家的需求。如果你没有通过试玩自己的产品并实际操作自己所设计的界面，也谈不上对这种设计最终落地的效果有充分的理解。如果你没有试玩自己的游戏的兴趣，也不能让其他玩家对你的游戏产生兴趣。这是设计师除了关注设计本身，还应该更多关注和思考的问题。

对产品的了解最终还是要落在试玩产品上，不停地去钻研同一种操作在不同维度上的表现，是训练自己对产品感知的有效方式。

《资治通鉴·卷六 秦纪一·孝文王》

作之不止，乃成君子；作之不变，习与体成，则自然也。